华章程序员书库

HTML5 for Masterminds
How to Take Advantage of HTML5 to Create Amazing Websites and Revolutionary Applications

HTML5精粹

利用HTML5开发令人惊奇的
Web站点和革命性应用

（美） J. D. Gauchat 著

曾少宁 张猛 赵俐 译

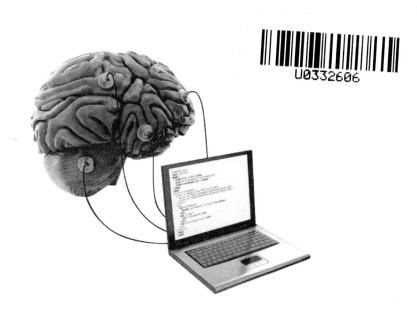

U0332606

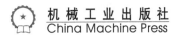

机械工业出版社
China Machine Press

Amazon畅销书，被翻译成西班牙语等多种文字，广受好评，被誉为HTML5领域的经典著作。详尽地讲解和分析了HTML5中的所有新特性和核心技术，能为有一定HTML基础的读者迅速提升HTML5开发技能提供绝佳指导。全书包含297个代码示例和16个快速参考索引，极具实战性和实用性。

全书共16章：第1章介绍了HTML5文档的基本组成、全局结构、主体，以及新旧元素对比；第2章和第3章讲解了CSS的样式设置、框模型，以及CSS3的核心属性和新规则；第4章重点介绍了JavaScript的核心知识；第5章详细介绍了HTML5中的音频和视频特性，以及如何在HTML5中创建视频和音频；第6章讲解了HTML5中的各种表单（包含新增表达元素）及其新属性，以及表单API；第7章介绍了Canvas的特性及其使用，以及Canvas的API；第8章探讨了HTML5中的拖放操作及其API；第9章介绍了HTML5中的地理位置信息及其API；第10章讲解了HTML5中的各种Web存储技术，以及Web存储API；第11章阐述了索引数据库的具体操作、实现原理，以及它的API；第12章讲解了HTML5中的文件操作和文件系统，以及文件API；第13章介绍了HTML5中的Ajax、跨文档消息传递、Web套接字等通信技术的原理，以及它们的API；第14章讲解了HTML5中Web Workers的使用方法和实现原理，以及它的API；第15章和第16章介绍了HTML5中的历史接口和脱机功能，以及它们的API。

Authorized translation from the English language edition entitled HTML 5 for Masterminds: How to Take Advantage of HTML5 to Create Amazing Websites and Revolutionary Applications by J.D Gauchat, published by Marcombo, Inc, Copyright © 2011.

Chinese simplified language edition published by China Machine Press.

本书版权登记号：图字：01-2012-2647

图书在版编目（CIP）数据

HTML5精粹：利用HTML5开发令人惊奇的Web站点和革命性应用 /（美）高奇特（Gauchat, J. D.）著；曾少宁，张猛，赵俐译 . —北京：机械工业出版社，2012.9
（华章专业开发者丛书）
书名原文：HTML5 for Masterminds: How to Take Advantage of HTML5 to Create Amazing Websites and Revolutionary Applications

ISBN 978-7-111-39771-7

Ⅰ . H…　Ⅱ . ① 高…　② 曾…　③ 张…　④ 赵…　Ⅲ . 超文本标记语言－程序设计　Ⅳ . TP312

中国版本图书馆CIP数据核字（2012）第218889号

机械工业出版社（北京市西城区百万庄大街22号　邮政编码　100037）
责任编辑：谢晓芳
藁城市京瑞印刷有限公司印刷
2012年9第1版第1次印刷
186mm×240mm・19印张
标准书号：ISBN 978-7-111-39771-7
定价：59.00元

凡购本书，如有缺页、倒页、脱页，由本社发行部调换
客服热线：(010) 88378991；88361066
购书热线：(010) 68326294；88379649；68995259
投稿热线：(010) 88379604
读者信箱：hzjsj@hzbook.com

译 者 序

HTML——由来已久

说起我与 HTML 的缘分，由来已久。1997 年，刚开始使用浏览器，就开始制作小网页，制作简单的网站。但那个时候，学习编程的我，对于标签语言（尤其是定义标签的 <> 符号）有那么一点点不习惯。因此主要的工作还是通过编程，也就是利用单机或 C/S 架构的程序来解决问题。

1999 年，受 ZDNET 网站之约，我为 ZDNET 网站翻译了完整的 HTML4.0 规范。翻译的好处是，可以强迫自己细读全部标签、属性，从此，我打下了坚实的 HTML 基础。虽然我的主要工作是管理开发、提供解决方案，但在协调开发人员和美工进行 B/S 架构的开发时，依靠纯粹手写 HTML 的经验，让我减少了许多沟通和管理的障碍。

直到深入理解了 HTML，我才明白，一切界面都是拼接、画出来的，不论是多么复杂的网站、多么精美的应用、多么漂亮的设计，都源自那些"朴实"的标记。

时隔 8 年之后，2008 年年底，我又翻译了《HTML、XHTML 和 CSS 宝典（第 4 版）》，这使我对 HTML、CSS、JavaScript 再次温故而知新。

HTML——不变应万变之技术老枪

IT 技术领域有一个现象，就是新技术层出不穷，IT 人员疲于追逐新技术，却很少精通哪项技术。十几年间，Windows 等操作系统、.NET、Java 等编程技术经历了几代的演进，Web 也从 1.0 发展到 2.0。但作为互联网基石的 HTML 始终保持了相对的稳定。如果说有什么技术在学习了之后，可以保持长久的生命力，HTML、CSS、JavaScript 无疑是其中的典范。每次遇到年轻的项目组开发人员只知道关注那些后台框架，却对 HTML 一知半解的时候，我这杆"老枪"不得不亲自上阵，用我最喜欢的写字板来解决他们的 HTML 代码问题。HTML 的魅力，即使在多年之后，仍然给我带来了无限的冲击力。

在这个过程中，我也面临选择。2009 年接手一个公司的项目，受微软新技术的吸引，一定要使用 SilverLight。当我用 HTML+Web 2.0+SNS 设计出全新架构之后，SilverLight 已经弃用了。

关于 Flex、Flash 的计算机外版图书，我其实也翻译过不少。但当有一家电信公司跟我说脱离了 Flex，就做不到百万级数据报表在浏览器中实时显示的时候，我又用 HTML+Web 2.0 给予了回击。

HTML5——揭开崭新篇章

但是，随着 B/S 架构、普适计算和移动运算的普及，PC、平板电脑、手机、家电各种计算设备的整合，各种专有技术，包括 ANDROID、MS、APPLE、ADOBE FLASH 等，都暴露出自己的瓶颈，虽然程序员精心开发了一个应用，但是大多数情况下只能适用于一个平台，为了保持兼容性，又要投入巨大的精力。这种人为的壁垒束缚了程序员的创造力，也限制了用户的选择。

终于，巨头们达成一致，齐心协力共同开发 HTML5。HTML5 展示了美好的前景：良好的跨浏览器标准支持、本地存储、脱机运行、GPS 地理位置支持、视频、绘图、多媒体……可以说，对传统的 B/S 架构的应用和最新的移动应用提供全面支持。

如果你因为苹果公司封闭的开发体系和 Object-C 不好掌握而错过了开发《愤怒的小鸟》等热门游戏的大好机会；如果你因为安卓平台版本众多、兼容困难、投入大、见效少而痛苦；如果你因为微软 .NET 平台对平板、手机的支持欠缺而错失移动互联网的机会……那么，现在一个新的机会正呈现在你面前，那就是 HTML5。从理论上讲，用 HTML5 开发的应用程序，在台式机、平板设备、安卓手机、苹果手机、其他智能设备、各个主流浏览器上，都能完美运行。

重大的技术更新，必然带来一次重大的应用更新，催生新的市场，而这种技术是跨越所有主流厂商私有技术并得到普遍支持的技术，这个市场会有多大，有多少机会，我不予猜测。

如本书所述，本书介绍的许多技术，在当前主流浏览器中的实现，目前仍然处于"实验"阶段。而据最新报道，HTML5 的最新标准大约要到 2014 年才能推出。另外，微软目前推出的 Windows 8 和 Internet Explorer 10 据说全面支持 HTML5 标准，其他厂商也不甘落后。那么，这当中会有多少机会，相信已经不言而喻。

但是，无论如何，有一点是可以肯定的，HTML 是这些年来最稳定、最持久、最成功的技术，或者谦虚一点，加上两个字：之一。

关于本书——快速升级书

本书适合于有一定 HTML、CSS、JavaScript 基础的读者阅读。首先，作者是一个资深程序员，行文作风很像是在研讨会上对听众介绍新技术，言简意赅，重点突出，但显然不会顾及全部细节。另外，本书只有前 4 章对 HTML、CSS、JavaScript 做了简要介绍，其余 12 章，全部放在 HTML5 的新增功能方面。这样做，有助于通过这本薄薄的书就能掌握这些技术的精华，让你的技术一夜之间实现大幅飞跃。

最后，衷心感谢机械工业出版社的编辑在本书翻译过程中给予的精心指导和宝贵意见，为本书付出的大量心血和耐心细致的审阅。由于译者水平有限，难免有不当之处，恳请各位读者不吝指正。

前　言

　　HTML5 并不是旧标记语言的新版本——甚至也不是对已"过时"技术的改进，而是移动设备、云计算和网络时代的一种网站和应用程序开发新概念。

　　很久之前，使用简单版本的 HTML，就可以创建基本网页结构、组织内容和共享信息。最初，这种语言和 Web 主要是用于实现基于文本的通信方式。

　　由于 HTML 的使用范围有限，因此许多企业都开发了新的语言和软件，以便在 Web 中添加新的特性。这些最初的开发逐渐成为强大和流行的插件。简单游戏和动画效果很快转变成复杂的应用程序，给人们带来全新的体验，并从此改变了 Web 的概念。

　　在所有插件中，Java 和 Flash 是最成功的。它们应用广泛，并且被认为是互联网的未来。但是，随着用户的增长，而且互联网从最初的计算机爱好者之间的互联工具转变为以商业和社交互动为主的场所，这两种技术的局限性最终使它越来越不受欢迎。

　　Java 和 Flash 最主要的问题在于缺乏集成性。两者从一开始便以插件形式出现，有时候还需要插入文档结构中，但是实际上只是与该结构共享屏幕的一部分空间。在应用程序和文档之间不存在通信能力和集成性。

　　缺乏集成性的问题越来越严重，也为语言的演变做好了准备，使之共享 HTML 文档的空间，成为不受插件限制影响的组件。JavaScript 是嵌入在浏览器中的一种解释性语言，同时也是一种改善用户体验和实现 Web 功能的方法。然而，在过去几年里，由于推广及滥用问题，市场并没有完全接受这种语言，而且其流行性也有逐渐下降。批评者有着很好的理由反对这种语言。在那段时间里，JavaScript 无法替代 Flash 和 Java 的功能。甚至，有一个很明显的现实情况是，Java 和 Flash 限制了 Web 应用程序的范围，并且隔离了 Web 内容，而一些流行特性（如流式视频）正成为 Web 的重要组成部分，并且只有通过这些技术才能有效地实现。

　　尽管取得了很大的成功，但是 Java 也存在一些缺陷。这种语言具有非常复杂的特性，发展缓慢，缺乏集成性，这些问题都直接限制 Java 在目前主流 Web 应用程序中的应用。如果不使用 Java，人们只能使用 Flash。然而，Flash 实际上与其竞争对手具有相同的 Web 特征，因此注定会退出市场。

　　同时，访问 Web 的软件在不断发展。除了增加新特性和提高互联网访问速度，浏览器还不断改进其 JavaScript 引擎。增强的功能带来了更多的机会，而这种脚本语言也已经做好了准备。

　　从某种程度上讲，那些不使用 Java 或者 Flash 的开发人员在这个过程中可以为越来越多的用户提供创建应用程序所需的工具。这些开发人员开始在他们的应用程序中以全新的方式编写 JavaScript 代码。这种创新及其令人吃惊的结果引起了越来越多程序员的注意。很快，所谓的

"Web 2.0" 开始出现，开发者社区对于 JavaScript 的认识也发生了根本性改变。

显然，JavaScript 是一种允许开发者在网页上创新和实现特殊效果的语言。近几年来，全世界的程序员和网页设计人员使用了很多方法，希望克服这种技术的局限性及一直存在的可移植性问题。JavaScript、HTML 和 CSS 显然是引领 Web 变革的最佳组合。

事实上，HTML5 正是对这个组合的改进，是将整合这一切的黏合剂。HTML5 标准涉及 Web 的各个方面，也清晰定义每一种技术的用途。从现在开始，HTML 负责设置文档结构（结构元素），CSS 则关注于如何将结构转换为可视化效果和可用性，而 JavaScript 则负责实现功能和开发完整的 Web 应用程序。

网站与应用程序之间的界限已经完全消失。所需要的技术也一应具备。网页的未来是光明的，而将这三种技术（HTML、CSS 和 JavaScript）演变和整合为一个强大的规范便是将 Internet 转化成一个主导的开发平台。HTML5 显然是朝着这个方向发展的。

重要提示：目前，并非所有的浏览器都支持 HTML5 特性，而且大多特性仍处于设计阶段。我们建议您阅读各个章节，并在最新版本的 Google Chrome、Safari、Firefox 或 Internet Explorer 上执行示例代码。Google Chrome 基于 WebKit，这是一个开源浏览器引擎，几乎支持所有的 HTML5 特性，因此 Google Chrome 是一个很好的测试平台。Firefox 是一个很适合开发者使用的优秀浏览器，它采用 Gecko 引擎，同样也完全支持 HTML5。最后，新版本的 Internet Explorer（IE9）已经支持 HTML5 及大部分新特性。

不管使用哪种浏览器，一定要注意：优秀的开发者必须在市面上所有浏览器上安装和测试所编写的代码。要在每一个浏览器上测试本书所提供的示例代码。

通过以下链接可以下载最新版本的浏览器：

- www.google.com/chrome
- www.apple.com/safari/download
- www.mozilla.com
- windows.microsoft.com
- www.opera.com

本书最后提供了多种兼容旧版浏览器的设计方法，使未支持 HTML5 的浏览器也能够正常访问网站与应用程序。

目　　录

第①章

HTML5 文档

1.1 基本组成

HTML5 有三个基本特色：结构、样式和功能。虽未正式发布 HTML5，甚至其中也不包含一些 API 和整个 CSS3 规范，但 HTML5 仍被认为是 HTML、CSS 和 JavaScript 结合的产物。这三者都是极为可靠的技术，并且在 HTML5 规范下组织为一个整体。HTML 负责结构，CSS 负责在屏幕上呈现该结构及其内容，而 JavaScript 则负责其余一些仍极为重要的工作（我们会在本书后面看到）。

虽说集三种不同技术于一身，但结构仍然是 HTML5 文档的核心部分。它提供了分配静态或动态内容所必需的元素，也是应用程序的基本平台。随着各种类型的设备可以访问 Internet，以及用于网络交互的界面日趋多样化，结构作为一个基本方面，俨然成为文档至关重要的部分。现在，结构必须提供外观、组织和灵活性，同时还必须如房屋地基一般坚固。

在使用 HTML5 创建网站和应用程序之前，首先需要扎实地了解它的结构，以便将来充分利用 HTML5 带来的新机会。

因此，让我们一步步从基础开始学起。在第 1 章中将学习如何使用 HTML5 引入的新的 HTML 元素来构建一个模板，以供未来的项目使用。

动手实践：用你喜欢的文本编辑器创建一个新的空文档，以便在浏览器中测试本章中的所有代码，从而帮助你记住新的标签并熟悉这个新的标记。

基础知识回顾：HTML 文档是一个文本文件。如果没有任何开发人员软件，可以使用 Windows 中的记事本或任何其他文本编辑器。文件必须保存为 .html 扩展名，文件名可以任取（例如：mycode.html）。

重要提示：为了了解更多信息和代码清单示例，请访问本书的网站：www.minkbookscom。

1.2 全局结构

HTML 文档是严格组织的。文档的每个部分都放在特定的标签中进行声明并加以区分。在本章的这一部分中，我们将了解如何创建 HTML 文档的全局结构和 HTML5 中包含的新的语义元素。

1.2.1 Doctype

首先，需要指定要创建的文档类型（见代码清单 1-1）。在 HTML5 中，这是非常简单的。

代码清单 1-1：使用 <doctype> 元素

```
<!DOCTYPE html>
```

重要提示：这行代码必须是文件的第一行，前面不能有任何空格或空行。这是激活标准模式的一种方式，如果浏览器支持 HTML5，它会强制要求浏览器解释 HTML5，如果浏览器不支持 HTML5，则忽略它。

动手实践：你现在就可以在 HTML 文件中写入代码并添加后面将要学习的各种新元素。

1.2.2 <html>

声明文档类型之后，必须建立 HTML 树结构。像以往一样，树的根元素是 <html> 元素（见代码清单 1-2）。所有的 HTML 代码都要放在这个元素中。

代码清单 1-2：使用 <html> 元素

```
<!DOCTYPE html>
<html lang="en">

</html>
```

开始标签 <html> 中的 lang 属性只有在 HTML5 中才需要指定。此属性定义了创建的文档内容的人类语言，在这个例子中，en 是英语的意思。

基础知识回顾：HTML 使用标记语言创建网页。HTML 标签由关键字和属性构成，其中关键字和属性放在尖括号内，例如 <html lang="en">。在这个例子中，html 是关键字，lang 是属性，en 是属性的值。大多数 HTML 标签都是成对出现的，一个是开始标签，另一个是结束标签，内容放在这两个标签之间。在这个例子中，<html lang="es"> 表示 HTML 代码的开始，而 </html> 则表示结束。对比开始和结束标签，可以发现结束标签的区别是在关键字前面加一个斜杠（例如 </html>）。所有代码都需要插入 <html> 和 </html> 这两个标签之间。

重要提示：HTML5 在用来创建文档的结构和元素方面是相当灵活的。<html> 元素可以不包含任何属性，甚至可以完全省略。但出于兼容性以及其他一些原因（这些原因并不重要，这里不再列出）的考虑，我们建议遵守一些基本规则。下面将介绍如何根据一些最佳实践来创建 HTML 文档。

关于 lang 属性的其他语言选项，请参见此链接：www.w3schools.com/tags/ref_language_codes.asp。

1.2.3　<head>

继续完成模板。<html> 标签之间的 HTML 代码主要分成两部分。这里与之前版本的 HTML 相同，第一部分是文档头，而第二部分是文档正文。因此，下一步是在代码中使用已知元素 <head> 和 <body> 创建创建这两个部分。

当然，首先是 <head>，与其他结构元素相似，它包含开始标签和结束标签（见代码清单 1-3）。

代码清单 1-3：使用 <head> 元素

```
<!DOCTYPE html>
<html lang="en">
<head>

</head>

</html>
```

这个标签本身与之前的版本并没有任何区别，其作用也保持不变。在 <head> 标签内，可以定义网页的标题，声明字符编码方式，提供一些关于文档的信息，以及加入一些外部文件，包括用于显示页面的样式表、脚本或者图像。

除了标题与图像之外，文档中位于 <head> 标记之间的其他信息通常都是不可见的。

1.2.4　<body>

接下来的部分是 HTML 文档的主要组成部分，即正文。正文是文档的可见部分，位于 <body> 标签之间（见代码清单 1-4）。这个标签与之前版本相同：

代码清单 1-4：使用 <body> 元素

```
<!DOCTYPE html>
<html lang="en">
<head>

</head>
<body>

</body>
</html>
```

基础知识回顾：到目前为止，代码虽然不多，但是其拥有非常复杂的结构。这是因为 HTML 代码并不是连续指令集。HTML 是标记语言，由一组标签或元素构成，它们通常成对出现，并且可以嵌套（完全包含在其他元素中）。在代码清单 1-4 的第一行代码中，首先是单个文档定义标签，紧接着是开始标签 <html lang="en">。这个标签与末尾的结束标签 </html> 表示 HTML 的开始与结束。位于 <html> 标签之间的是另外两个重要的基本结构：<head> 和 <body>。这两个标签也是成对出现的。本章后面的内容将介绍更多可能出现在 <head> 和 <body> 之间的标签。这种结构是一种类树型结构，其中 <html> 标签是树的根节点。

1.2.5   <meta>

现在创建文档头。文档头有一些变化和创新，其中一点发生在定义文档字符编码的标签中。即 meta 标签（见代码清单 1-5），它规定文字在屏幕上的显示方式。

代码清单 1-5：使用 <meta> 元素

```
<!DOCTYPE html>
<html lang="en">
<head>
  <meta charset="utf-8">

</head>
<body>

</body>
</html>
```

与其他情况相似，在 HTML5 中，这个标签的主要创新就是简单化。新的字符编码标签 meta 更短并且更简洁。当然，编码方式 utf-8 是可以根据需要修改的，而这里还可能有 description 或 keywords 等其他的 meta 标签，如代码清单 1-6 所示：

代码清单 1-6：添加更多的 <meta> 元素

```
<!DOCTYPE html>
<html lang="en">
<head>
  <meta charset="utf-8">
  <meta name="description" content="This is an HTML5 example">
  <meta name="keywords" content="HTML5, CSS3, JavaScript">

</head>
<body>

</body>
</html>
```

基础知识回顾：文档可能会用到几种用于声明一般信息的 meta 标签，但是这些信息不会显示在浏览器的可见窗口中，它仅供搜索引擎和设备使用，它们可能需要预览或汇总文档的相关数据。如前所述，除了标题或图像，用户是无法看到 <head> 标签之间的大多数信息的。在代码清单 1-6 中，<meta> 标签的 name 属性规定了元数据类型，而 content 则声明它的值，但是这些值都不会显示在屏幕上。想要了解更多关于 <meta> 标签的信息，请访问我们的网站，进入本章的链接。

在 HTML5 中，自动闭合标签不一定需要在末尾添加斜线，但是考虑到兼容性，推荐添加自动闭合符号。上面的代码可以修改为代码清单 1-7：

代码清单 1-7：自动闭合标签

```
<!DOCTYPE html>
<html lang="en">
<head>
  <meta charset="utf-8" />
  <meta name="description" content="This is an example" />
  <meta name="keywords" content="HTML5, CSS3, JavaScript" />

</head>
<body>

</body>
</html>
```

1.2.6 <title>

通常，<title> 标签可用于指定文档标题（见代码清单 1-8），而它在新版本中则没有任何变化。

代码清单 1-8：使用 <title> 元素

```
<!DOCTYPE html>
<html lang="en">
<head>
  <meta charset="utf-8">
  <meta name="description" content="This is an HTML5 example">
  <meta name="keywords" content="HTML5, CSS3, JavaScript">
  <title>This text is the title of the document</title>

</head>
<body>

</body>
</html>
```

基础知识回顾：<title> 标签之间的文字是整个文档的标题。通常，这些文字显示在浏览器的窗口顶部。

1.2.7 <link>

文档头中另一个重要元素是 <link>（见代码清单 1-9）。这个元素一般用于添加文档中外部文件的样式、脚本、图像或图标等文件。<link> 的最常见用途是插入外部 CSS 文件的样式。

代码清单 1-9：使用 <link> 元素

```
<!DOCTYPE html>
<html lang="en">
<head>
  <meta charset="utf-8">
```

```
    <meta name="description" content="This is an HTML5 example">
    <meta name="keywords" content="HTML5, CSS3, JavaScript">
    <title>This text is the title of the document</title>
    <link rel="stylesheet" href="mystyles.css">

</head>
<body>

</body>
</html>
```

在 HTML5 中，不需要指定所插入样式表的类型，因此不需要添加 type 属性。只需要指定两个属性，就能够添加样式文件，它们是 rel 和 href。属性 rel 表示关系，即文档与所添加文件的关系。在这个例子中，属性 rel 的值是 stylesheet，它可以告诉浏览器，mystyles.css 文件是 CSS 文件，其中包含显示页面所需要的样式。（在下一章中，我们将学习和创建 CSS 样式。）

基础知识回顾：*样式表是一组格式化规则，它们的作用是修改文档外观——例如文字的大小与颜色。如果没有这些规则，文字及其他元素就会以浏览器提供的标准样式进行显示（默认大小、颜色等）。样式是一些简单规则，通常只需要在同一个文档中声明少量的代码。后面会介绍到，这些样式不一定保存在外部文件中，但是推荐使用这种方法。从文档外部（其他文件）加载 CSS 规则有利于优化主文档组织，提高网站的加载速度，以及利用一些 HTML5 新特性。*

至此为止，我们可以认为完成了模板的头部。现在，我们可以学习文档正文部分。

1.3   正文结构

主体结构（<body> 标签之间的代码）包含文档的可见部分，也就是生成网页的代码。

HTML 提供了多种创建和组织文档正文信息的方法。其中一种元素是 <table>。表格可以将数据、文字、图像和工具排列为多行多列的单元格，即使它们原本不是这个用途。

在早期 Web 中，表格是一项重大的变革，它是文档可视化和提升用户体验的重要进步。随后，其他元素逐渐替代表格的功能，使用更少的代码就可以实现相同的效果，并且优化了元素的创建速度、可移植性和可维护性。

<div> 元素曾经主导这个领域。随着 Web 应用程序的交互性得到提升，加上 HTML、CSS 和 JavaScript 的整合，<div> 标签的使用越来越广泛。但是，<div> 和 <table> 元素并没有反映很多关于元素所表示文档正文的信息。从图像到菜单、文字、链接、脚本、表单等，都可以加到 <div> 开始和结束标签之中。换言之，关键字 <div> 仅仅表示正文中的一个节，与表格的单元格类似，它并不提供能够反映该节的类型、用途及其中内容的线索。

对于用户而言，这些线索与标志并不重要，但是它们对于浏览器正确解释文档内容是非常重要的。在出现便携设备和多种 Web 访问方式之后，文档各部分的标识变得越来越相关。

因此，HTML5 增加了一些新元素，它们可以帮助确定文档各部分的作用和主体组织。在

HTML5 中，文档中最重要的节都是有区别的，而且主要结构也不再依赖于 <div> 或 <table>
标签。

这些新元素的使用取决于开发者自己，但是每一个关键字的选择可以反映它们的功能。通
常，网页或 Web 应用程序会划分为几个可视化区域，以提高用户的体验和交互性，表示这些
HTML5 新元素的关键字与这些可视化区域密切相关，下面逐一介绍这些新元素。

1.3.1　组织

图 1-1 代表了大多数网站的常用布局。尽管不同设计人员会有不同的设计方案，但是通常都
可以将网站结构总结为图 1-1 所示的几个部分。

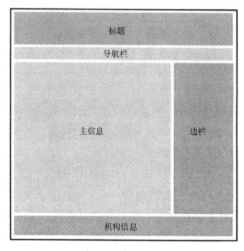

图 1-1　一般网页布局的可视化表现

页面最顶部是页头，通常用于显示 logo、名称、副标题和网站或网页的简短描述。

下面是**导航栏**，大多数情况下开发人员使用菜单或链接列表为用户提供导航。用户可以通过
导航栏访问网站的其他页面或文档，它们通常是同一网站的内容。

页面中最重要的内容一般位于布局中央。这个部分包含重要的信息和链接。大多数情况下，
它会分成多行和多列。在图 1-1 的例子中，页面包含两列：**主信息**和**边栏**，但是这个部分非常灵
活，设计人员通常会根据自己的需要进行调整，如插入更多的行、将列拆分为更小的块或者生成
不同的组合和分布。在布局中，这部分所表示的内容通常具有最高优先级。在这个示例布局中，
主信息可能包含一组文章、产品描述、博客文章或其他重要信息，而**边栏**可能是一组指向各个项
的链接。例如，在一篇博客中，最后一列会包含一组链接，指向各篇博客文章、作者信息等。

在典型布局的底部，一般会添加一个或多个**机构信息**栏。之所以取这个名称，是因为布局的
这个区域通常提供网站、作者或公司的基本信息，外加关于规则、条款、地图等的链接，以及开
发者认为值得分享的其他数据。**机构信息**栏是**页头**的补充，它属于网页基本结构的组成部分。

图 1-2 是一个常规博客的示例。在这个例子中，我们可以轻松整合之前考虑过的设计。

1. 页头

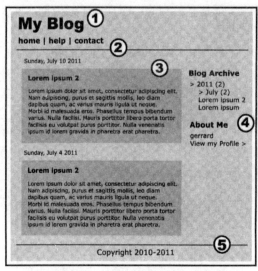

图 1-2　典型博客布局的可视化表现

2. 导航栏

3. 主信息节

4. 边栏

5. 页脚或机构信息栏

这个关于博客的简单实现能够帮助我们理解一点：网站中定义的每一节都有其作用。有时候，这个目标并不清晰，但是其实质上是存在的，而且我们必须理解上面所描述的各个节。

HTML5 认可这种基本结构和布局，而且它还提供了一些新元素，用于区分和声明各种结构和布局。现在，我们可以直接告诉浏览器各个节的用途。

图 1-3 显示了前面所使用的典型布局，但是这次使用 HTML5 对应的元素来表示各个节（包括开始和结束标签）。

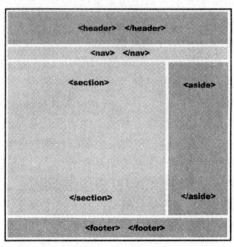

图 1-3　使用 HTML5 标签实现节排列的可视化表现

1.3.2　<header>

HTML5 引入的一个新元素是 <header>。<header> 不同于创建文档头的 <head> 标签。与 <head> 相同，<header> 也旨在提供一些介绍性信息（如标题、副标题或 logo），但是这两个标签的作用域不同。虽然 <head> 标签能够提供关于整个文档的信息，但是 <header> 仅用于正文或正文中的节。

在代码清单 1-10 中，使用 <header> 标签定义了网页标题。注意，这个标题与之前在文档头中定义的一般文档标题不同。插入 <header> 元素，表示文档正文和可见内容的开始。从现在开始能够在浏览器的窗口上看到代码的运行结果。

代码清单 1-10：使用 <header> 元素

```
<!DOCTYPE html>
<html lang="en">
<head>
  <meta charset="utf-8">
  <meta name="description" content="This is an HTML5 example">
  <meta name="keywords" content="HTML5, CSS3, JavaScript">
  <title>This text is the title of the document</title>
  <link rel="stylesheet" href="mystyles.css">
</head>

<body>
  <header>
    <h1>This is the main title of the website</h1>
  </header>

</body>
</html>
```

重要提示：如果按照本章开头介绍的步骤操作，那么现在应该已经得到一个可以测试的文本文件。如果还没有，那么应该使用文本编辑器（如 Windows 的记事本）将代码清单 1-10 的代码复制到一个空文本文件，然后将它保存为扩展名 .html 的文件。要查看脚本执行的结果，可以在一个兼容 HTML5 的浏览器打开这个文件。方法是，在浏览器菜单中打开"文件"菜单，或者直接在资源管理器上双击这个文件。

基础知识回顾：在代码清单 1-10 的 <header> 标签之间，有一个元素还没有介绍。元素 <h1> 是旧版本 HTML 用于定义标题的元素。数字表示标题及其内容的重要性。元素 <h1> 是重要性最高的标题，而 <h6> 是重要性最低的标题，因此 <h1> 可用于显示主标题，而其他标题元素可用于显示主副标题或内部副标题。后面将介绍如何在 HTML5 中使用这些元素。

1.3.3　<nav>

在图 1-3 所示的例子中，下一部分是**导航栏**。这个导航栏是通过 HTML5 的 <nav> 标签生成的。

如代码清单 1-11 所示，<nav> 元素位于 <body> 标签之间，但是位于文档头的结束标签（</header>）之后，而不在 <header> 标签之间。这是因为 <nav> 不属于文档头，而是一个新节。

代码清单 1-11：使用 **<nav>** 元素

```
<!DOCTYPE html>
<html lang="en">
<head>
  <meta charset="utf-8">
  <meta name="description" content="This is an HTML5 example">
  <meta name="keywords" content="HTML5, CSS3, JavaScript">
  <title>This text is the title of the document</title>
  <link rel="stylesheet" href="mystyles.css">
</head>
<body>
  <header>
    <h1>This is the main title of the website</h1>
  </header>
  <nav>
    <ul>
      <li>home</li>
      <li>photos</li>
      <li>videos</li>
      <li>contact</li>
    </ul>
  </nav>

</body>
</html>
```

我们介绍过，HTML5 文档的结构与顺序选择由我们自己把握。这意味着，HTML5 功能非常丰富，虽然只可以使用它提供的参数和基本元素，但是我们可以自己决定如何使用这些元素。其中一个例子就是 <nav> 标签，它可以插入 <header> 元素之中，也可以插入正文的其他节之中。然而，一定要注意，这些新标签主要是为了向浏览器提供更多的信息，帮助新的程序与设备识别文档中最相关的部分。为了保持代码的可移植性和可读性，推荐的最佳实践方法是：采用标准，并且尽可能保持简洁。<nav> 元素可以包含一些导航元素，如主菜单或主导航块，而且这也是正确的用法。

基础知识回顾：在代码清单 1-11 的例子中，列出了网站的菜单选项。在 <nav> 标签之间，通过使用两个元素来创建列表。<ul> 元素的作用是定义一个列表。<ul> 标签之间可以嵌套多个 <li> 标签，并且加入不同文字表示菜单选项。我们可以看到，<li> 标签可用于定义列表项。本书的主要目的不是讲解 HTML 基础概念。如果想要了解更多关于 HTML 常规元素的信息，请访问我们的网站，进入本章的链接。

1.3.4 <section>

在标准设计中，接下来的部分是**主信息栏**和**边栏**，如图 1-1 所示。如前所述，**主信息栏**包含文档中最重要的信息，这些信息可能有不同的表现形式，例如，划分为几个块或几列。由于这些列和块使用很普遍，因此 HTML5 将这些节直接定义为 <section>。

代码清单 1-12：使用 <section> 元素

```
<!DOCTYPE html>
<html lang="en">
<head>
  <meta charset="utf-8">
  <meta name="description" content="This is an HTML5 example">
  <meta name="keywords" content="HTML5, CSS3, JavaScript">
  <title>This text is the title of the document</title>
  <link rel="stylesheet" href="mystyles.css">
</head>
<body>
  <header>
    <h1>This is the main title of the website</h1>
  </header>
  <nav>
    <ul>
      <li>home</li>
      <li>photos</li>
      <li>videos</li>
      <li>contact</li>
    </ul>
  </nav>
  <section>

  </section>

</body>
</html>
```

与**导航栏**类似，**主信息**栏是单独的一个节。因此，包含**主信息栏**的节位于结束标签 </nav> 之下。

动手实践：对比代码清单 1-12 的代码和图 1-3 的布局，理解代码中标签的位置，以及这些标签在可视化网页表现中生成了哪些节。

重要提示：表示文档各节的标签位于代码的列表元素中，它们的位置前后相连，但是在网站中，有一些节是左右并排的（例如，**主信息栏**和**边栏**）。在 HTML5 中，这些元素在屏幕上的表现由 CSS 控制。这个设计可通过在各个元素上设置 CSS 样式实现。下一章将介绍 CSS。

1.3.5　<aside>

在典型的网站布局中（见图 1-1），**主信息栏**旁边有一个**边栏**。这是一个列或节，它通常包含与主信息相关的数据，但是重要性或相关性稍弱一些。

在标准的博客布局例子中（见图 1-2），**边栏**包含一个链接列表（第 4 个）。在这个例子中，链接指向每一篇博客文章，提供了关于博主的额外信息。这一栏中的信息与主信息相关，但是本身并不重要。在博客例子之后比较重要的信息是博客文章，但是这些文章的链接和简短预览仅仅起辅助导航作用，而不是读者或用户最关心的部分。

在 HTML5 中，可以使用 <aside> 元素区分第二类信息（见代码清单 1-13）。

代码清单 1-13：使用 <aside> 元素

```
<!DOCTYPE html>
<html lang="en">
<head>
  <meta charset="utf-8">
  <meta name="description" content="This is an HTML5 example">
  <meta name="keywords" content="HTML5, CSS3, JavaScript">
  <title>This text is the title of the document</title>
  <link rel="stylesheet" href="mystyles.css">
</head>
<body>
  <header>
    <h1>This is the main title of the website</h1>
  </header>
  <nav>
    <ul>
      <li>home</li>
      <li>photos</li>
      <li>videos</li>
      <li>contact</li>
    </ul>
  </nav>
  <section>

  </section>
  <aside>
    <blockquote>Article number one</blockquote>
    <blockquote>Article number two</blockquote>
  </aside>

</body>
</html>
```

<aside> 元素可以位于示例页面的左边或右边，这个标签并没有预定义的位置。<aside> 元素仅仅描述所包含的信息，而不反映结构。<aside> 元素可位于布局的任意部分，用于表示任何非文档主要内容的部分。例如，可以在 <section> 元素中加入一个 <aside> 元素，甚至可以把该元素加入一些重要信息中，例如，文字引用。

1.3.6 <footer>

要创建完整的模板或 HTML5 文档元素结构，还需要增加最后一种元素。我们已经定义了正文的标题，添加了导航节和重要信息节，并且在边栏中显示其他信息。完成设计的最后一步是结束文档正文。HTML5 的特殊元素 <footer> 可以达到这个目的（见代码清单 1-14）。

代码清单 1-14：使用 `<footer>` 元素

```
<!DOCTYPE html>
<html lang="en">
<head>
  <meta charset="utf-8">
  <meta name="description" content="This is an HTML5 example">
  <meta name="keywords" content="HTML5, CSS3, JavaScript">
  <title>This text is the title of the document</title>
  <link rel="stylesheet" href="mystyles.css">
</head>
<body>
  <header>
    <h1>This is the main title of the website</h1>
  </header>
  <nav>
    <ul>
      <li>home</li>
      <li>photos</li>
      <li>videos</li>
      <li>contact</li>
    </ul>
  </nav>
  <section>

  </section>
  <aside>
    <blockquote>Article number one</blockquote>
    <blockquote>Article number two</blockquote>
  </aside>
  <footer>
    Copyright &copy; 2010-2011
  </footer>
</body>
</html>
```

在典型的网页布局中（见图 1-1），**机构信息栏**是由标签 `<footer>` 定义的。因为这一栏代表文档的结尾，而且网页的这个部分一般用于分享项目作者或公司的一般信息，如版权、条款等。

通常，`<footer>` 元素表示文档正文的结尾，包含上面所介绍的主要作用。然而，在文档正文内可以使用多个 `<footer>` 标签，表示多个节的结尾（在正文内也可以使用多个 `<header>` 标签）。我们稍后将介绍这个特殊用法。

1.4　深入正文

文档正文已经完成。网站的基本结构已经编写完成，但是仍然需要添加内容。到目前为止，所介绍的 HTML5 元素可以帮助实现布局的节，并且它们都具有独特的内在用途，但是对于网站而言，最重要的是节中的内容。

前面介绍的大多数元素都是创建可供浏览器和新设备标识和识别的 HTML 文档结构。其中，`<body>` 标签可以声明正文或文档的可见部分，`<header>` 标签可以包含正文的重要信息，

<nav> 标签提供导航信息，<section> 标签包含最重要的内容，而 <aside> 和 <footer> 标签则提供一些额外信息。但是，这些元素都无法声明内容本身。它们都有非常具体的结构用途。

越深入分析文档，就越接近文档的内容。这些信息可以包括各种可视化元素，如标题、文字、图像、视频和其他交互应用。我们需要能够区分这些元素和建立它们之间的关系。

1.4.1 \<article\>

前面介绍的布局（见图 1-1）是互联网上目前使用最广泛和最重要的结构，但是它也反映了如何在屏幕上显示一些重要内容。同样，博客会划分为文章，网站通常会将一些重要信息划分为具有相同特征的部分。<article> 元素就可用于区分这些部分（见代码清单 1-15）。

代码清单 1-15：使用 **\<article\>** 元素

```html
<!DOCTYPE html>
<html lang="en">
<head>
  <meta charset="utf-8">
  <meta name="description" content="This is an HTML5 example">
  <meta name="keywords" content="HTML5, CSS3, JavaScript">
  <title>This text is the title of the document</title>
  <link rel="stylesheet" href="mystyles.css">
</head>
<body>
  <header>
    <h1>This is the main title of the website</h1>
  </header>
  <nav>
    <ul>
      <li>home</li>
      <li>photos</li>
      <li>videos</li>
      <li>contact</li>
    </ul>
  </nav>
  <section>
    <article>
      This is the text of my first post
    </article>
    <article>
      This is the text of my second post
    </article>
  </section>
  <aside>
    <blockquote>Article number one</blockquote>
    <blockquote>Article number two</blockquote>
  </aside>
  <footer>
    Copyright &copy; 2010-2011
  </footer>
</body>
</html>
```

如代码清单 1-15 所示，<article> 标签位于 <section> 标签之间。<article> 标签属于这个节。它们都是该节的子元素。同样，<body> 标签之间的所有元素都是正文的子元素。但是，和正文的其他子元素一样，<article> 标签依次排列，因为它们每一个都属于 <section> 的一个独立部分，如图 1-4 所示。

> **基础知识回顾**：如前所述，HTML 是一种树型结构，其中 <html> 是根元素。元素之间的关系也可以根据它们在树型结构中的位置定义为父元素、子元素或同级元素。例如，在一个典型的 HTML 文档中，<body> 元素是 <html> 元素的子元素，是 <head> 元素的同级元素。<html> 元素是 <body> 和 <head> 的父元素。

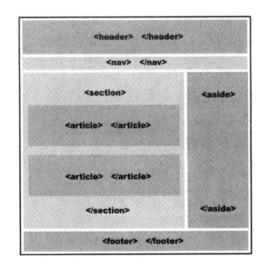

图 1-4　在包含网页重要信息的节中创建的 <article> 标签的可视化表示

<article> 元素可以灵活使用，例如，不仅仅限于表示新文章。<article> 元素可以包含独立的内容项，所以可以包含一个论坛帖子、一篇杂志文章、一篇博客文章、用户评论等。这个元素可以将信息各部分进行任意分组，而不论信息原来的性质。

作为文档的独立部分，每一个 <article> 元素的内容都具有独立的结构（见代码清单 1-16）。为了定义这个结构，可以利用前面介绍的 <header> 和 <footer> 标签的丰富功能。这些标签是可移植的，它们不仅仅能够用在正文中，也能够用于文档的各个节中。

代码清单 1-16：创建 <article> 的结构

```
<!DOCTYPE html>
<html lang="en">
<head>
  <meta charset="utf-8">
  <meta name="description" content="This is an HTML5 example">
  <meta name="keywords" content="HTML5, CSS3, JavaScript">
  <title>This text is the title of the document</title>
  <link rel="stylesheet" href="mystyles.css">
```

```
    </head>
    <body>
      <header>
        <h1>This is the main title of the website</h1>
      </header>
      <nav>
        <ul>
          <li>home</li>
          <li>photos</li>
          <li>videos</li>
          <li>contact</li>
        </ul>
      </nav>
      <section>
        <article>
          <header>
            <h1>Title of post One</h1>
          </header>
          This is the text of my first post
          <footer>
            <p>comments (0)</p>
          </footer>
        </article>
        <article>
          <header>
            <h1>Title of post Two</h1>
          </header>
          This is the text of my second post
          <footer>
            <p>comments (0)</p>
          </footer>
        </article>
      </section>
      <aside>
        <blockquote>Article number one</blockquote>
        <blockquote>Article number two</blockquote>
      </aside>
      <footer>
        Copyright &copy; 2010-2011
      </footer>
    </body>
    </html>
```

在代码清单 1-16 中，代码所表示的两篇文章都使用 <article> 元素创建，并且具有特定的结构。首先，使用 <header> 标签包含 <h1> 元素定义的标题。然后，下面是内容，即文章的正文。最后，正文之后是 <footer> 标签，用于定义评论数量。

1.4.2 \<hgroup>

<header> 元素位于正文开头或各个 <article> 的开始位置，可以在这些元素中添加 <h1> 标签，用于显示标题。基本上，<h1> 标签已经足够用于创建文档各部分的标题行。但是，有时候还需要添加副标题或其他信息，以说明网页或各节的内容。事实上，<header> 元素也可

以包含其他元素——例如，表格内容、搜索表单、简短文字或 logo。

　　为了构建标题，可以使用其他的 H 标签创建页面标题：<h1>、<h2>、<h3>、<h4>、<h5> 和 <h6>。但是，出于内部处理的考虑，以及避免在文档解析时产生多个节或子节，这些标签必须进行分组。为此在 HTML5 中，可以使用 <hgroup> 元素（见代码清单 1-17）。

代码清单 1-17：使用 `<hgroup>` 元素

```html
<!DOCTYPE html>
<html lang="en">
<head>
  <meta charset="utf-8">
  <meta name="description" content="This is an HTML5 example">
  <meta name="keywords" content="HTML5, CSS3, JavaScript">
  <title>This text is the title of the document</title>
  <link rel="stylesheet" href="mystyles.css">
</head>
<body>
  <header>
    <h1>This is the main title of the website</h1>
  </header>
  <nav>
    <ul>
      <li>home</li>
      <li>photos</li>
      <li>videos</li>
      <li>contact</li>
    </ul>
  </nav>
  <section>
    <article>
      <header>
        <hgroup>
          <h1>Title of post One</h1>
          <h2>subtitle of the post One</h2>
        </hgroup>
        <p>posted 12-10-2011</p>
      </header>
      This is the text of my first post
      <footer>
        <p>comments (0)</p>
      </footer>
    </article>
    <article>
      <header>
        <hgroup>
          <h1>Title of post Two</h1>
          <h2>subtitle of the post Two</h2>
        </hgroup>
        <p>posted 12-15-2011</p>
      </header>
      This is the text of my second post
      <footer>
        <p>comments (0)</p>
      </footer>
```

```
    </article>
  </section>
  <aside>
    <blockquote>Article number one</blockquote>
    <blockquote>Article number two</blockquote>
  </aside>
  <footer>
    Copyright &copy; 2010-2011
  </footer>
</body>
</html>
```

H 标签必须保持层次结构，这意味着必须先使用 `<h1>` 标签声明标题，然后使用 `<h2>` 声明副标题，以此类推。然而，与旧版本的 HTML 不同，HTML5 允许重用 H 标签，在文档的各个节中重复创建这种层次关系。在代码清单 1-17 的例子中，在每一个博客上添加了副标题和元数据，使用 `<hgroup>` 对标题和子标题进行分组，从而在每一个 `<article>` 元素中重用 `<h1>` 和 `<h2>` 层次结构。

重要提示：如果有标题和副标题，或者在同一个 `<header>` 元素中加入多个 H 标题，那么就需要使用 `<hgroup>` 元素。这个元素可以只包含 H 标签，这正是在例子中将元数据放到外面的原因。如果只有 `<h1>` 标签或者 `<h1>` 标签和元素数据，那么不需要将这些元素进行分组。例如，没有在正文的 `<header>` 中使用这个元素，因为只有一个 H 元素。一定要记住，只能使用 `<hgroup>` 对 H 标签进行分组。

执行和显示网站的浏览器和程序会读取 HTML 代码，然后创建自己的内部结构来解释和处理各个元素。这个内部结构可以划分为节，并且与设计的分区或 `<section>` 元素无关。这些是在代码解释过程中生成的概念节。`<header>` 元素本身不会创建这些概念节，这意味着在 `<header>` 中的元素表示不同的级别，并且可能在内部生成不同的节。`<hgroup>` 元素的作用是对 H 标签进行分组，避免浏览器产生错误解释。

基础知识回顾：元数据是一组描述和说明另一组数据的数据集。在这个例子中，元数据是插入文章的日期。

1.4.3 `<figure>` 和 `<figcaption>`

`<figure>` 标签用于帮助我们更具体地声明文档的内容。在引入这个元素之前，我们无法确定内容与信息的关系，只能确定内容的自包含关系，例如，插图、图像、视频等。通常，这些元素属于重要内容，但是可以删除而不影响或破坏文档流。如果出现这些信息，就可以使用 `<figure>` 标签来标识这些信息（见代码清单 1-18）。

代码清单 1-18：使用 **`<figure>`** 和 **`<figcaption>`** 元素

```
<!DOCTYPE html>
<html lang="en">
<head>
```

```
<meta charset="utf-8">
<meta name="description" content="This is an HTML5 example">
<meta name="keywords" content="HTML5, CSS3, JavaScript">
<title>This text is the title of the document</title>
<link rel="stylesheet" href="mystyles.css">
</head>
<body>
<header>
  <h1>This is the main title of the website</h1>
</header>
<nav>
  <ul>
    <li>home</li>
    <li>photos</li>
    <li>videos</li>
    <li>contact</li>
  </ul>
</nav>
<section>
  <article>
    <header>
      <hgroup>
        <h1>Title of post One</h1>
        <h2>subtitle of the post One</h2>
      </hgroup>
      <p>posted 12-10-2011</p>
    </header>
    This is the text of my first post
    <figure>
      <img src="http://minkbooks.com/content/myimage.jpg">
      <figcaption>
        This is the image of the first post
      </figcaption>
    </figure>
    <footer>
      <p>comments (0)</p>
    </footer>
  </article>
  <article>
    <header>
      <hgroup>
        <h1>Title of post Two</h1>
        <h2>subtitle of the post Two</h2>
      </hgroup>
      <p>posted 12-15-2011</p>
    </header>
    This is the text of my second post
    <footer>
      <p>comments (0)</p>
    </footer>
  </article>
</section>
<aside>
  <blockquote>Article number one</blockquote>
  <blockquote>Article number two</blockquote>
</aside>
```

```
  <footer>
    Copyright &copy; 2010-2011
  </footer>
</body>
</html>
```

在代码清单 1-18 中，在第一篇文章的正文之后插入了一幅图像（`<img src="http://minkbooks.com/content/myimage.jpg">`）。这是一种常用做法，经常可以使用图像或视频来丰富文字。`<figure>` 标签可以实现这些可视化补充，以区分它们与其他重要信息的关系。

此外，在代码清单 1-18 中，在 `<figure>` 元素中还有一个元素。通常，图像或视频等信息单元位于简短文字之下。HTML5 有一个元素可以显示和标识这种描述性标题。`<figcaption>` 标签用于显示与 `<figure>` 相关的标题，并且在元素及其内容之间建立关系。

1.5   新旧元素

HTML5 的设计目标是简化、规定和优化代码结构。为了实现这些目标，HTML5 增加了一些标签和属性，并且 HTML 整合了 CSS 和 JavaScript。对旧版本增加的这些整合与改进不仅体现在新元素上，还体现在旧元素的使用方法上。

1.5.1   <mark>

`<mark>` 标签可用于突出显示一些特殊文字，它们原来不是重要信息，但是由于用户的当前操作而变成重要信息。最好的例子就是搜索结果。`<mark>` 元素可以突出显示结果中匹配搜索字符的文字。

例如，如果用户搜索单词 "car"，其结果可能会显示为代码清单 1-19 所示的效果。这段文字表示搜索结果，其中 `<mark>` 标签包围的文字就是搜索关键词—— "car"。在一些浏览器中，这个单词默认会突出显示为黄色背景，但是使用 CSS 可以覆盖这些样式。后面会对此进行介绍。

代码清单 1-19：使用 `<mark>` 元素突出显示单词 "car"

```
<span>My <mark>car</mark> is red</span>
```

过去，通常使用 `<b>` 元素来实现相同的结果。然而，增加 `<mark>` 有助于改变含义，为以下相关元素创建新的用法：

- `<em>` 应该用于表示强调（替代以前使用的 `<i>` 标签）；
- `<strong>` 用于表示重要性；
- `<mark>` 用于根据情况突出显示重要的文字；
- `<b>` 应该只用于其他的情况。

1.5.2   <small>

HTML 的新特性还体现在 `<small>` 等元素上。以前，这个元素可用于表示小字体文字。其关键在于文字大小，与文字含义无关。在 HTML5 中，`<small>` 元素的新用法是表示附属细则，

（见代码清单 1-20）如法律细则、负责声明等。

代码清单 1-20：使用 `<small>` 表示法律细则

```
<small>Copyright &copy; 2011 MinkBooks</small>
```

1.5.3　<cite>

为了更具针对性，另一个发生变化的元素是 `<cite>`。现在，`<cite>` 标签可用于显示作品的标题，如图书、电影、歌曲等（见代码清单 1-21）。

代码清单 1-21：使用 `<cite>` 引用电影

```
<span>I love the movie <cite>Temptations</cite></span>
```

1.5.4　<address>

`<address>` 元素也是一个旧元素，现在转变为一个结构元素。之前并没有使用它来创建模板。然而，它非常适合一些情况，如表示 `<article>` 元素内容或整个 `<body>` 内容的合同信息。这个元素应该包含在 `<footer>` 元素中，如代码清单 1-22 所示。

代码清单 1-22　在 `<article>` 中增加合同信息

```
<article>
  <header>
    <h1>Title of post Two</h1>
  </header>
  This is the text of the article
  <footer>
    <address>
      <a href="http://www.jdgauchat.com">JD Gauchat</a>
    </address>
  </footer>
</article>
```

1.5.5　<time>

在代码清单 1-18 的最后一个模板中，每一个 `<article>` 元素都添加了日期，用于表示文章的提交时间。在文章的 `<header>` 中使用一个简单的 `<p>` 元素表示日期，但是 HTML5 有一个特殊元素，可以表示这个特殊用途。`<time>` 元素可以声明机器可读的时间戳和显示更具可读性的日期和时间（见代码清单 1-23）。

代码清单 1-23：使用 `<time>` 元素表示日期和时间

```
<article>
  <header>
```

```
    <h1>Title of post Two</h1>
    <time datetime="2011-10-12" pubdate>posted 12-10-2011</time>
  </header>
  This is the text of the article
</article>
```

在代码清单 1-23 中，在前一个例子中使用的 `<p>` 元素被替换为新的 `<time>` 元素，以表示文章的提交时间。属性 `datetime` 具有对应的值，表示机器可读的时间戳。这个时间戳使用的格式可能如例子所示：2011-10-12T12:10:45。此外，还加入了属性 `pubdate`，它的作用是表示 `datetime` 属性值的出版日期。

1.6　快速参考——HTML5 文档

在 HTML5 标准中，HTML 负责规定文档结构和实现这些结构的新元素集。但是，有一些元素仍然只是发挥样式设置功能。下面是其中一些重要的元素。

重要提示：对于新标准中 HTML 元素的完整参考，请访问我们的网站上对应本章的链接。

`<header>`——这个元素表示一组介绍性的内容，适用于文档中不同的节。它既可以包含节标题，也可以包含索引、搜索表单、logo 等。

`<nav>`——这个元素表示包含导航链接的节，如菜单或索引。并非所有网页链接都必须加到 `<nav>` 元素中，只有主要的导航块才需要加到这个元素中。

`<section>`——这个元素表示文档中普通的节。通常，它可用于创建多个内容块（例如，列），从而对具有特定主题的内容进行分组，如图书的章节或页、成组的新闻文章、成组的文章等。

`<aside>`——这个元素表示与主内容相关但不属于它的内容。例如，引用、边栏信息、广告等。

`<footer>`——这个元素表示与父级元素相关的额外信息。例如，正文末尾插入的页脚将提供关于文档的额外信息，如页面的正脚。这个元素不仅可以在 `<body>` 中使用，而且可以在正文中不同的节内使用，从而提供关于节的额外信息。

`<article>`——这个元素表示重要信息的独立部分——例如，报纸上或博客中的文章。`<article>` 元素可以嵌套，也可用于在相关项列表中显示一个列表——例如，博客文章的用户评论。

`<hgroup>`——如果有多级标题，这个元素可用于将 H 元素进行分组——例如，同时包含标题与副标题。

`<figure>`——这个元素表示主内容引用的内容独立部分（例如，图像、图表或视频）。这个信息可以从主内容删除，而不会影响其常规流。

`<figcaption>`——这个元素可用于显示标题，或者与 `<figure>` 元素一起使用。例如，图像的描述信息。

`<mark>`——这个元素可以突出显示特殊情况下的重要文字，或者对应用户的输入。

<small>——这个元素表示边栏评论，如附属细则（例如，负责声明、法律限制、版权）。

<cite>——这个元素可用于显示作品标题（图书、电影、诗歌等）。

<address>——这个元素可以显示 <article> 或整个文档的合同信息，且应该位于 <footer> 元素之中。

<time>——这个元素可以显示人和机器可读的日期和时间。人可读的时间戳位于标签之间，而机器可读的时间戳则是属性 datetime 的值。第二个可选属性是 pubdate，它可用于表示出版日期值 datetime。

第②章
CSS 样式设置与框模型

2.1 CSS 与 HTML

如前所述，HTML 新标准不仅仅涉及标签与 HTML 本身。Web 需要设计和功能，而不仅仅是结构组织和节定义。在新规范中，HTML 将 CSS 和 JavaScript 整合在一起。我们对每一种技术的功能都进行了解释，并且研究分析了构成文档结构的新元素，接下来我们将开始了解在这个战略联盟中的重要角色 CSS，以及它对 HTML 文档表现的影响。

在正式标准中，CSS 与 HTML5 无关。CSS 不属于 HTML5 标准的范畴，从来都不是。事实上，它是标准的一个补充，旨在弥补 HTML 的一些局限性并且降低其复杂性。一开始，主要使用 HTML 标签的属性来设置各个元素的样式，但是随着语言的发展，代码编写和维护变得越来越复杂，而且 HTML 本身也不能够满足 Web 设计人员的要求了。结果，CSS 很快就成为设计人员另外一种表现方法。自此，CSS 就开始和 HTML 一起流行和发展起来，并且一直专注于设计人员及其需求，且不从属于 HTML 演变的组成部分。

CSS3 是在类似的发展模式下生成的版本，但是这个版本更为折衷一些。HTML5 标准在设计时就考虑了 CSS。基于这种考虑，HTML 与 CSS3 之间的整合现在对于 Web 设计人员而言变得极为重要，这就是为何我们总是将 HTML5 和 CSS 3 相提并论，即使它们在官方上是两种完全独立的技术。

目前，CSS3 特性已经整合到兼容 HTML5 的浏览器中，当然同时还包括其他标准。在本章中，我们将学习 CSS 的基础概念，以及 CSS3 新增的表现和结构技术。我们还将学习新的选择器与伪类选择器，它们能够简化 HTML 元素的选择与识别。

基础知识回顾：CSS 是一种与 HTML 并存的语言，它能够为文档元素设置可视化样式，如尺寸、颜色、背景和边框等。

重要提示：目前，CSS3 特性已经整合到主流浏览器的最新版本中，但是仍有一些新特性处于实验阶段。因此，这些新特性必须添加与浏览器引擎对应的前缀（如 -moz- 或 -webkit-），才能够发挥其作用。本章后面的内容将介绍这个问题。

2.2 样式与结构

虽然各个浏览器都会给每个 HTML 元素设置默认样式，但是这些样式并不一定符合所有设计人员的要求。通常，这些样式都与我们的网站设计要求相去甚远。设计者和开发者通常必须应用自己的样式，才能够得到符合要求的外观和结构。

重要提示：本章将介绍 CSS 样式设置方法，以及一些定义文档结构的基本方法。如果你已经熟悉这些概念，那么可以跳过这部分内容。

2.2.1　块级元素

对于结构而言，实际上所有浏览器默认都按照元素类型对它们进行排序：块级元素或内联元素。这种分类与元素显示方式相关。

块级元素在页面上按垂直方式排列。

内联元素在同一行上与其他内联元素并行排列，在显示空间不足时换到下一行。

在文档中，几乎所有的结构元素默认都是块级元素。这意味着，所有表示可视化结构部分的 HTML 标签都（例如，<section>、<nav>、<header>、<footer>、<div>）按垂直方式排列。

在第 1 章中，我们创建了一个 HTML 文档，用于表示一般网站的布局。这个设计包括水平线和居中显示的两列。按照浏览器的默认元素显示方式，其显示效果与我们的期望相去甚远。在浏览器上打开第 1 章中代码清单 1-18 的 HTML 文件时，我们很快就会发现，<section> 和 <aside> 定义的两列在屏幕上的显示位置是不正确的。它们是垂直排列的，而非并行排列。每一块默认都显示最大宽度，高度为所显示信息的高度，并且依次相连，如图 2-1 所示。

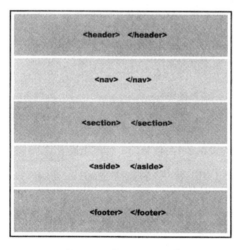

图 2-1　使用默认样式的页面布局效果

2.2.2　框模型

为了理解如何创建布局，我们必须先理解浏览器处理 HTML 代码的方式。浏览器会将所有 HTML 元素视为框。网页实际上是由一组按照特定规则排列的框组成的。这些规则由浏览器提供的样式设置，或者由设计人员创建的 CSS 设置。

CSS 是一组预定义属性集，可以覆盖浏览器的样式，设置符合设计要求的样式。这些属性并不固定；它们必须通过组合形成规则，然后用于对框进行分组和创建所需要的布局。这些规则的组合通常称为模型或布局方式。所有规则一起构成框模型。

目前真正可考虑作为标准的框模型只有一种，其他几乎仍然处于实验阶段。这个有效且广泛应用的模型即所谓的传统框模型，它从 CSS 的第一个版本开始沿用至今。虽然这个模型确实很有效，但是也有一些实验模型正尝试克服它的一些弱点。最重要的是，CSS3 提出的新弹性框模型正准备加到 HTML5 标准中。

2.3　样式设置基础

在创建样式表和试用框模型之前，我们首先回顾一下本书其余部分将会使用的 CSS 样式设置的基础概念。

在 HTML 元素上应用样式，可以改变它们在屏幕上的显示效果。如前所述，浏览器提供的默认样式在大多数情况下都不能满足设计人员的要求。为此，要通过各种方法创建样式覆盖这些默认样式。

基础知识回顾：本书只对 CSS 样式进行简要介绍。我们只介绍对于理解本书主题和示例代码所需要的技术和属性。如果你没有使用 CSS 的经验，那么请访问我们的网站，查看对应本章的链接。

动手实践：创建一个空文本文件，填入代码清单的 HTML 代码，然后在浏览器打开文件，查看代码的显示效果。注意，这个文件必须使用扩展名 .html，才能够正常打开。

2.3.1　内联样式

最简单的方法是在元素的属性中设置样式。代码清单 2-1 显示了一个简单的 HTML 文档，其中元素 <p> 的属性 style 设置了值 font-size: 20px。该属性会将元素 <p> 的默认文字字号修改为 20 像素。

代码清单 2-1：在 HTML 标签上设置 CSS 样式

```
<!DOCTYPE html>
<html lang="en">
<head>
  <title>This text is the title of the document</title>
</head>
<body>
  <p style="font-size: 20px">My text</p>
</body>
</html>
```

上面所介绍的方法很适合用于测试样式和快速查看样式效果，但是不推荐在整个文档上使用这种方法。原因很简单：在使用这种方法时，我们必须在每一个元素上重复设置各个样式，这样既增加文档大小，也增加文档的更新和维护难度。可以想象一下，如果想要将所有 <p> 元素中的文字的字号从 24 像素修改为 20 像素，那么必须修改整个文档中所有 <p> 标签的样式。

2.3.2　嵌入样式

另一个更好的方法是在文档头部插入样式，然后通过引用修改相应 HTML 元素的样式，如代码清单 2-2 所示。

代码清单 2-2：文档头部所列样式

```
<!DOCTYPE html>
<html lang="en">
<head>
  <title>This text is the title of the document</title>
  <style>
    p { font-size: 20px }
  </style>
</head>
<body>
  <p>My text</p>
</body>
</html>
```

开发者在文档的 <style> 元素（如代码清单 2-2 所示）中插入 CSS 样式。在旧版本的 HTML 中，不需要指定所插入样式的类型。在 HTML5 中，默认类型是 CSS，因此不需要在开始标签 <style> 上添加任何属性。

在代码清单 2-2 中，粗体代码与代码清单 2-1 的代码具有相同的作用，但是在代码清单 2-2 中，不需要将样式写在文档的所有 <p> 标签之中，因为它一定会影响所有 <p> 元素。通过这种方法，就能够减少代码，然后通过引用将样式应用到指定的元素上。我们将在本章后面的内容中介绍引用。

2.3.3　外部文件

在文档头部声明样式可以节省空间并提高代码的一致性和可维护性，但是这种方法要求将相同的样式复制到网站的每一个文档上。为了避免这个问题，可以将所有样式写在一个外部文件中，然后使用 <link> 元素，将文件链接到需要设置样式的文档上。使用这种方法，只需要修改链接的文件，就可以完全改变网页的整体风格。此外，也可以使用这种方法修改或调整文档，使之适应不同环境或设备的显示要求，本章后面的内容将会对此进行介绍。

第 1 章介绍了 <link> 标签，并且说明了如何将 CSS 文件插入文档中。使用 <link rel="stylesheet"href="mystyles.css">，浏览器就会加载文件 mystyles.css，因为它包含页面显示所需的所有样式。使用 HTML5 的设计人员都能够接受这种方法。引用 CSS 文件的 <link> 标签可以插入任何需要设置样式的文档中（见代码清单 2-3）。

代码清单 2-3：应用外部文件的 CSS 样式

```
<!DOCTYPE html>
<html lang="en">
<head>
  <title>This text is the title of the document</title>
```

```
  <link rel="stylesheet" href="mystyles.css">
</head>
<body>
  <p>My text</p>
</body>
</html>
```

动手实践：从现在开始，我们都将 CSS 样式添加到一个名为 mystyles.css 的文件中。这个文件必须与 HTML 文件位于同一个文件夹中，然后复制这个文件的 CSS 样式，查看它们的显示效果。

基础知识回顾：CSS 文件也是普通的文本文件。与 HTML 文件一样，可以使用任何文本编辑器创建 CSS 文件，如 Windows 的记事本。

2.3.4　引用

将所有样式保存在一个外部文件中，然后将该文件插入各个文档中，是一种非常方便的方法。但是，我们需要通过一种方法在这些样式与文档的元素之间建立具体的关系，才能够使样式影响元素的显示效果。

在将样式嵌入文档中时，会使用到 CSS 引用 HTML 元素的常用方法。在代码清单 2-2 中，修改字号的样式会使用 p 关键字引用所有的 <p> 元素。通过这种方式，在 <style> 标签之间插入的样式就会引用文档的所有 <p> 标签，然后将指定的 CSS 样式应用到所有元素上。

可以使用不同的方法选择应用 CSS 样式的 HTML 元素。

❑ 通过元素的关键字
❑ 通过 id 属性
❑ 通过 class 属性

然而，CSS3 在这个方面具有更大的灵活性，并且引入了一些新的特殊方法。

2.3.5　通过关键字引用

使用元素关键字声明的 CSS 规则，会影响到文档中所有相似的元素。例如，下面的规则会修改 <p> 元素的样式（见代码清单 2-4）：

代码清单 2-4：通过关键字引用

```
p { font-size: 20px }
```

这是代码清单 2-2 所介绍的方法。在规则前添加关键字 p，浏览器就知道这条规则必须应用到 HTML 文档的所有 <p> 元素上。现在，由 <p> 标签包围的所有内容都会设置为 20 像素。

当然，同样的方式也适用于文档中其他的 HTML 元素。例如，如果指定的是 span，而不是 p，那么 <span> 标签之间的所有内容都会设置为 20 像素（见代码清单 2-5）：

代码清单 2-5：通过其他关键字进行引用

```
span { font-size: 20px }
```

但是，如果只需要引用某个特定的标签呢？必须使用该标签的 style 属性吗？答案肯定是否定的。正如前面所介绍的，不推荐使用**内联样式**方法（使用 HTML 标签的 style 属性）。如果要在 CSS 文件的规则中引用某个指定的 HTML 元素，可以使用两个属性：id 和 class。

2.3.6 通过 id 属性引用

id 属性类似于名称，是元素的标识，意味着这个属性的值不允许重复，并且名称必须在文档中保持唯一。

要在 CSS 文件中使用 id 属性引用一个指定元素，必须在规则声明的 id 值前加 # 号（见代码清单 2-6）。

代码清单 2-6：通过 id 属性值引用

```
#text1 { font-size: 20px }
```

代码清单 2-6 的规则将应用到属性为 id="text1" 的 HTML 元素上。现在，HTML 代码变成代码清单 2-7。

代码清单 2-7：通过 id 属性标识元素 <p>

```
<!DOCTYPE html>
<html lang="en">
<head>
  <title>This text is the title of the document</title>
  <link rel="stylesheet" href="mystyles.css">
</head>
<body>
  <p id="text1">My text</p>
</body>
</html>
```

这个过程的结果是，每当在 CSS 文件中使用标识 text1 创建引用时，都会修改设置该 id 值的元素，但是除 <p> 元素之外的其他元素都不会受到影响。

这是一个引用单个元素的特殊例子，一般用于修改更普遍的元素，如结构标签。实事上，id 属性及其专一性更适合用于实现 JavaScript 引用，后面的章节将对此进行介绍。

2.3.7 通过 class 属性引用

如果不使用 id 属性，那么大多数情况下最好使用 class 属性来设置样式。这个属性更为灵活，可以分配给每一个具有相似设计的 HTML 元素。

为了使用属性 class，必须在类名之前添加英文句号来声明规则（见代码清单 2-8）。这个方法的优点是，只需要在 class 属性上设置 text1 值，就可以将样式应用到任意元素上。

代码清单 2-8：通过 class 属性值引用

```
.text1 { font-size: 20px }
```

代码清单 2-9：通过 class 属性设置样式

```
<!DOCTYPE html>
<html lang="en">
<head>
  <title>This text is the title of the document</title>
  <link rel="stylesheet" href="mystyles.css">
</head>
<body>
  <p class="text1">My text</p>
  <p class="text1">My text</p>
  <p>My text</p>
</body>
</html>
```

在代码清单 2-9 中，正文前两行的 <p> 元素的属性 class 设置为 text1。如前所述，可以将同一个类应用到同一个文档的多个元素上。因此，前两个元素具有相同的类，它们都会受到代码清单 2-8 所示样式的影响。最后一个 <p> 元素则保留默认样式。

在类名前面添加英文句号的原因是，可以在不同类型的元素上使用同一个类名，然后为它们设置不同的样式：

在代码清单 2-10 中，创建了一条引用类名 text1 的规则，它仅适用于 <p> 元素。如果有其他元素也在 class 属性上设置相同的类名，则不会受到这条特殊规则的影响。

代码清单 2-10：通过 class 属性值引用 <p> 元素

```
p.text1 { font-size: 20px }
```

2.3.8 通过任意属性引用

虽然这些引用方法已经能够满足多数使用情况，但是有时候还需要另外一些规则来精确查找希望设置样式的元素。最新版本的 CSS 增加了一些引用 HTML 元素的新方法，其中一种就是**属性选择器**。现在，不仅能够通过 id 和 class 引用元素，还可以通过任意属性进行引用。

代码清单 2-11：仅引用带有 name 属性的 <p> 元素

```
p[name] { font-size: 20px }
```

代码清单 2-11 中的规则只能影响带有 name 属性的 <p> 元素。为了实现与属性 id 和 class 相同的效果，还可以加上属性值（见代码清单 2-12）：

代码清单 2-12：引用 name 属性值为 mytext 的 <p> 元素

```
p[name="mytext"] { font-size: 20px }
```

CSS3 支持将符号 "=" 与其他操作符进行组合，用于实现更精确的元素选择：

如果你已经熟悉其他语言的**正则表达式**，如 JavaScript 或 PHP，那么代码清单 2-13 的选择器就不难理解。在 CSS3 中，下面这些选择器能够产生相似的结果：

代码清单 2-13：CSS3 新增的选择器

```
p[name^="my"] { font-size: 20px }
p[name$="my"] { font-size: 20px }
p[name*="my"] { font-size: 20px }
```

- 选择器 ^= 将规则应用到所有 name 属性值以 "my" 开头的 <p> 元素上（例如，"mytext"、"mycar"）；
- 选择器 $= 将规则应用到所有 name 属性值以 "my" 结尾的 <p> 元素上（例如，"textmy"、"carmy"）；
- 选择器 *= 将规则应用到所有 name 属性值包含 "my" 的 <p> 元素上（在这个例子中，子字符串可以位于中间——例如，"textmycar"）。

在这些例子中，使用了元素 <p>、属性 name 及其他随机文字，如 "my"，但是相同的方法可以根据需要应用到任意属性和任意值。使用方括号，在方括号中添加想要查找的属性名称和值，就可以引用任意类型的 HTML 元素。

2.3.9　通过伪类引用

CSS3 还增加了新的伪类选择器，可以实现更为精确的选择。

现在我们一起分析代码清单 2-14 新增加的 HTML 代码。它包含 4 个 <p> 元素，它们在 HTML 结构属于同级元素，而且全部都是 <div> 元素的子元素。

代码清单 2-14：测试伪类选择器的模板

```html
<!DOCTYPE html>
<html lang="en">
<head>
  <title>This text is the title of the document</title>
  <link rel="stylesheet" href="mystyles.css">
</head>
<body>
  <div id="wrapper">
    <p class="mytext1">My text1</p>
    <p class="mytext2">My text2</p>
    <p class="mytext3">My text3</p>
    <p class="mytext4">My text4</p>
  </div>
</body>
</html>
```

通过使用伪类，就能够利用这种结构引用某个特定的元素，而不需要知道它的属性和值：

伪类与引用元素名称之间要添加冒号。在代码清单 2-15 的规则中，引用的是 <p> 元素。这条规则可以改为 .myclass:nthchild(2)，从而引用子元素 class 属性值为 myclass 的所有元素。这个伪类可以附加到前面介绍的任意类型的引用中。

代码清单 2-15：伪类 :nth-child()

```
p:nth-child(2){
  background: #999999;
}
```

使用 nth-child() 伪类可以查找一个特定的子元素。正如之前所介绍的，在代码清单 2-14 所列的 HTML 文档中，4 个 <p> 元素都是同级元素。这意味着，它们的共同父级元素是元素 <div>。这个伪类的真正作用是："子元素位于……"所以圆括号里的数字是指子元素的位置编号或索引。代码清单 2-15 的规则是引用文档中每一个排在第二位的 <p> 元素。

动手实践：将 HTML 文件中前面所列的代码替换成代码清单 2-14 的代码，然后在浏览器上打开这个文件。将代码清单 2-15 所列规则添加到文件 mystyles.css 中，以测试这个例子的显示效果。

当然，使用这个引用方法，根据具体情况修改索引数字，我们就能够选择到任意子元素。例如，下面的规则会影响到模板中最后一个 <p> 元素（见代码清单 2-16）：

代码清单 2-16：伪类 nth-child()

```
p:nth-child(4){
  background: #999999;
}
```

你可能已经发现，为每一个元素创建一条规则，就可以给所有元素设置样式：

代码清单 2-17 的第一条规则使用全局选择器 *，为文档中所有元素设置相同的样式。这个新选择器表示文档正文中所有的元素，很适合用于建立基本规则。在这个例子中，将每一个元素的外边距设置为 0 像素，从而去掉所有间隔或空行，如 <p> 元素的默认间隔。

代码清单 2-17：使用伪类 nth-child() 创建列表

```
*{
  margin: 0px;
}
p:nth-child(1){
  background: #999999;
}
p:nth-child(2){
  background: #CCCCCC;
}
p:nth-child(3){
  background: #999999;
}
p:nth-child(4){
  background: #CCCCCC;
}
```

在代码清单 2-17 中其余部分，使用 nth-child() 伪类选择器生成一个菜单或一组选项，在选项上设置能够区分各行的颜色。

动手实践：将最后的代码复制到 CSS 文件中，然后在浏览器上打开 HTML 文档检查页面的显示效果。

在 HTML 代码中加入新的 <p> 元素，并且使用由 nth-child() 伪类及相应的索引数字组成的新规则，就可以在菜单上增加更多的选项。然而，使用这种方法会产生大量的代码，并且无法支持动态生成内容的网站。有另一种更高效的方法可以获得相同结果，即使用这个伪类所支持的关键字 odd 和 even（见代码清单 2-18）：

代码清单 2-18：使用关键字 odd 和 even

```
*{
  margin: 0px;
}
p:nth-child(odd){
  background: #999999;
}
p:nth-child(even){
  background: #CCCCCC;
}
```

现在，整个列表只使用两条规则。即使列表加入了更多的选项或行，这些样式也会根据选项位置自动应用到每一个选项中。nth-child() 伪类的关键字 odd 只会影响其父元素索引位置为奇数的 <p> 元素，而 even 关键字则影响索引位置为偶数的父元素。

另外还有其他一些重要的相关伪类，其中有一些是最近才增加的，如 first-child、last-child 和 only-child。first-child 伪类只引用第一个子元素，last-child 伪类只引用最后一个子元素，而 only-child 则影响作为父级元素唯一一个子元素的元素。这些伪类不需要使用任何的关键字或参数，如代码清单 2-19 所示。

代码清单 2-19：使用 last-child 修改列表中最后一个 <p> 元素

```
*{
  margin: 0px;
}
p:last-child{
  background: #999999;
}
```

另一个重要的伪类是否定伪类（negation pseudo-class），即 not()（见代码清单 2-20）。

代码清单 2-20：为除 <p> 元素之外的其他元素应用样式

```
:not(p){
  margin: 0px;
}
```

代码清单 2-20 中的规则会为文档中除元素 <p> 以外的元素设置 0 像素的外边距。与之前所使用的全局选择器不同，not() 伪类可以实现一个例外样式。在这些规则中，这个伪类所创建的样式会应用到除圆括号所包含元素之外的每一个元素上。

除了使用元素关键字，也可以使用任意引用。例如，在代码清单 2-21 中，除了 class 属性值为 mytext2 的元素，其他元素都会受到这条规则的影响：

<div align="center">代码清单 2-21：使用 class 属性实现例外情况</div>

```
:not(.mytext2){
  margin: 0px;
}
```

如果将最后一条规则应用到代码清单 2-14 的 HTML 代码中，浏览器就会默认将样式设置到使用类值 mytext2 标识的 <p> 元素上，然后将其他元素的外边距设置为 0。

2.3.10　新选择器

CSS3 还增加了另外一些实用选择器。这些选择器使用符号 >、+ 和 ~ 指定元素之间的关系。

选择器 > 表示受影响的元素是第一个元素的子元素。代码清单 2-22 中的规则会修改任意 <div> 元素的 <p> 子元素。在这个例子中，只指定和引用设置类 mytext2 的 <p> 元素。

<div align="center">代码清单 2-22：选择器 ></div>

```
div > p.mytext2{
  color: #990000;
}
```

下一个选择器使用符号 + 构建。这个选择器引用紧跟第一个元素之后的元素。这两个元素必须具有相同的父级元素：

代码清单 2-23 的规则会影响到设置类 mytext2 的 <p> 元素之后的 <p> 元素。如果在浏览器中打开包含代码清单 2-14 的 HTML 文件，第三个 <p> 元素的内容在屏幕上会显示为红色，因为这个特定的 <p> 元素紧跟在设置类 mytext2 的 <p> 元素的后面。

<div align="center">代码清单 2-23：选择器 +</div>

```
p.mytext2 + p{
  color: #990000;
}
```

最后一个选择器使用符号 ~ 构建。这个选择器与前一个选择器类似，但是受影响的元素不一定紧跟第一个元素。此外，可能会选中多个元素。

代码清单 2-24 的规则会影响到例子中的第三个和第四个 <p> 元素。这个样式会应用到设置类 mytext2 的 <p> 元素之后的所有同级元素。无论它们之间是否存在其他的元素；第三个和第四个 <p> 元素都会受到影响。可以在代码清单 2-14 的 HTML 代码上做实验，在设置类 mytext2 的 <p> 元素之后插入一个 <span></span> 元素，但是结果仍然是只有 <p> 元素受到该规则的影响。

代码清单 2-24：选择器 ~

```
p.mytext2 ~ p{
  color: #990000;
}
```

2.4　在模板上应用 CSS

正如本章前面所介绍的，每一个结构元素都是一个框，而结构是由一组框组成的，即所谓的框模型。

我们将学习两种不同的框模型：传统框模型和新的弹性框模型。传统框模型从第一个版本的 CSS 沿用至今。这个模型得到了市场上所有浏览器的支持，并且是实际上的 Web 设计标准。相反，CSS3 所增加的弹性框模型仍然在开发中，但是它相对于传统框模型的优点使之有可能成为一种标准，因此它值得我们花时间学习。

每一个模型都可以应用到相同的 HTML 结构中，但是 HTML 结构必须能够接受这些样式。HTML 文档必须适应所选择的框模型。

重要提示：下面介绍的传统框模型并不属于 HTML5 的内容。这个模型一直存在，而且你很可能已经知道如何实现它。如果是这样，那么你可以直接跳到下一节。

2.5　传统框模型

首先是表格。开发者经常使用表格来创建和组织屏幕上的内容，表格无形中成为重要的工具元素。这可以看做是第一种 Web 框模型。这些框是通过扩大单元格和合并行、列或表格实现的，实现并排或嵌套效果。当网站变得越来越大或越来越复杂时，这个方法会造成许多与规模和代码维护有关的严重问题。

这些问题现在可以使用一种自然的方法进行解决：兼具结构与表现功能的 div。使用 <div> 标签和 CSS 样式，就可以替代表格，有效地分离 HTML 结构与表现。使用 <div> 元素和 CSS，就可以在屏幕上创建框，将这些框的位置设置在一侧或另一侧，设置它的尺寸、边框、颜色等。CSS 提供了一些具体的属性，可以根据需要设置这些框的结构。这些属性很强大，可以创建一种框模型，它可以直接转为现在所谓的传统框模型。

这个模型的一些缺点使表格仍然沿用，但是受 Ajax 的成功及许多新式交互应用程序的影响，主流网站已经逐步转而使用 <div> 标签和 CSS 样式作为标准布局方法。最后，传统框模型已经得到了广泛应用。

2.5.1　模板

在第 1 章中，我们已经创建了 HTML5 模板，这个模板包含了创建文档结构所需要的元素，但是还必须添加一些用于设置 CSS 样式和传统框模型的元素。

传统框模型必须将框设置为水平排列。因为整个文档正文是由一组框组成的，它们必须居中显示，并且设置特定的尺寸值，所以还必须作为一个包装器添加一个 `<div>` 元素。

新的模板代码如代码清单 2-25 所示：

代码清单 2-25：为 CSS 样式设置所准备的新 HTML5 模板

```html
<!DOCTYPE html>
<html lang="en">
<head>
  <meta charset="utf-8">
  <meta name="description" content="This is an HTML5 example">
  <meta name="keywords" content="HTML5, CSS3, JavaScript">
  <title>This text is the title of the document</title>
  <link rel="stylesheet" href="mystyles.css">
</head>
<body>
<div id="wrapper">
  <header id="main_header">
    <h1>This is the main title of the website</h1>
  </header>
  <nav id="main_menu">
   <ul>
    <li>home</li>
    <li>photos</li>
    <li>videos</li>
    <li>contact</li>
   </ul>
  </nav>
  <section id="main_section">
   <article>
    <header>
     <hgroup>
      <h1>Title of post One</h1>
      <h2>subtitle of the post One</h2>
     </hgroup>
     <time datetime="2011-12-10" pubdate>posted 12-10-2011</time>
    </header>
    This is the text of my first post
    <figure>
     <img src="http://minkbooks.com/content/myimage.jpg">
     <figcaption>
      this is the image of the first post
     </figcaption>
    </figure>
    <footer>
     <p>comments (0)</p>
    </footer>
   </article>
   <article>
    <header>
     <hgroup>
      <h1>Title of post Two</h1>
      <h2>subtitle of the post Two</h2>
     </hgroup>
     <time datetime="2011-12-15" pubdate>posted 12-15-2011</time>
```

```
    </header>
    This is the text of my second post
    <footer>
      <p>comments (0)</p>
    </footer>
  </article>
</section>
<aside id="main_aside">
  <blockquote>Article number one</blockquote>
  <blockquote>Article number two</blockquote>
</aside>
<footer id="main_footer">
  Copyright &copy 2010-2011
</footer>
</div>
</body>
</html>
```

代码清单 2-25 提供了一个可供设置样式的新模板。相对于第 1 章中代码清单 1-18 中的代码，这个模板有两处重要的修改。其中有一些标签设置了属性 id 和 class。这意味着，现在我们可以在 CSS 规则中通过 id 属性值引用一个非常具体的元素，或者使用 CSS 规则中的 class 属性值同时修改多个元素。

相对于前一个模板，第二个重要修改是增加了前面提到的 <div> 元素。这个 <div> 设置了属性 id="wrapper"，而且它的结束标签 </div> 位于正文末尾。使用这个包装器，就可以在正文内容上应用框模型，设定它的水平位置。

动手实践：对比第 1 章中代码清单 1-18 和本章中代码清单 2-25 的代码，它们的区别在于增加了 <div> 元素的开始和结束标签作为包装器。此外，确认哪个元素现在添加了 id 属性，哪个元素添加了 class 属性。确认 id 属性的值在整个文档中是保持唯一的。此外，你还需要将之前创建的 HTML 代码替换为代码清单 2-25。

在准备好 HTML 文档之后，可以创建样式表了。

2.5.2　全局选择器 *

首先，添加一些使设计保持一致的基本规则：

通常，定义大多数元素的外边距，或者只是保持最小的外边距。有一些元素默认设置了非零外边距，而且有时候外边距过大。在设计实践过程中，我们发现大多数元素的外边距都需要设置为 0。为了避免重复设置样式，可以使用前面介绍过的全局选择器 *。

在代码清单 2-26 中，第一条 CSS 规则保证将每一个元素的外边距设置为 0 像素。从现在起，只需要将元素的外边距修改为需要的外边距值（大于零）。

代码清单 2-26：一般 CSS 规则

```
* {
  margin: 0px;
```

```
    padding: 0px;
  }
```

基础知识回顾：注意，每一个元素都是一个框。所以外边距就是元素四周占据的空间，位于框的边框之外（相反，内边距位于元素内容之外、边框之内——例如，标题与标题所在 <h1> 元素所形成虚拟框的边框之间的空间。本章后面的内容将介绍内边距。）可以选择设置元素一边或多边的外边距尺寸。在样式表中，规则 margin：0px 会将框的所有边设置 0 像素或空的外边距。例如，如果将尺寸设置为 5 像素，那么这个框周围就会有 5 像素的区域。这意味着这个框与相邻框会存在 5 像素的间隔。

动手实践：必须在样式表文件中编写所有的 CSS 规则。这个文件已经通过 <link> 标签添加到 HTML 代码头部，所以只需要使用文本编辑器创建一个新文件，将其命名为 mystyles.css，然后在其中填入代码清单 2-26 及下一个代码清单的内容。

2.5.3 新的标题层次结构

在模板中，使用 <h1> 和 <h2> 声明文档中不同节的标题与子标题。这些元素的默认样式总是与我们的要求相去甚远，而在 HTML5 中（正如前面所介绍），可以重建各个节的标题层次结构。例如，在同一个文档中，可以多次使用 <h1> 元素，它们不仅可以表示整个文档的主标题，还可以表示一些内部节的标题，所以必须正确设置它们的样式。

在代码清单 2-27 中，通过设置元素 <h1> 和 <h2> 的属性 font，就可以一次声明所有文字样式。按照顺序，可以使用 font 声明的属性有：font-style、font-variant、font-weight、font-size/line-height 和 font-family。通过这些规则，就可以根据需要修改 <h1> 和 <h2> 元素中所有文字的类型、字号和字体系列。

代码清单 2-27：设置 <h1> 和 <h2> 元素的样式

```
h1 {
  font: bold 20px verdana, sans-serif;
}
h2 {
  font: bold 14px verdana, sans-serif;
}
```

2.5.4 声明新的 HTML5 元素

另一个基础规则是必须一开始就声明 HTML5 结构元素的默认定义。有一些浏览器还无法识别这些元素，或者将它们显示为内联元素。需要将这些元素声明为块元素，保证它们的显示效果与 <div> 标签相似，而且还可以使用它们创建框模型：

现在，代码清单 2-28 所定义的规则能够影响的元素就会一个接一个紧挨着排列，除非指定其他的规则。

代码清单 2-28：HTML5 元素的默认规则

```
header, section, footer, aside, nav, article, figure, figcaption, hgroup{
    display: block;
}
```

2.5.5　居中显示正文

框模型的第一个元素总是 <body>。通常这个元素的内容必须设置水平位置。而且，还必须指定其宽度或最大宽度，才能够保证在不同的配置上具有一致的设计。

默认情况下，<body> 标签的宽度值为 100%。这意味着，正文必须占据浏览器中可见屏幕的全部宽度。为了使页面在屏幕中居中显示，需要将正文内容设置为居中显示。通过使用代码清单 2-29 所列规则，<body> 内部的所有内容都会在屏幕上居中显示，因此整个网页也会居中显示。

代码清单 2-29：居中显示正文内容

```
body {
    text-align: center;
}
```

2.5.6　创建主框

接下来，必须指定正文内容的最大宽度或固定宽度。在本章的代码清单 2-25 中，添加了一个 <div> 元素，用于包围整个正文内容。因此，这个框的宽度就是其余元素的最大宽度。

代码清单 2-30 的规则首先通过 id 值引用一个元素。使用字符 #，浏览器就会将这些样式设置到 id 属性值为 wrapper 的元素上。

代码清单 2-30：定义主框的属性

```
#wrapper {
    width: 960px;
    margin: 15px auto;
    text-align: left;
}
```

这条规则为主框设置了三个样式。第一个给它设置固定宽度 960 像素，因此这个框总是保持 960 像素的宽度（目前网站常用的宽度介于 960 ～ 980 像素之间。当然，这肯定会慢慢发生变化）。

第二个样式就是所谓的传统框模型。在前一条规则中（见代码清单 2-29），使用样式 text-align: center，将正文内容设置为水平居中显示。但是，这条规则只能影响到文字或图像等内联内容。对于 <div> 等块级元素，需要设置特定的外边距值，使它们自动适应父级元素的尺寸。这里所使用的 margin 属性可能包含 4 个值，按顺序分别是：上、右、下和左。这意味着，第一个值指定的是元素的上外边距，第二值是右外边距，以此类推。然而，如果只写两个参数，那么其他参数都使用相同的值。这个例子就使用这种方法。

在代码清单 2-30 中，使用样式 margin：15px auto，给所引用的 <div> 元素设置 15 像素的上下外边距，而且将左右外边距设置为自适应尺寸。通过这种方式，就为正文内容设置了上下 15 像素的外边距，而左右两边的间隔则根据正文宽度与 <div> 宽度自动计算得到，从而使内容在屏幕上居中显示。

现在网页实现居中显示，并且宽度固定在 960 像素。

接下来，需要解决一些浏览器中出现的显示问题。属性 text-align 的作用会向下传递。这意味着，不仅仅主框，正文内的所有元素都会变成居中显示。这个样式会影响到 <body> 的每一个子元素。必须修改这个样式，将文档的其他元素改回默认的对齐方式。在代码清单 2-30 中，第 3 个和最后一个样式就可以实现这个目标。其结果是，正文的内容居中显示，但是主框的内容（<div> 包装器）仍然是左对齐，因此其余代码都会继承这个样式，变成默认对齐方式。

动手实践：如果完成这些操作，将这里所列的全部规则复制到名为 mystyles.css 的空文件中。这个文件必须与包含代码清单 2-25 所示代码的 HTML 文件一起保存在同一个文件夹或目录中。这时，就有两个文件，一个是 HTML 代码，另一个是包含从代码清单 2-26 开始所创建全部 CSS 样式的 mystyles.css。在浏览器中打开 HTML 文件，页面上会显示所创建的框（在大多数系统中，双击就可以打开这个文件）。

2.5.7　标头

现在继续创建其他的结构元素。紧跟 <div> 包装元素开始标签后面的是第一个 HTML5 结构元素：<header>。这个元素包含网页的主标题，它位于屏幕上方。<header> 元素设置了属性 id="main_header"。

默认情况下，每一个块级元素和正文的宽度都是 100%。这意味着，这个元素会占据所有的水平空间。正如前面所介绍的，正文元素会占据整个可见屏幕的宽度，但是其他元素的最大宽度则由其父级元素的宽度决定。在例子中，主框内部元素的最大宽度是 960 像素，因为它们的父级元素是主框，后者的宽度设置为 960 像素。

由于 <header> 将会占据主框的全部可用宽度，而且会显示为一个块级元素，位于页面顶部；因此，最后一步是设置其样式，使它产生一些可视效果。在代码清单 2-31 所示的规则中，将 <header> 设置为黄色背景和 1 像素宽的实线边框，使用属性 padding 设置 20 像素的内部外边距。

代码清单 2-31：设置 <header> 的样式

```
#main_header {
  background: #FFFBB9;
  border: 1px solid #999999;
  padding: 20px;
}
```

2.5.8　导航栏

在 <header> 之后是结构元素 <nav>，它的作用是辅助导航。这个元素包含的链接构成了网站的菜单。这个菜单是位于标头的下一栏。因此，包括 <header> 元素，用于设置 <nav> 元素位置的样式基本上已经创建了：<nav> 是一个块级元素，因此位于前一个元素之下；其默认宽度是 100%，所以宽度与上级元素（包装器 <div>）相同；其高度是内容高度与指定的外边距（默认值）。最后，要做的是设置其可视化样式：通过为它设置灰色背景和小内部外边距，使菜单与边框产生一些间隔。

在代码清单 2-32 中，第一条规则是通过 id 引用元素 <nav>，修改它的背景，使用属性 padding 增加 5px 和 15px 的内部外边距。

代码清单 2-32：添加 <nav> 样式

```
#main_menu {
    background: #CCCCCC;
    padding: 5px 15px;
}
#main_menu li {
    display: inline-block;
    list-style: none;
    padding: 5px;
    font: bold 14px verdana, sans-serif;
}
```

基础知识回顾：属性 padding 的用法与 margin 完全相同。它可以指定 4 个值，按顺序分别是：上、右、下和左。如果只指定一个值，那么它会为元素内容的四周设置相同的值。如果指定两个值，那么第一个值设置上下内边距，第二个值设置左右内边距。

导航栏内部包含一个由标签 <ul> 和 <li> 创建的列表。默认情况下，列表项是从上到下排列的。为了改变这个显示方式，将列表项并排显示在同一行上，使用选择器 #main_menu li 引用这个特殊的 <nav> 标签之中的 <li> 元素，然后设置样式 display: inline-block，将它们变成内联框。与块级元素不同，这些设置 CSS3 标准化参数 inline-block 的元素不存在换行符，但是可以作为块级元素使用，也支持块级元素的属性。此外，在未指定宽度时，这个参数使元素宽度自动适应其内容宽度。

还使用 list-style 属性，隐藏了列表项前面的小图标（通常称为"项目符号"）。

2.5.9　节与边栏

代码中下一个结构元素是两个水平并排的框。通过 CSS 样式建立的传统框模型，可以指定每一个框的位置。使用 float 属性，可以根据需要将这些框显示在屏幕的左右两侧。在 HTML 模板中使用 <section> 和 <aside> 创建这些元素，它们分别将 id 属性设置为 main_section 和 main_aside。

CSS 属性 float 是传统框模型中广泛应用的属性之一。它使元素浮动到具有足够显示空间的一边或另一边。受 float 属性影响的元素会变成一个块级元素——其区别在于它根据这个属性值进行排列，而不是根据文档常规流进行排列。这些元素会根据 float 值移到左右两侧中最远的可用区域。

通过使用代码清单 2-33 的规则，声明了两个框的位置及尺寸，从而在屏幕上显示可见的列。属性 float 会将框移到它的值所指定的可用区域，width 可以设置元素水平宽度，而 margin 则设置其外边距。

代码清单 2-33：使用属性 float 创建两栏

```
#main_section {
  float: left;
  width: 660px;
  margin: 20px;
}
#main_aside {
  float: left;
  width: 220px;
  margin: 20px 0px;
  padding: 20px;
  background: #CCCCCC;
}
```

受这些样式的影响，<section> 元素的内容就会显示在屏幕左边，高宽为 660 像素，外边距为 40 像素，总共占据 700 像素的宽度。

<aside> 元素的 float 属性还可以使用 left 值。这意味着，所生成的框将移到左边的可用空间。因为由 <section> 元素创建的前一个框已经移到屏幕左边，所以现在的空间是该元素未占用的空间。新的框将与第一个框位于同一行，但是在第一个框的右边，占用了该行的剩余空间，从而形成该设计的第二栏。

第二个框设置了 220 像素的宽度、灰色背景和 20 像素的内边距。结果，这个框的水平宽度为 220 像素加上 padding 属性增加的 40 像素（各边的外边距已经设置为 0px）。

基础知识回顾：元素尺寸及其外边距相加就是实际的宽度。如果元素宽度为 200 像素，各边外边距为 10 像素，那么这个元素占用的实际区域为 220 像素。元素宽度等于总外边距 20 像素与 200 像素之和，最终得到在屏幕上的显示宽度。属性 padding 和 border 具有相同的效果。每次给元素设置边框，或者使用属性 padding 设置内容与边框的间隔，这些值都会影响元素在屏幕上的实际显示宽度。实际显示宽度的计算公式：size + margin + padding + borders。

动手实践：查看代码清单 2-25。查看到现在为止创建的每一条 CSS 规则，找到模板中与这些规则相对应的 HTML 元素。根据引用：元素关键字（如 h1）和 id 属性（如 main_header），理解引用使用方法和各个元素所设置的样式。

2.5.10   页脚

为了完成传统框模型的应用，必须在 <footer> 元素上设置另一个 CSS 属性。这个属性会还原文档的常规流，将元素 <footer> 显示在最后一个元素之下，而非显示在侧边：

代码清单 2-34 为 <footer> 元素设置了 2 像素的上边框和 20 像素的内边距，然后元素中的文字设置为居中显示。同时，它使用属性 clear 使文档还原常规流。这个属性会直接清空元素所占用的区域，使之不会显示在浮动框旁边。它的常用值是 both，表示两边都会清空，而元素会遵循常规流（元素不再浮动显示）。对于块级元素而言，这意味着它会显示在上一个元素之下，换到新的一行。

代码清单 2-34：设置 <footer> 的样式，使之回归常规流

```
#main_footer {
  clear: both;
  text-align: center;
  padding: 20px;
  border-top: 2px solid #999999;
}
```

属性 clear 还会使元素向下移，使浮动框占据屏幕上一个独立区域。如果不使用这个属性，浏览器就不会显示文档的浮动元素，因为浮动框会重叠在一起。

如果在传统框模型中将框设置为并排显示，就需要添加一个设置样式 clear: both 的元素，使其他框能够正常显示在下面。图 2-2 显示了使用 CSS 基本样式创建布局的可视化效果。

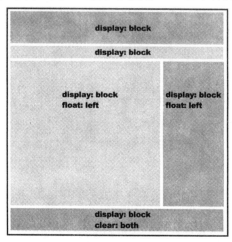

图 2-2　传统框模型的可视化表现

属性 float 的值 left 和 right 并不意味这个框一定会显示在窗口的左边或右边。这些值的作用是使元素离开文档的常规流，浮动显示到元素的一边。例如，如果值为 left，那么浏览器会尝试使元素显示在左边的可用区域。如果前一个元素旁边还有显示空间，那么新元素就会显示在它的左边，因为左边的元素已经设置为 float。因此，这个属性值的作用是使它浮动显示到左边，直至遇到阻挡它继续向左移动的元素或父级元素边框。在创建包含几列的布局时，这个效果尤为重要。在这种情况中，在每一列上将属性 float 设置为 left，可以使各列实现并排效果。每一列都会浮动显示在左边，直至遇到另一列或父级元素的边界。使用这个方法，就可以将多个框并排显示在同一行上，从而在屏幕上创建多列的显示效果。

2.5.11 最后一步

最后是内容设计。HTML5 提供了一些专门用于设置内容样式的元素：

代码清单 2-35 的第一条规则引用所有的 `<article>` 元素，为它们设置样式（背景颜色、1 像素实线边框、内边距和下外边距）。使用 15 像素的下外边距，目的是设置前后文章之间的间隔。

代码清单 2-35：基本设计的最后一步

```
article {
  background: #FFFBCC;
  border: 1px solid #999999;
  padding: 20px;
  margin-bottom: 15px;
}
  article footer {
text-align: right;
}
time {
  color: #999999;
}
figcaption {
  font: italic 14px verdana, sans-serif;
}
```

每一个文章元素都带有一个 `<footer>` 元素，用于显示评论数量。要引用 `<article>` 元素之中的 `<footer>` 元素，必须使用选择器 `article footer`，这表示"元素 `<article>` 之中每一个 `<footer>` 都会应用以下样式。"使用这种引用方法，将每一个文章元素之中的 `<footer>` 元素设置为右对齐。

在代码清单 2-35 的最后，修改每一个 `<time>` 元素的颜色，设置不同的标题图像，插入 `<figcaption>` 元素，然后为文章中其余内容设置不同的字体。

动手实践：要实现这种效果，可以将本章从代码清单 2-26 开始的所有 CSS 规则复制到文件 mystyles.css 中，然后打开代码清单 2-25 所创建的 HTML 模板文件。我们就能够看到传统框模型的工作原理和其中结构元素的显示效果。

重要提示：此外，你可以访问我们的网站，单击执行这些代码。请访问我们的网站：www.minkbooks.com。

2.5.12 框尺寸

CSS3 还增加了另一个与结构和传统框模型相关的属性：`box-sizing` 属性，它可以修改元素尺寸的计算方式，使浏览器在计算时加入原始的内边距和边框。

正如之前所解释的，每次计算元素所占用的总区域时，浏览器会使用以下公式计算总尺寸：`size + margin + padding + borders`。因此，如果将 `width` 属性设置为 100 像素，将 `margin` 设置为 20 像素，将 `padding` 设置为 10 像素，将 `border` 设置为 1 像素，那么元素占用的总宽度为：100+40+20+2= 162 像素（注意，在公式中，margin、padding 和 border 必须计算 2 次，因为我们假定框的左右两边都设置相同的值）。这意味着，每次使用属性 width 声明元素尺寸时，元素所占用的实际区域大于设置的宽度值。

根据你的使用习惯，最好设置浏览器在计算 width 值时加入 padding 和 border，这样，新的公式会是：size + margin。

box-sizing 属性可能包含两个值。它的默认值是 content-box，这意味着浏览器会将 padding 和 border 加到 width 所指定的值中。如果使用 border-box，那么效果就会发生变化，内边距和边框就会计算在元素总尺寸内。

代码清单 2-36 显示了这个属性在 <div> 元素上的使用方法。这只是一个例子，我们不会在模板中使用它，但是对于那些熟悉之前版本 CSS 传统计算方法的设计者，这个方法还是很实用的。

代码清单 2-36：在元素尺寸中加入 padding 和 border

```
div {
  width: 100px;
  margin: 20px;
  padding: 10px;
  border: 1px solid #000000;

  -moz-box-sizing: border-box;
  -webkit-box-sizing: border-box;
  box-sizing: border-box;
}
```

重要提示：目前，box-sizing 在一些浏览器上仍处于实验阶段。为了在文档中有效应用这条规则，你必须使用相应的前缀声明它。我们将在后面再介绍这个问题。

2.6　弹性框模型

框模型的主要用途是将窗口空间划分为框，从而创建一般 Web 设计所需要的行与列。然而，从 CSS 第一个版本就开始实现并且广泛应用的传统框模型恰恰在这里遇到了问题。例如，如果不使用其他聪明开发者开发的技巧或复杂规则，就无法定义框的排列方式和指定它们的水平与垂直尺寸。

创建常用设计效果（例如，根据可用空间扩大列宽、将内容设置为垂直居中显示或者将一列从上到下贯穿内容）的难度使开发者寻求新的文档模型。目前已经出现了几种模型，但是最受关注的是弹性框模型。

弹性框模型以一种真正灵活的方式解决了前一个模型的问题。通过这种新的实现，框最终能够表示设计者和用户真正想看到的虚拟行和列。现在，我们能够随意控制布局、框的位置与尺寸、框在其他框中的排列及其分享和使用可用空间的方式。这些代码真正从原生角度上满足设计者的需求。

在这一节中，将学习如何使用弹性框模型，如何将模型应用到模板中，以及它所支持的所有新功能。

    重要提示：虽然弹性框模型具有其他模型所不具备的优点，但是它仍处于实验阶段，最近几年都不会被浏览器和开发者所采用。目前存在两个标准，但是只有一个标准得到基于 WebKit 和 Gecko 的浏览器支持，如 Firefox 和 Google Chrome。这正是我们必须学习传统框模型的原因。

    这个模型的主要特点之一是，有一些特性（例如，垂直或水平方向）是在父级框中声明的。在处理框嵌套时，这个特性是必不可少的。在新模型中，每一组框都具有父级框。

    在前面创建的模板中，已经定义了一些上级框。<body> 和 <div> 都可以转换为父级框。然而，结构中还有另一个部分需要添加父级框。我们必须添加新的 <div> 元素，用于包装表示页面中间两列的框（由元素 <section> 和 <aside> 创建）。

    在添加新的包装元素之后，模板就变成代码清单 2-37 中的模板：

代码清单 2-37：添加父级框，用于包含 <code><section></code> 和 <code><aside></code>

```
<!DOCTYPE html>
<html lang="en">
<head>
  <meta charset="utf-8">
  <meta name="description" content="This is an HTML5 example">
  <meta name="keywords" content="HTML5, CSS3, JavaScript">
  <title>This text is the title of the document</title>
  <link rel="stylesheet" href="mystyles.css">
</head>
<body>
<div id="wrapper">
  <header id="main_header">
    <h1>This is the main title of the website</h1>
  </header>
  <nav id="main_menu">
    <ul>
      <li>home</li>
      <li>photos</li>
      <li>videos</li>
      <li>contact</li>
    </ul>
  </nav>
  <div id="container">
    <section id="main_section">
      <article>
        <header>
          <hgroup>
            <h1>Title of post One</h1>
            <h2>subtitle of the post One</h2>
          </hgroup>
          <time datetime="2011-12-10" pubdate>posted 12-10-2011</time>
        </header>
        This is the text of my first post
        <figure>
          <img src="http://minkbooks.com/content/myimage.jpg">
```

```
        <figcaption>
          this is the image of the first post
        </figcaption>
      </figure>
      <footer>
        <p>comments (0)</p>
      </footer>
    </article>
    <article>
      <header>
        <hgroup>
          <h1>Title of post Two</h1>
          <h2>subtitle of the post Two</h2>
        </hgroup>
        <time datetime="2011-12-15" pubdate>posted 12-15-2011</time>
      </header>
      This is the text of my second post
      <footer>
        <p>comments (0)</p>
      </footer>
    </article>
  </section>
  <aside id="main_aside">
    <blockquote>Article number one</blockquote>
    <blockquote>Article number two</blockquote>
  </aside>
</div>
<footer id="main_footer">
  Copyright &copy 2010-2011
</footer>
</div>
</body>
</html>
```

动手实践：在本章的其余内容中，将使用代码清单 2-37 的模板。将 HTML 文件中以前的模板替换为这段代码。此外，还清空文件 mystyles.css，插入新的 CSS 规则。

在应用弹性框模型特有的 CSS 属性之前，先添加适用于两个模型的通用规则：

正如之前所介绍的，代码清单 2-38 的第一条规则将所有元素的外边距设置为 0 像素。然后，设置 H 标签中文字的字体属性，将 HTML5 元素声明为浏览器不会自动设置该样式的块级元素。

代码清单 2-38：适用于两个模型的通用 CSS 规则

```css
* {
  margin: 0px;
  padding: 0px;
}
h1 {
  font: bold 20px verdana, sans-serif;
}
h2 {
  font: bold 14px verdana, sans-serif;
}
header, section, footer, aside, nav, article, figure, figcaption, hgroup{
```

```
display: block;
}
```

有了这些基本规则，就可以在模板上应用弹性框模型。在这个模型中，每一个包含结构元素的元素都必须声明为父级框。文档的第一个父级框就是正文：

为了将元素配置为父级框，必须使用属性 display，并将它的值设置为 box。

在代码清单 2-39 中，除了将正文声明为父级框，还需要将 <body> 的内容设置为居中显示。将属性 box-pack 设置为 center，将使子元素居中显示在父级框中。在这个例子中，<body> 只有一个子元素：<div id="wrapper">，因此整个网页都会居中显示。

代码清单 2-39：将 <body> 声明为父级框

```
body {
  width: 100%;

  display: -moz-box;
  display: -webkit-box;

  -moz-box-pack: center;
  -webkit-box-pack: center;
}
```

这个模型的另一个重要特性是能够根据可用显示空间随意扩大或缩小网页的元素。然而，为了实现弹性框，它的父级框必须也设置为弹性框。如果上级元素的尺寸不确定，那么子元素也无法调整其大小，所以必须设置正文样式，使它占据整个浏览器窗口。为了实现这个目标，要将正文尺寸设置为 100%。

重要提示：因为我们现在学习和实验的是 CSS 属性，所以大多数情况下都必须添加所使用浏览器引擎的前缀。将来，只需要声明 display: box，但是在实验阶段完成之前，都必须使用代码清单 2-39 所示的写法。大多数主流浏览器的前缀包括：

❑ -moz- 是 Firefox 的前缀

❑ -webkit- 是 Safari 和 Chrome 的前缀

❑ -o- 是 Opera 的前缀

❑ -khtml- 是 Konqueror 的前缀

❑ -ms- 是 Internet Explorer 的前缀

❑ -chrome- 是 Google Chrome 的专用前缀

有许多属性可用于设置每个框在屏幕上的位置。框可以重叠显示，也可以并排显示；可以改变顺序，也可以声明指定的顺序。现在将在模板中应用这些属性，接着再深入学习这些属性的用法。

其中一个属性是 box-orient。这个属性可以指定子元素的垂直方向或水平方向。其默认值是 horizontal，所以不需要在 <body> 上设置这个样式，但是对于包装元素必须设置这个样式：

声明了 display: box 的框具有块级元素的特点，它会占据容器的全部可用空间。在前一个模型中，将主框宽度设置为固定值 960 像素；这个值不仅限定了主框的宽度，也限制了整个网页的宽度。为了利用新框模型的弹性属性，必须设置宽松的尺寸。然而，如果 <body> 已经占据了窗口的 100% 宽度，那么包装元素也一样，且有时候网页的比例会发生变化。为了避免出现这个问题，保持内容的灵活性，可以将属性 max-width 设置为 960px，如代码清单 2-40 所示。这样，包装元素（及整个网页）的尺寸就是可变的，但是不会超过 960 像素。现在，网页宽度会自动适应不同的设备和环境，但是一定不会超过设置的最大值，从而保留统一的设计风格。

代码清单 2-40：设置最大宽度和垂直方向的父级框

```
#wrapper{
  max-width: 960px;
  margin: 15px 0px;

  display: -moz-box;
  display: -webkit-box;

  -moz-box-orient: vertical;
  -webkit-box-orient: vertical;

  -moz-box-flex: 1;
  -webkit-box-flex: 1;
}
```

因为使用 <div> 来包装整个网页内容，所以还必须通过 display: box 将它声明为父级框。这时，其子元素会从上到下排列，因此属性 box-orient 会设置为 vertical。

由于必须将父级框设置为弹性框，因此必须使用属性 box-flex 声明这个条件。如果不使用这个属性，<div> 就无法调整大小；而且宽度只能由内容宽度决定。值 1 表示可变，0 表示固定，但是这个属性还可以设置其他值，这些值将在其他章节中介绍。

接下来，HTML 文档中包含的元素是 <header> 和 <nav>。它们是父级框 <div id="wrapper"> 的第一个子元素。在代码清单 2-41 中，必须声明一些实现可视化效果的样式，因为这些元素已经继承了父级元素所声明的垂直框的属性：

代码清单 2-41：在屏幕上表示标题和菜单的简单规则

```
#main_header {
  background: #FFFBB9;
  border: 1px solid #999999;
  padding: 20px;
}
#main_menu {
  background: #CCCCCC;
  padding: 5px 15px;
}
#main_menu li {
  display: inline-block;
  list-style: none;
```

```
    padding: 5px;
    font: bold 14px verdana, sans-serif;
}
```

在标签 <nav> 创建的框下面，添加了另一个框，它也包含两个框。这是代码清单 2-37 新添加的 <div>，用于包装网页中间的列。这个框设置了属性 id="container"：

代码清单 2-42 中的规则定义了中间两列的父级框。第一个样式创建框，第二个样式设置子元素的水平方向。这个容器与标题和菜单栏一样，都不需要声明为弹性框。它们的默认尺寸为 100%，这意味着它们会占据容器所提供的全部可用空间。因为它们的父级元素也是弹性框，所以它们也是弹性框；于是不需要再声明这些属性。

代码清单 2-42：创建另一个父级框

```
#container {
  display: -moz-box;
  display: -webkit-box;

  -moz-box-orient: horizontal;
  -webkit-box-orient: horizontal;
}
```

在父级元素设置好之后，现在可以设置列。应用代码清单 2-43 的规则，由元素 <section> 定义的第一列不会设置具体的尺寸。由于使用属性 box-flex，因此该列会自动适应父级元素所提供的空间。相反，右边由元素 <aside> 所创建列则设置为固定列宽，其尺寸为 220 像素，再加上 40 像素的内部外边距（内边距）。当然，这只是在这个模板中使用的方法。可以将两列都设置为弹性框，或者使用这种模型所提供的其他工具按比例划分空间，但是我们决定将一列设置为固定宽度，从而可以对比在同一个文档中合适不同框模型的效果。除此之外，将一列设置为固定列宽也是最常用的方法。通常，设计者会在这一列显示菜单、广告或其他必须保持原始尺寸的重要信息。

代码清单 2-43：创建可变列和固定列

```
#main_section {
  -moz-box-flex: 1;
  -webkit-box-flex: 1;

  margin: 20px;
}
#main_aside {
  width: 220px;
  margin: 20px 0px;
  padding: 20px;
  background: #CCCCCC;
}
```

组合使用可变列与固定列并不是弹性框模型的唯一方法，但是这种模型的这个功能是前所未有的，而且以前需要很多的代码才能实现的一些效果，现在通过几个属性就能够实现。

　　这里还有另一个重要属性未使用，因为它会自动应用到两列上。属性 box-align 的默认值是 stretch，它可以沿垂直方向扩展列，自动占用所有可用空间。因此，模板右边的列会自动扩大，最后的垂直高度与左边列相同。

　　无论是显式设置或默认设置，应用这些属性的最后结果是，网页中一些内容就会根据整个窗口的可用空间自动改变自己的水平与垂直尺寸。元素 <section> 所创建的列及其内容可以自动调整宽度。此外，模板的标题、导航栏和页脚都会随浏览器的窗口大小变化而变化。由元素 <aside> 创建的第二列也会调整高度，自动占据导航栏和页脚之间的可用空间。在前一个框模型中，实现所有这些效果是非常复杂的。弹性框模型能够轻松实现这些效果，因此是一个足以替代传统框模型的方法。

　　通过加入代码清单 2-43 所示的规则，现在就创建了所有组织框的必要样式，从而可以在模板中应用弹性框模型。最后一个任务就是为其他元素添加一些可视化样式，实现与前面相同的显示效果（见代码清单 2-44）：

代码清单 2-44：完成样式表

```css
#main_footer {
  text-align: center;
  padding: 20px;
  border-top: 2px solid #999999;
}
article {
  background: #FFFBCC;
  border: 1px solid #999999;
  padding: 20px;
  margin-bottom: 15px;
}
time {
  color: #999999;
}
article footer {
  text-align: right;
}
figcaption {
  font: italic 14px verdana, sans-serif;
}
```

　　上面的规则与之前的规则很相似。唯一的差别是不需要在页脚中使用 clear: both，因为这个模型没有任何的浮动元素需要"复位"。

　　动手实践：将 HTML 文件的模板代码替换成代码清单 2-37 所示代码。在文件 mystyles.css 中添加代码清单 2-38 所示的全部 CSS 样式。接下来，在浏览器中打开 HTML 文件，查看其显示效果。放大或缩小浏览器窗口，查看有哪些框会根据显示空间的变化而改变大小。查看右边列的高度变化。如果需要查看这些代码和例子，请访问我们的网站：www.minkbooks.com。

　　在图 2-3 中，创建了之前操作的可视化表现。框 1、2 和 3 是父级框。其他是子框及父级所提供属性的对应关系。

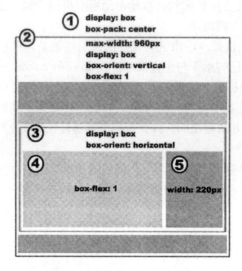

图 2-3   在模板中应用弹性框模型

2.7   理解弹性框模型

我们现在只是在模板中使用了弹性框模型，但是为了全面理解它的功能，必须理解模型的工作原理，深入研究它的属性。

创建弹性框模型的主要原因之一是对窗口空间进行划分。元素必须随容器的可用空间变化而调整尺寸。为了理解空间分配问题，我们必须先知道容器的确切尺寸，即了解上级框的定义。

上级框由属性 display 定义，值 box 表示显示为块级元素，而值 inline-box 则表示内联元素。

用于生成图 2-4 所示的 HTML 代码如代码清单 2-45 所示：

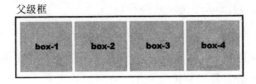

图 2-4   4 个子元素的父级框

代码清单 2-45：基本的 HTML 代码

```
<!DOCTYPE html>
<html lang="en">
<head>
  <title>Flexible Box Model sample</title>
  <link rel="stylesheet" href="test.css">
</head>
```

```
<body>
<section id="parentbox">
  <div id="box-1">Box 1</div>
  <div id="box-2">Box 2</div>
  <div id="box-3">Box 3</div>
  <div id="box-4">Box 4</div>
</section>
</body>
</html>
```

动手实践：创建一个空文本文件，它的扩展名为 .html。在文件中填入代码清单 2-45 所示的代码。我们将在这个文件中试验弹性框模型的属性。CSS 规则位于另一个外部文件 test.cssk 中。创建这个文件，然后添加下面介绍的规则。在浏览器中打开 HTML 文件，查看各个规则的显示效果。

2.7.1 display

如前所述，display 属性可以设置两个值：box 和 inline-box。将父级元素定义为 box（见代码清单 2-46）：

代码清单 2-46：将元素 parentbox 声明为父级框

```
#parentbox {
  display: box;
}
```

重要提示：一定要记住，目前这些属性仍处于实验阶段。要使用这些属性，必须根据所使用的浏览器添加前缀 -moz- 或 -webkit-。例如，在 Gecko 引擎中，这里的 display: box 必须改为 display: -moz-box，而在 WebKit 引擎中，改为 display: -webkit-box。请参考前面的代码，或者访问我们的网站，获取完整的例子。在本章中，未添加前缀，以保持例子代码的简单性。

2.7.2 box-orient

默认情况下，父级框规定子元素按水平方向排列。属性 box-orient 可用于声明具体的方向（见代码清单 2-47）：

代码清单 2-47：设置子元素的方向

```
#parentbox {
  display: box;
  box-orient: horizontal;
}
```

属性 box-orient 可以设置 4 个值：horizontal、vertical、inline-axis 和 block-axis。默认值是 inline-axis，而框是按水平方向排列的（如图 2-4 所示）。值 horizontal 具有相似的效果，如代码清单 2-47 所示。

重要提示: 在声明新样式时，如果根据所使用的浏览器（例如，Firefox、Google Chrome）添加前缀 -moz- 或 -webkit-，这个例子及后面的例子都会显示正确的效果。

2.7.3　box-direction

我们可以看到，框位于文档的常规流中，可以在水平方向从左到右排列，在垂直方向从上到下排列。使用属性 box-direction，可以反转这个常规流（见代码清单 2-48）：

代码清单 2-48：反转常规流

```
#parentbox {
  display: box;
  box-orient: horizontal;
  box-direction: reverse;
}
```

属性 box-direction 可以设置的值有：normal、reverse 和 inherit。当然，其默认值是 normal。

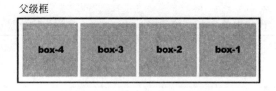

图 2-5　反转框的顺序

2.7.4　box-ordinal-group

子框的顺序也可以定制。属性 box-ordinal-group 可用于定义各个框的具体位置（见代码清单 2-49）：

代码清单 2-49：各个框的定制位置

```
#parentbox {
  display: box;
  box-orient: horizontal;
}
#box-1{
  box-ordinal-group: 2;
}
#box-2{
  box-ordinal-group: 4;
}
#box-3{
  box-ordinal-group: 3;
}
#box-4{
  box-ordinal-group: 1;
```

```
}
```

在定制顺序时，这个属性必须设置到子框上。如果对于一些框设置相同的值，那么这些框就按照原先在 HTML 结构中的顺序排列。

父级框

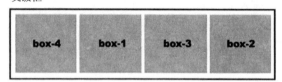

图 2-6　代码清单 2-49 中各个框的具体位置

如前所述，弹性框模型的最重要特性是能够划分空间。在很多情况下，可用空间会由多个子框共享——例如，弹性父级框、未设置具体尺寸的弹性子框、父级框尺寸大于子框尺寸之和。

例如，代码清单 2-50 所示的代码。

代码清单 2-50：为父级框及其子框设置固定尺寸

```
#parentbox {
  display: box;
  box-orient: horizontal;
  width: 600px;
}
#box-1{
  width: 100px;
}
#box-2{
  width: 100px;
}
#box-3{
  width: 100px;
}
#box-4{
  width: 100px;
}
```

动手实践：在子框上设置其他属性——例如，背景颜色、高度或边框，以美化其外观，并且使它们具有不同的外观。

在代码清单 2-50 中，父级框的尺寸设置为 600 像素，其中每一个子框的宽度为 100 像素。因此，父级框还剩余 200 像素的可用空间。

有许多方式可以实现可用空间的划分。默认情况下，子框会按照图 2-7 的方式进行排列，从左到右并排，可用空间在最后面。然而，还有其他的方法也可以划分可用空间。

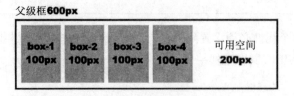

图 2-7　声明尺寸和余留可用空间

2.7.5　box-pack

box-pack 属性可以指定如何分配父级框的子框及额外空间。这个属性可以设置 4 个值：start、end、center 和 justify（见代码清单 2-51）。

代码清单 2-51：使用 box-pack 分配自由空间

```
#parentbox {
  display: box;
  box-orient: horizontal;
  width: 600px;
  box-pack: center;
}
#box-1{
  width: 100px;
}
#box-2{
  width: 100px;
}
#box-3{
  width: 100px;
}
#box-4{
  width: 100px;
}
```

根据框的方向，box-pack 属性会以某些方式影响这些框。如果框水平排列，那么 box-pack 会分配可用的水平空间。同样，在垂直排列时，只分配可用的垂直空间。

图 2-8 ～图 2-10 说明了这个属性的可能值及弹性框模型的作用。

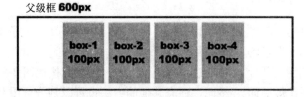

图 2-8　使用 box-pack：center 分配可用空间

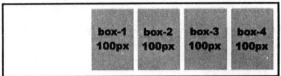

图 2-9　使用 `box-pack：end` 分配可用空间

图 2-10　使用 `box-pack：justify` 分配可用空间

2.7.6　box-flex

到现在为止，我们使用的方法都违反了弹性框模型的原则，我们并没有利用弹性元素的特性。`box-flex` 属性可用于实现这个特性。

`box-flex` 属性可以将一个框声明为弹性或非弹性，而且它可以帮助分配空间。默认情况下，框是非弹性的，而且这个属性的值为 0。通过设置非 0 值，就可以将框声明为弹性框。弹性框可以扩大或缩小，以填充额外的空间；它们可以根据父级框所确定的方向调整水平宽度或垂直高度。

空间的分配取决于框的其他属性。如果所有子元素都设置为弹性框，那么每一个框的尺寸都取决于父级元素的尺寸及属性 `box-flex` 的值（见代码清单 2-52）。

代码清单 2-52：使用 box-flex 将框变为弹性框

```
#parentbox {
  display: box;
  box-orient: horizontal;
  width: 600px;
}
#box-1{
  box-flex: 1;
}
#box-2{
  box-flex: 1;
}
#box-3{
  box-flex: 1;
}
#box-4{
  box-flex: 1;
}
```

每一个框的尺寸的计算方式是：把父级框的尺寸值与其 box-flex 属性值相乘，然后除以所有子框的 box-flex 值之和。在代码清单 2-52 的例子中，box-1 的公式是：$600 × 1 / 4 = 150$。其中 600 是父级框的尺寸，1 是框 1 的 box-flex 属性值，而 4 是各个子框的 box-flex 属性值之和。在例子中，因为每一个框的 box-flex 属性的值都是 1，所以每一个子框的尺寸为 150 像素（见图 2-11）。

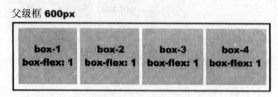

图 2-11　平分空间

当设置不同的值，组合使用弹性框和非弹性框，或者声明弹性框的尺寸时，这个属性的作用显而易见。

代码清单 2-53：不均匀分配

```
#parentbox {
  display: box;
  box-orient: horizontal;
  width: 600px;
}
#box-1{
  box-flex: 2;
}
#box-2{
  box-flex: 1;
}
#box-3{
  box-flex: 1;
}
#box-4{
  box-flex: 1;
}
```

在代码清单 2-53 中，将 box-1 的 box-flex 属性值修改为 2。现在，这个框的计算公式就变成：$600 × 2 / 5 = 240$。因为我们并没有改变父级框的尺寸，所以第一个值是相等的，但是第二个值现在变成 2（box-1 的 box-flex 属性的新值）。当然，现在所有子元素的这个属性值之和就变成 5（对于 box-1 为 2，其余三个框为 1）。应用相同的公式可得到其余子框的尺寸：$600 × 1 / 5 = 120$。

通过对比前后结果，我们就可以看到空间分配的方式。可用空间会根据每一个子框的 box-flex 属性值之和划分成多个部分（在这个例子中，这个和为 5）。然后，这些部分将分布到各个框之间。1 号框占用 2 块，而其余子框只占用 1 块，因为它们 box-flex 属性值为 1。

图 2-12 说明了应用这种方法的影响。其优点是，当添加一个新子框时，不再像使用百分比时那样，需要重新计算尺寸。它们的尺寸是自动计算的。

还有另外一些情况。例如，当其中一个子框默认为非弹性框并且设置了具体的尺寸值时，其他子框会分享其他的可用空间。

在代码清单 2-54 的例子中，因为第一个框设置了 300 像素的宽度，所以其余子框分配的可

用空间是 300 像素（600 − 300 = 300）。浏览器会使用相同的公式计算每一个弹性框的尺寸：300 ×
1/3 = 100（见图 2-13）。

图 2-12　根据 box-flex 的值分配空间

代码清单 2-54：非弹性与弹性子框

```
#parentbox {
    display: box;
    box-orient: horizontal;
    width: 600px;
}
#box-1{
    width: 300px;
}
#box-2{
    box-flex: 1;
}
#box-3{
    box-flex: 1;
}
#box-4{
    box-flex: 1;
}
```

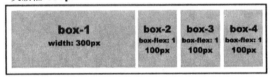

图 2-13　只分配可用空间

有的时候，可能会显式设置多个框的尺寸。其原则是相同的：其余框只分享可用空间。

还可以为弹性框设置具体的尺寸（见代码清单 2-55）：

代码清单 2-55：具有首选尺寸的弹性框

```
#parentbox {
    display: box;
    box-orient: horizontal;
    width: 600px;
 #box-1{
    width: 200px;
    box-flex: 1;
}
#box-2{
```

```
  width: 100px;
  box-flex: 1;
}
#box-3{
  width: 100px;
  box-flex: 1;
}
#box-4{
  width: 100px;
  box-flex: 1;
}
```

在这种情况中，每一个框都预设了宽度值，但是在所有框位置确定之后，剩余空间为 100 像素。剩余的空间将会划分给弹性框。为了计算每一个框分配到的空间，再次使用相同的公式：$100 \times 1 / 4 = 25$。这意味着，每一个框都会额外增加 25 像素（见图 2-14）。

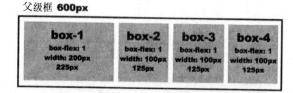

图 2-14   为每一个框额外增加一些宽度

2.7.7   box-align

另一个与空间分配有关的属性是 box-align（见代码清单 2-56）。这个属性与 box-pack 类似，但是它将按照框的方向对齐框，而非按照框的方向对齐框。在垂直排列的框中，它规定框在水平方向的排列顺序；反之亦然。因此，这个属性适合于实现框的垂直对齐——这种效果原先只能通过表格实现。

代码清单 2-56：分配垂直空间

```
#parentbox {
  display: box;
  box-orient: horizontal;
  width: 600px;
  height: 200px;
  box-align: center;
}
#box-1{
  height: 100px;
  box-flex: 1;
}
#box-2{
  height: 100px;
  box-flex: 1;
}
#box-3{
  height: 100px;
  box-flex: 1;
}
```

```
#box-4{
  height: 100px;
  box-flex: 1;
}
```

在代码清单 2-56 中，设置了每一个框的高度，包括父级框。最后剩余的 100 像素可用空间将根据 box-align 属性值进行分配，如图 2-15 所示。

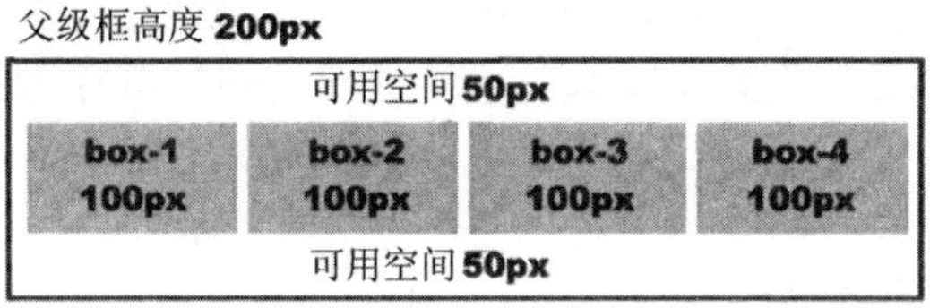

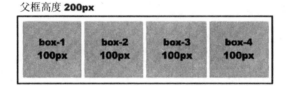

图 2-15 使用 box-align 实现垂直对齐

box-align 属性支持的值包括：start、end、center、baseline 和 stretch。最后一个值将自顶向下拉伸框的高度，使子框填充整个可用空间。这个特点很重要，因此这个属性的默认值就是 stretch。值 stretch 的效果是，子框会自动适应它们父级框的高度，而不受本身设置的高度影响，如图 2-16 所示。

图 2-16 使用 box-align: stretch 拉伸子框

在模板中，由 <aside> 元素创建的右侧列在没有指定任何属性或脚本的情况下，就可以自动拉伸其高度。在传统框模型中，很难实现相同的效果！

2.8 快速参考——CSS 样式设置与框模型

通过 HTML5，结构的作用比以前只使用 CSS 时更为重要。最新版本 CSS 的功能增强与改进优化了文档的组织方式和元素处理方式。

2.8.1 弹性框模型

弹性框模型是当前使用的传统框模型的替代方案。CSS3 增加了一些属性，支持在文档结构中应用这个新模型：

display——这个属性已经实现，但是现在包含两个值：box 和 inline-box。这些值可以把元素转换为一个能够包含和组织其他框的框。

box-orient——这个属性具有两个值：horizontal 和 vertical。这些值与父级框中子框的方向相关。

box-direction ——这个属性与值 reverse 将反转文档的常规流（从左至右和从上至下）。

它的默认值是 normal。根据这个属性，如果子框所需要的空间大于可用空间，那么这个框的内容会溢出右边或左边。

box-ordinal-group——这个属性会选择所有子框的位置。必须给子框设置正值，表示它在框组中的位置。它可以与一起 box-direction 反转框的位置。

box-pack——这个属性能够帮助浏览器决定，当子框设置为弹性尺寸或者设置最大宽度时，如何分配父级框的剩余可用空间。它的默认值是 start，这意味着除非使用 box-direction 属性反转排列方向，否则这些框将会从左至右排列。这个属性支持的其他值还有 end、center 和 justify。如果使用最后一个值 (justify)，那么空间会均匀分配到各个子框。

box-flex——使用这个属性可以创建弹性框。框的尺寸根据父级框的剩余空间和其他子框的尺寸与属性进行计算。属性 box-flex 只影响方向轴上的坐标。这个属性的值是一个浮点数，它表示以下公式计算所得各部分空间尺寸：空间 × 子框的 box-flex 值 / 子框的 box-flex 值之和。值 0 表示非弹性框，大于 1 的值表示框的变化比例。

box-align——这个属性决定在与框垂直的轴上其他空间的分配方式。它的默认值是 stretch。在水平方向上，框会垂直拉伸，占据从上到下的全部空间。使用这个属性，列会根据特定网页的同一行中其余列的尺寸自动拉伸宽度。还有其他值包括：start、end、center 和 baseline，用于控制垂直方向的对齐方式。

2.8.2 伪类与选择器

CSS3 还增加了一些引用与选择 HTML 元素的新机制。

属性选择器——现在，可以使用除 id 和 class 之外的其他属性查找文档元素和设置样式。使用 keyword[attribute=value]，就可以引用设置了特定属性值的元素。例如，p [name="text"] 将引用每一个 name 属性设置为 "text" 值的 <p> 元素。CSS3 还支持更宽松的方法。使用组合符号 ^=、$= 和 *=，就能够查找到以这些值开头的元素、以这些值结尾的元素和属性值包含 text 的元素。例如，p[name^="text"] 可用于查找 name 属性值以 "text" 开头的 <p> 元素。

伪类 :nth-child()——这个伪类可以查找到树结构中指定元素。例如，通过使用样式 span:nth-child(2)，就能够引用具有同级 <span> 元素且位于第 2 位的 <span> 元素。这个数字是索引。如果不使用数字，可以使用关键字 odd 和 even，引用奇数或偶数索引位置的元素——例如，span:nth-child(odd)。

伪类 :first-child——这个伪类可以引用第一个子元素，与 :nthchild(1) 类似。

伪类 :last-child——这个伪类可以引用最后一个子元素。

伪类 :only-child——这个伪类可以引用属于其父级元素唯一子元素的元素。

伪类 :not()——这个伪类可以引用除圆括号中指定元素之外的其他元素。

选择器 >——这个选择器选择第一个元素的下级元素。例如，div > p 将引用属于 <div> 元素子元素的所有 <p> 元素。

选择器 +——这个选择器可以引用同级元素。这个引用的第二个元素必须紧跟第一个元素。例如，span + p 将影响属于 <span> 元素同级元素且紧跟它后面的 <p> 元素。

选择器 ~——这个选择器与前一个类似，但是在本例中第二个元素不必紧跟第一个元素。

第 ③ 章
CSS3 属性

3.1 新规则

在 21 世纪早期，新应用程序通过 Ajax 实现进行部署，从而提高设计和用户体验，Web 从此发生改变。表示新发展阶段的 Web 2.0 版本，不仅代表了信息传输方式的变化，还代表了网站与应用程序设计方式的变化。

新一代网站中实现的代码很快成为标准。这种创新对于互联网事业的成功极为重要，因为程序员开发了完整的库，可以克服一些限制并满足设计者的需求。

缺少浏览器的支持是很明显的状况，但是负责制定 Web 标准的组织并没有太在意市场变化趋势，而是继续保持自己的方法。幸好，有一些聪明的人正在同时开发新的标准，很快 HTML5 应运而生。在沉淀之后，HTML、CSS 和 JavaScript 在 HTML5 之下进行整合，成为一把 Web 开发利器，帮助我们直达 Web 开发目的地。

尽管这项技术在最近成为焦点，但是它实际上已经开发很长时间，时间上可以追溯到第一个 CSS 版本的发布。在 2005 年，这项技术最终成为一个官方标准，CSS 成为一种向开发者提供所需要特性的工具，而这些特性以前只能由程序员通过编写复杂且兼容性不佳的 JavaScript 代码实现。

在本章中，我们将学习 CSS3 对于 HTML5 的贡献，以及简化设计者和程序员工作的所有新属性。

3.1.1 强大的 CSS3

CSS 的作用是设置外观和格式化，但并非是万能的。如果希望减少 JavaScript 代码和标准化的一些流行特性，那么使用 CSS3 不仅能够处理设计和 Web 样式问题，还可以处理表单和移动问题。CSS3 标准采用模块化设计，因此能够作为文档可视化表现所涉及各个方面的标准规范。从圆角和阴影效果，到已显示元素的转换和重排，之前使用 JavaScript 实现的所有效果都可以由 CSS3 实现。这种变化使 CSS3 成为与旧版本完全不同的新技术。

HTML5 标准在编写和设计时就考虑了 CSS，因此这个标准草案一开始便成功了一半。

3.1.2 模板

CSS3 的新属性非常强大，必须逐一学习，但是为了简单起见，将在同一个模板使用所有这些属性。所以，首先创建 HTML 文档和设置一些基本样式。

文档只有一个包含少量文字的节。文档所使用的 `<header>` 元素可以根据设计位置与功能替换为 `<div>`、`<nav>`、`<section>` 或其他结构元素。在设置样式之后，代码清单 3-1 所示例子的框将显示为页眉，因此这里使用 `<header>` 元素。

代码清单 3-1：测试新属性的简单模板

```
<!DOCTYPE html>
<html lang="en">
<head>
  <title>New CSS3 styles</title>
  <link rel="stylesheet" href="newcss3.css">
</head>
<body>
<header id="mainbox">
  <span id="title">CSS Styles Web 2.0</span>
</header>
</body>
</html>
```

因为 HTML5 弃用了 `<font>` 元素，所以通常使用 `<span>` 显示短文字，使用 `<p>` 显示段落，以此类推。因此，模板中的文字使用 `<span>` 标签表示。

动手实践：使用代码清单 3-1 所示代码作为本章的模板。还需要创建一个新的 CSS 文件 `newcss3.css`，用于保存 CSS 样式。

接下来是文档的基本样式。

代码清单 3-2 并没有包含新规则——只是用于设置页眉形状和创建长框的必要样式，它们位于窗口中间，设置了灰色背景和边框，内部包含文字 "CSS Styles Web 2.0"。

代码清单 3-2：基本 CSS 规则

```
body {
  text-align: center;
}
#mainbox {
  display: block;
  width: 500px;
  margin: 50px auto;
  padding: 15px;
  text-align: center;
  border: 1px solid #999999;
  background: #DDDDDD;
}
#title {
  font: bold 36px verdana, sans-serif;
}
```

注意，这个框最后显示为方角。我不喜欢这个效果。而且，我不确定这是否属于人类心理学或其他学科的范围，几乎没有人喜欢这种方角。所以，要修改这种效果。

3.1.3　圆角

多年以来，在网页上创建圆角是很麻烦的设计。我不擅长图形设计，所以创建圆角效果很吃力。而且，我知道有相同遭遇的并不止我一个人。每次观看关于 HTML5 特性的视频，一提到简化圆角实现的 CSS 属性，观众都会赞叹不已。圆角效果的实现本来就是"应该很容易实现的效果"。然而，多年以来，圆角效果都不是简单能够实现的。

这就是为什么在介绍 CSS 新功能和新属性时，总是首先介绍 border-radius（见代码清单 3-3）。

代码清单 3-3：生成圆角效果

```
body {
  text-align: center;
}
#mainbox {
  display: block;
  width: 500px;
  margin: 50px auto;
  padding: 15px;
  text-align: center;
  border: 1px solid #999999;
  background: #DDDDDD;

  -moz-border-radius: 20px;
  -webkit-border-radius: 20px;
  border-radius: 20px;
}
#title {
  font: bold 36px verdana, sans-serif;
}
```

属性 border-radius 现在仍处于实验阶段，所以这里使用前缀 -moz- 和 -webkit-（方法同第 2 章所学习的属性一样）。如果在每一个角设置相同的值，那么可以在这个属性上使用一个值。然而，在 margin 和 padding 属性中，可以为每一个角选择不同的值（见代码清单 3-4）：

代码清单 3-4：设置不同的圆角值

```
body {
  text-align: center;
}
#mainbox {
  display: block;
  width: 500px;
  margin: 50px auto;
  padding: 15px;
  text-align: center;
  border: 1px solid #999999;
  background: #DDDDDD;

  -moz-border-radius: 20px 10px 30px 50px;
  -webkit-border-radius: 20px 10px 30px 50px;
```

```
  border-radius: 20px 10px 30px 50px;
}
#title {
  font: bold 36px verdana, sans-serif;
}
```

如代码清单 3-4 所示，border-radius 属性所设置 4 个值分别表示 4 个不同的位置。这些值按顺时针排列，分别是：左上角、右上角、右下角和左下角。这些值总是从左上角开始按顺时针方向排列。

和 margin 或 padding 一样，border-radius 可以只设置两个值。第一个值作用于第一个和第三个角（左上角和右下角），第二个值作用于第二个和第四个角（右上角和左下角）——同样，这些角总是按顺时针排列，从左上角开始。

还可以用斜线分隔的值设置边角形状。斜线左边的值表示水平半径，右边的值表示垂直半径；组合使用这些值就能够产生椭圆效果（见代码清单 3-5）：

代码清单 3-5：椭圆边角

```
body {
  text-align: center;
}
#mainbox {
  display: block;
  width: 500px;
  margin: 50px auto;
  padding: 15px;
  text-align: center;
  border: 1px solid #999999;
  background: #DDDDDD;

  -moz-border-radius: 20px / 10px;
  -webkit-border-radius: 20px / 10px;
  border-radius: 20px / 10px;
}
#title {
  font: bold 36px verdana, sans-serif;
}
```

动手实践：将需要测试的样式复制到 CSS 文件 newcss3.css 中，在浏览器中打开代码清单 3-1 所示的 HTML 文件。

3.1.4　阴影效果

在实现漂亮的圆角效果之后，我们可以开始实现更多的效果。以前很难实现的另一个效果是阴影效果。多年以来，设计人员都采用组合图像、元素和 CSS 属性的方法实现阴影效果。CSS3 新增加了属性 box-shadow，现在只需要少量代码就可以实现框的阴影效果（见代码清单 3-6）：

代码清单 3-6：添加框的阴影效果

```
  body {
```

```
    text-align: center;
}
#mainbox {
    display: block;
    width: 500px;
    margin: 50px auto;
    padding: 15px;
    text-align: center;
    border: 1px solid #999999;
    background: #DDDDDD;

    -moz-border-radius: 20px;
    -webkit-border-radius: 20px;
    border-radius: 20px;

    -moz-box-shadow: rgb(150,150,150) 5px 5px;
    -webkit-box-shadow: rgb(150,150,150) 5px 5px;
    box-shadow: rgb(150,150,150) 5px 5px;
}
#title {
    font: bold 36px verdana, sans-serif;
}
```

box-shadow 属性至少需要三个值。如代码清单 3-6 所示，第一个值是颜色值。在这个例子中，这个值使用 rgb() 和十进制数创建，但是也可以使用十六进制数（如本书其他参数所使用的数制）。

后面两个值是像素为单位的尺寸值，用于设置阴影偏移量。偏移量可以是正值或负值。这些值分别表示阴影偏离元素的水平与垂直距离。负值表示阴影向左上角偏离元素；相反，正值表示创建向右下角偏离元素的阴影。值 0 表示阴影位于元素之下，在元素边缘创建模糊效果。

动手实践：为了测试用于创建框阴影的不同参数和效果，可以将代码清单 3-6 所示代码复制到 CSS 文件中，然后在浏览器中打开代码清单 3-1 所示模板。现在，可以修改 box-shadow 属性的值试验不同的效果，然后还可以使用相同的代码试验后面学习的新参数。

现在实现的阴影效果是固定的，不存在渐变和透明效果——其效果不像一个真实的阴影。可以使用其他一些参数，改进阴影的显示效果。

向这个属性可以添加第 4 个值，用于指定模糊量。通过这种效果，现在阴影就接近一个真实阴影的效果了。在代码清单 3-6 所示规则中声明 10 像素值——如代码清单 3-7 所示：

代码清单 3-7：在 box-shadow 中添加模糊值

```
box-shadow: rgb(150,150,150) 5px 5px 10px;
```

在属性后面添加一个或多个像素值会扩大阴影范围。这种效果会改变阴影的效果，扩大它的覆盖范围。虽然不推荐使用这种效果，但是它适用于某些特殊设计需求。

动手实践：在代码清单 3-7 的样式中添加 20 像素值，再与代码清单 3-6 组合在一起，然后测试其效果。

重要提示：一定要记住，目前这些属性仍处于实验阶段。使用这些属性时，必须添加浏览器前缀 -moz- 或 -webkit-（例如，Firefox、Google Chrome）。

在 box-shadow 中，可以添加的最后一个值不是数字，而是关键字 inset。这个关键字可以将外部阴影转变为内部阴影，从而设置框的深度效果。

代码清单 3-8 所示样式显示了距离边框 5 像素且模糊值为 10 像素的内部阴影效果。

<div align="center">代码清单 3-8：内部阴影</div>

```
box-shadow: rgb(150,150,150) 5px 5px 10px inset;
```

动手实践：代码清单 3-7 和代码清单 3-8 所示样式仅仅是示例。必须将这些修改与代码清单 3-6 的规则组合在一起，才能够在浏览器上查看到实际的效果。

重要提示：阴影不会扩大元素范围，也不会增加其尺寸，所以必须仔细检查足以显示阴影的可用显示空间。

3.1.5 文字阴影

既然我们学习了阴影的所有属性，你可能希望为文档中所有元素设置阴影效果。但是 box-shadow 属性仅适用于框。如果希望在 <span> 元素上实现这个效果，那么这个元素在屏幕上占用的无形框将显示阴影效果，元素内容不会产生阴影效果。所以，如果要为文字的不规则形状创建阴影效果，可以使用一个特殊属性 text-shadow（见代码清单 3-9）：

<div align="center">代码清单 3-9：在标题上设置阴影效果</div>

```
body {
    text-align: center;
}
#mainbox {
    display: block;
    width: 500px;
    margin: 50px auto;
    padding: 15px;
    text-align: center;
    border: 1px solid #999999;
    background: #DDDDDD;

    -moz-border-radius: 20px;
    -webkit-border-radius: 20px;
    border-radius: 20px;

    -moz-box-shadow: rgb(150,150,150) 5px 5px 10px;
    -webkit-box-shadow: rgb(150,150,150) 5px 5px 10px;
    box-shadow: rgb(150,150,150) 5px 5px 10px;
}
```

```
#title {
  font: bold 36px verdana, sans-serif;
  text-shadow: rgb(0,0,150) 3px 3px 5px;
}
```

text-shadow 的值与 box-shadow 类似。可以设置阴影颜色，阴影偏离对象的水平距离、垂直距离和模糊半径。

在代码清单 3-9 中，模板标题设置了 3 像素宽和 5 像素模糊半径的蓝色阴影。

3.1.6　@font-face

文字阴影是一个非常好的特效——以前很难实现，但是它只实现三维效果，而不会改变文字本身。就像是在汽车上绘图，汽车本身是不会变化的。因此，阴影会保持原来的字体。

字体的问题由来已久。常规 Web 用户只安装了有限的字体，他们并不一定使用相同的字体系列，而且有一些用户会安装其他人不使用的一些特殊字体。多年以来，网站在屏幕上显示信息时只能够显示少量的可靠字体——大多数用户都会使用的基本字体。

属性 @font-face 允许设计者提供特定的字体文件，在网页上显示特殊文字。现在，只需要提供字体文件，就可以在网页上加入任意字体（见代码清单 3-10）：

代码清单 3-10：为标题设置新字体

```
body {
  text-align: center;
}
#mainbox {
  display: block;
  width: 500px;
  margin: 50px auto;
  padding: 15px;
  text-align: center;
  border: 1px solid #999999;
  background: #DDDDDD;

  -moz-border-radius: 20px;
  -webkit-border-radius: 20px;
  border-radius: 20px;

  -moz-box-shadow: rgb(150,150,150) 5px 5px 10px;
  -webkit-box-shadow: rgb(150,150,150) 5px 5px 10px;
  box-shadow: rgb(150,150,150) 5px 5px 10px;
}
#title {
  font: bold 36px MyNewFont, verdana, sans-serif;
  text-shadow: rgb(0,0,150) 3px 3px 5px;
}
@font-face {
  font-family: 'MyNewFont';
  src: url('font.ttf');
}
```

动手实践：从网站上下载文件 font.ttf，或者使用其他字体文件，将它复制到 CSS 文件所在文件夹或目录（下载地址：minkbooks.com/content/font.ttf）。

可以在下面的网址上下载更多的免费字体：

www.moorstation.org/typoasis/designers/steffmann/

重要提示：字体文件必须与网页位于同一个域名中（或者位于同一台计算机上）。这是一些浏览器的限制条件，如 Firefox。

@font-face 属性至少需要两个属性，分别声明字体和加载文件。font-family 属性指定用于引用特殊字体的名称，而 src 属性则指定显示字体所使用代码文件的 URI。在代码清单 3-10 中，字体名称设置为 MyNewFont，字体文件是 font.ttf。

一旦字体成功加载，就能够在任意元素上通过名称（MyNewFont）使用这种字体。在代码清单 3-10 的 font 样式规则中，标题使用新字体显示，或者在字体未成功加载时使用可选的 verdana 和 sans-serif 字体显示。

3.1.7 线性渐变

渐变是最吸引人的 CSS3 新特性之一，几乎不可能使用以前的技术实现，但是在 CSS 中则可以轻松实现。使用具有少量参数的 background 属性（见代码清单 3-11），就可以将文档变成非常专业的网页：

代码清单 3-11：为框设置漂亮的渐变背景

```
body {
  text-align: center;
}
#mainbox {
  display: block;
  width: 500px;
  margin: 50px auto;
  padding: 15px;
  text-align: center;
  border: 1px solid #999999;
  background: #DDDDDD;

  -moz-border-radius: 20px;
  -webkit-border-radius: 20px;
  border-radius: 20px;

  -moz-box-shadow: rgb(150,150,150) 5px 5px 10px;
  -webkit-box-shadow: rgb(150,150,150) 5px 5px 10px;
  box-shadow: rgb(150,150,150) 5px 5px 10px;

  background: -webkit-linear-gradient(top, #FFFFFF, #006699);
  background: -moz-linear-gradient(top, #FFFFFF, #006699);
}
#title {
  font: bold 36px MyNewFont, verdana, sans-serif;
  text-shadow: rgb(0,0,150) 3px 3px 5px;
}
@font-face {
```

```
    font-family: 'MyNewFont';
    src: url('font.ttf');
}
```

渐变是通过背景设置的，所以必须使用 background 或 background-image 属性。这些属性值的语法是：linear-gradient(start position, from color, to color)。linear-gradient() 函数的属性规定了创建渐变效果的开始位置与颜色。第一个值可以是像素值、百分比或使用关键字 top、bottom、left 和 right（如例子所示）。开始位置可以用角度替换，指定渐变效果的方向（见代码清单 3-12）：

代码清单 3-12：指定 30° 的渐变方向

```
background: linear-gradient(30deg, #FFFFFF, #006699);
```

还可以声明各种颜色的结束位置（见代码清单 3-13）：

代码清单 3-13：设置结束位置

```
background: linear-gradient(top, #FFFFFF 50%, #006699 90%);
```

重要提示：现在，渐变效果可以通过许多方法实现。本章介绍的是 W3C 推荐的标准方法。Firefox 和 Google Chrome 等浏览器都支持这种标准实现方法，但是 Internet Explorer 及其他浏览器仍未完全支持。微软宣布需要等到 IE 10 才支持这个特性。和之前一样，必须在所有主流浏览器上测试当前的实现状态。

3.1.8　放射渐变

放射渐变的标准语法与前一个方法只有很小差别。必须使用 radial-gradient() 函数和新的形状属性（见代码清单 3-14）：

代码清单 3-14：放射渐变

```
background: radial-gradient(center, circle, #FFFFFF 0%, #006699 200%);
```

开始位置是原点，可以使用像素值、百分比或组合使用关键字 center、top、bottom、left 和 right。形状支持两个值（circle 和 ellipse），色标表示转变开始的颜色和位置。

动手实践：将代码清单 3-11 的代码替换为代码清单 3-14，在浏览器上测试显示效果（不要忘记添加浏览器前缀 -moz- 或 -webkit-）。

3.1.9　RGBA

到现在为止，所声明的颜色都是纯色，使用十六进制数或使用十进制数的 rgb() 函数。CSS3 增加了新的函数 rgba()，它支持设置颜色值和透明度。它也解决了前面使用 opacity 属性的问题。

rgba() 函数有 4 个参数。前三个参数与 rgb() 类似,用来声明颜色的组成。最后一个参数是透明度。这个值的范围为 0 ~ 1,0 表示完全透明,而 1 表示完全不透明。

代码清单 3-15 显示了一个简单的例子,可以说明如何使用透明度改进显示效果。将标题阴影的 rgb() 函数替换为 rgba(),设置透明度为 0.5。现在,标题阴影与框的背景合并,从而形成更自然的效果。

代码清单 3-15:使用透明度改进阴影效果

```
#title {
    font: bold 36px MyNewFont, verdana, sans-serif;
    text-shadow: rgba(0,0,0,0.5) 3px 3px 5px;
}
```

在前一版本的 CSS 中,必须在不同的浏览器上使用不同的方法,才能够实现元素的透明效果。所有这些方法都存在同一个问题:元素的不透明度会被所有子元素继承。使用 rgba() 能够避免这个问题,现在可以设置框的背景的透明度,且不影响内容。

动手实践:将代码清单 3-11 的代码替换为代码清单 3-15 的代码,在浏览器上测试其显示效果。

3.1.10 HSLA

rgba() 函数比 rgb() 多一个透明度参数,与之相似的是,hsla() 函数也比前面的 hsl() 函数多一个透明度参数。

函数 hsla() 是另一个能够为元素生成颜色的简单方法,但是它比 rgba() 更为直观。有一些设计者发现,使用 hsla() 创建个性颜色会更简单。它的语法是:hsla(hue, saturation, lightness, opacity),见代码清单 3-16。

代码清单 3-16:使用 **hsla()** 设置新的标题颜色

```
#title {
    font: bold 36px MyNewFont, verdana, sans-serif;
    text-shadow: rgba(0,0,0,0.5) 3px 3px 5px;
    color: hsla(120, 100%, 50%, 0.5);
}
```

按照语法,色度表示从假想圆盘抽取的颜色值,色度范围为 0 ~ 360。0 与 360 附近是红色,120 附近是绿色,而 240 附近是蓝色。饱和度是一个百分数,范围是 0%(灰度)~ 100%(全彩色或全饱和)。亮度也是一个范围介于 0%(全暗)~ 100%(全亮)的百分比。50% 是指中间亮度。而最后一个值和 rgba() 中的一样,表示透明度。

动手实践:将代码清单 3-11 的代码替换为代码清单 3-16 的代码,在浏览器中测试其显示效果。

3.1.11 轮廓

属性 outline 是一个已有的 CSS 属性，CSS3 对它进行了扩展，增加了偏移量。这个属性以前用于创建第二个边框，而现在边框可以显示在元素边界以外一定的距离。

在代码清单 3-17 中，向模板中框的原先样式增加了一个宽 2 像素和偏移量 15 像素的轮廓。outline 属性具有相似的特性，并且它的参数与 border 相同。outline-offset 属性只需要指定一个以像素为单位的值。

代码清单 3-17：为标题框添加轮廓

```
#mainbox {
  display: block;
  width: 500px;
  margin: 50px auto;
  padding: 15px;
  text-align: center;
  border: 1px solid #999999;
  background: #DDDDDD;

  outline: 2px dashed #000099;
  outline-offset: 15px;
}
```

动手实践：将代码清单 3-11 的代码替换为代码清单 3-17 的代码，在浏览器上测试其显示效果。

3.1.12 边框图像

属性 border 和 outline 实现的效果仅限于单线及其他一些配置选项。新属性 border-image 则不存在这个限制，设计者可以控制边框的质量和种类，设置自定义的边框图像。

动手实践：我们将使用钻石型 PNG 图像测试这个属性。通过下面的链接从我们的网站下载文件 diamond.png，然后将文件复制到 CSS 文件所在文件夹或目录：www.minkbooks.com/content/diamonds.png。

border-image 属性使用一幅图像作为图案。根据所设置的值，图像可以分割为不同部分，然后这些部分会围绕对象构成边框（见图 3-1）。

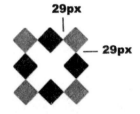

图 3-1　创建边框所使用的图案，每一块宽度为 29 像素

为了实现这个边框效果，需要指定三个属性：图像文件名称与位置、分割图案得到的块数和指定各部分围绕对象分布方式的关键字。

通过代码清单 3-18 的修改，标题框的边框就变成 29 像素，并且使用图像 diamonds.png 创建边框。border-image 属性中的 29 表示块数，而 stretch 是将这些块分布在框四周的方法之一。

代码清单 3-18：标题框的自定义边框

```
#mainbox {
  display: block;
  width: 500px;
  margin: 50px auto;
  padding: 15px;
  text-align: center;
  border: 29px;
  -moz-border-image: url("diamonds.png") 29 stretch;
  -webkit-border-image: url("diamonds.png") 29 stretch;
  border-image: url("diamonds.png") 29 stretch;
}
```

最后一个属性还可以设置其他三个值。关键字 repeat 表示重复显示图像的块，以覆盖元素各边。在这个例子中，各块的尺寸是固定的，如果显示空间不足，图像会被切割。关键字 round 用于控制覆盖的边长，然后对块进行拉伸，保证不切割各个块。最后，关键字 stretch （代码清单 3-18 所使用）会将一个块拉伸到覆盖整个边长。

使用 border 属性设置边框尺寸，但是也可以使用 border-width 为元素各边设置不同的尺寸（border-width 属性使用 4 个参数，语法与 margin 和 padding 类似）。各个块的尺寸也有相同的设置方法；最多可以声明 4 个值，分别从图案中获取不同尺寸的图像。

动手实践：将代码清单 3-11 的代码替换成代码清单 3-18 的代码，在浏览器上测试其显示效果。

3.1.13　转换与转变

HTML 元素在创建时就像是固定不动的块。它们可以使用 JavaScript 或 jQuery (www.jquery.com) 等一些流行库实现移动，但是在出现 CSS 的 transform 和 transition 属性之前，没有实现这种效果的标准方法。

现在，我们还不需要考虑如何做。相反，我们只需要知道有一些参数可以使用，而且我们的网站可以变得非常灵活多变。

transform 属性可以对对象执行 4 种基本的转换：scale、rotate、skew 和 translate（移动）。现在让我们学习它们的工作方式。

1. 转换效果：缩放

在代码清单 3-19 的例子中，在标题框上设置代码清单 3-2 的基本样式，然后将元素尺寸扩大为两倍。scale 函数可以接受两个参数：X 值表示水平缩放比例，Y 值表示垂直缩放比例。如果只指定一个值,那么两个参数都使用同一个值。

代码清单 3-19:缩放标题框

```
#mainbox {
  display: block;
  width: 500px;
  margin: 50px auto;
  padding: 15px;
  text-align: center;
  border: 1px solid #999999;
  background: #DDDDDD;

  -moz-transform: scale(2);
  -webkit-transform: scale(2);
}
```

缩放操作可以使用整数值和小数值。缩放是通过矩阵计算的。0 ~ 1 表示缩小元素,1 表示保持原始比例,而大于 1 的值表示增加对象的尺寸。

在这个函数上使用负值,可以实现非常炫的效果:

在代码清单 3-20 中,使用两个参数声明 mainbox 的缩放。第一个值是 1,保持水平尺寸不变。第二个值同样保持水平尺寸不变,但是会在垂直方向反转元素,从而产生镜像效果。

代码清单 3-20:使用 scale 创建镜像图像

```
#mainbox {
  display: block;
  width: 500px;
  margin: 50px auto;
  padding: 15px;
  text-align: center;
  border: 1px solid #999999;
  background: #DDDDDD;

  -moz-transform: scale(1,-1);
  -webkit-transform: scale(1,-1);
}
```

有另外两个函数与 scale 很相似,但是仅适用于水平或垂直方向:scaleX 和 scaleY。当然,这两个函数只有一个参数。

动手实践:将代码清单 3-11 的代码替换为代码清单 3-19 或 3-20 的代码,然后在浏览器上测试其显示效果。

2. 转换效果:旋转
rotate 函数可以使元素按顺时针方向旋转。这个值必须使用带 "deg" 单位的角度值:如果指定负值,那么它会改变元素的旋转方向。

动手实践：将代码清单 3-11 的代码替换为代码清单 3-21 的代码，然后在浏览器上测试其显示效果。

代码清单 3-21：旋转框

```
#mainbox {
  display: block;
  width: 500px;
  margin: 50px auto;
  padding: 15px;
  text-align: center;
  border: 1px solid #999999;
  background: #DDDDDD;

  -moz-transform: rotate(30deg);
  -webkit-transform: rotate(30deg);
}
```

3. 转换效果：倾斜

这个函数会按角度和方向改变元素的对称性。

skew 函数有两个参数，但是与其他函数不同，skew 函数的每一个参数都只影响一个方向，因此这些参数是相互独立的。在代码清单 3-22 中，在标题框上执行 transform 操作，使其发生倾斜。这里只声明了第一个参数，所以只有水平方向受到影响。如果使用两个参数，就可以修改对象的两个方向。另外，可以使用单独作用于某个方向的函数：skewX 和 skewY。

代码清单 3-22：水平倾斜

```
#mainbox {
  display: block;
  width: 500px;
  margin: 50px auto;
  padding: 15px;
  text-align: center;
  border: 1px solid #999999;
  background: #DDDDDD;

  -moz-transform: skew(20deg);
  -webkit-transform: skew(20deg);
}
```

动手实践：将代码清单 3-11 的代码替换为代码清单 3-22 的代码，然后在浏览器中测试其显示效果。

4. 转换效果：移动

与以前的 top 和 left 属性类似，函数 translate 会将屏幕上的元素移动到其他位置。

translate 函数将屏幕按像素划分为网格，然后将元素的原点位置作为参考点。元素的左上角就是位置（0,0），所以负值会将对象移到原点位置的左边或上面，而正值则将它移到右边或下面。

在代码清单 3-23 中，标题框向右移动了 100 像素。函数接受的两个值可以分别控制元素在水平和垂直方向的移动。另外，可以使用 translateX 和 translateY 函数使元素在一个方向上移动。

代码清单 3-23：向右移动标题框

```
#mainbox {
  display: block;
  width: 500px;
  margin: 50px auto;
  padding: 15px;
  text-align: center;
  border: 1px solid #999999;
  background: #DDDDDD;

  -moz-transform: translate(100px);
  -webkit-transform: translate(100px);
}
```

动手实践：将代码清单 3-11 的代码替换为代码清单 3-23 的代码，然后在浏览器上测试其显示效果。

3.1.14 一次实现全部转换

有时候，需要一次性为某个元素设置多种转换。只需要使用空格分隔多个函数，就可以实现组合型 transform 属性：

这里必须注意一点：函数的顺序是非常重要的。这是因为，有一些函数会移动对象的原点和中心，因此会改变其他函数的参数值。

动手实践：将代码清单 3-11 的代码替换为代码清单 3-24 的代码，然后在浏览器中测试其显示效果。

代码清单 3-24：用一行规则实现元素的移动、缩放和旋转

```
#mainbox {
  display: block;
  width: 500px;
  margin: 50px auto;
  padding: 15px;
  text-align: center;
  border: 1px solid #999999;
  background: #DDDDDD;

  -moz-transform: translateY(100px) rotate(45deg) scaleX(0.3);
  -webkit-transform: translateY(100px) rotate(45deg) scaleX(0.3);
}
```

3.1.15   动态转换

到现在为止，所有修改 Web 的方式都是静态的。然而，可以利用转换和伪类，将网页变成动态应用程序。

在代码清单 3-25 中，代码清单 3-2 中标题框的原始规则保持不变，然后新增加了一条使用伪类选择器 :hover 实现转换效果的规则。结果，每次鼠标指针经过标题框时，transform 属性就会使元素旋转 5°，而当鼠标指针移出框时，标题框就旋转回原来的位置。这个动画很简单，但是很实用，而且只需要使用 CSS 属性就能够实现。

动手实践：将代码清单 3-11 的代码替换为代码清单 3-25 的代码，然后在浏览器上测试其显示效果。

代码清单 3-25：响应用户活动

```
#mainbox {
  display: block;
  width: 500px;
  margin: 50px auto;
  padding: 15px;
  text-align: center;
  border: 1px solid #999999;
  background: #DDDDDD;
}
#mainbox:hover{
  -moz-transform: rotate(5deg);
  -webkit-transform: rotate(5deg);
}
```

3.1.16   过渡

从现在起，可以在设计中轻松实现动态转换效果。然而，真正的动画需要在这个过程的两个步骤之间添加一个过渡。

transition 属性可用于移动元素——实现移动操作的其余步骤。只需要添加这个属性，就可以将动作交给浏览器处理，由浏览器负责创建这些无形步骤，然后将元素从一个状态平衡地过渡到另一个状态。

如代码清单 3-26 所示，transition 属性可以设置由空格分隔的 4 个参数。第一个值是用于创建过渡的属性。这个值是必选的，因为有几个属性会同时发生变化，但是可能只需要为其中一个属性创建过渡步骤。第二个参数设置过渡的持续时间。第三个参数可能是以下 5 个关键字之一：ease、linear、ease-in、ease-out 或 ease-in-out。这些关键字通过贝塞尔曲线决定过渡过程的路径。每一个关键字都代表一种不同的贝塞尔曲线。transition 属性的最后一个参数是延迟时间。它表示多长时间之后过渡过程开始启动。

代码清单 3-26：使用过渡实现漂亮的旋转

```
#mainbox {
```

```
    display: block;
    width: 500px;
    margin: 50px auto;
    padding: 15px;
    text-align: center;
    border: 1px solid #999999;
    background: #DDDDDD;

    -moz-transition: -moz-transform 1s ease-in-out 0.5s;
    -webkit-transition: -webkit-transform 1s ease-in-out 0.5s;
}
#mainbox:hover{
    -moz-transform: rotate(5deg);
    -webkit-transform: rotate(5deg);
}
```

　　如果要在一个对象上使所有属性发生过渡，必须使用 all 关键字。还可以用逗号分隔方式，一次声明多个属性。

　　动手实践：将代码清单 3-11 的代码替换为代码清单 3-26 的代码，然后在浏览器上测试其显示效果。

　　重要提示：代码清单 3-26 执行了一个 transform 属性的过渡。transition 属性并不支持所有的 CSS 属性，列表还可能发生变化。我们必须逐个测试这些属性，或者在所有浏览器上测试网站，以了解更多关于这个方面的信息。

3.2　快速参考——CSS3 属性

　　CSS3 提供了新的属性，可用于创建出一些基本的可视化和动态 Web 效果。

　　border-radius——这个属性可用于实现框元素的圆角。它有两个参数，可用于控制圆角形状。第一个参数影响水平曲线，第二个曲线影响垂直曲线，从而可以创建出椭圆圆角。如果只使用一个值，则圆角弧度是相等的（例如，border-radius: 20px）。也可以按顺时针方向（从左上到左下）为每一个角声明半径值。如果要声明曲线的两个参数，则必须使用斜线分隔两个值（例如，border-radius: 15px / 20px）。

　　box-shadow——这个属性可以创建框元素的阴影效果。它可以接受 5 个参数：颜色、水平偏移量、垂直偏移量、模糊效果和关键字（在元素内生成阴影效果）。偏移量可以是负值，可选值包括 blur 和 inset（例如，box-shadow: #000000 5px 5px 10px inset）。

　　text-shadow——这个属性与 box-shadow 类似，但是只适用于文字。它可以接受 4 个参数：颜色、水平偏移量、垂直偏移量和模糊效果（例如，textshadow: #000000 5px 5px 10px）。

　　@font-face——这条规则可用于加载和使用任意字体。首先，必须先创建字体，使用 font-family 属性设置名称，使用 src 设置文件路径（例如，@font-face { font-family: Myfont; src: url('fontfile.ttf') }）。然后，就可以在文档的任意元素上设置这个字体（例如，Myfont）。

linear-gradient(start position, from color, to color)——这个函数适用于 background 和 background-image 属性，可以生成线性渐变效果。属性包括创建线性渐变效果的开始点和颜色。第一个值可以使用像素值、百分比或关键字 top、bottom、left 和 right。开始位置可以替换为角度值，用于设置渐变方向（例如，lineargradient(top, #FFFFFF 50%, #006699 90%);)。

radial-gradient(start position, shape, from color, to color)——这个函数适用于 background 和 background-image 属性，可以生成放射渐变效果。开始位置是原点，可以声明为像素值、百分比或以下关键字组合：center、top、bottom、left 和 right。形状可以设置两个值：circle 和 ellipse，色标表示转变开始的颜色和位置（例如，radial-gradient(center, circle, #FFFFFF 0%, #006699 200%);)。

rgba()——这个函数是对前面的 rgb() 的改进。它可以接受 4 个值：红色值（0 ～ 255）、绿色值（0 ～ 255）、蓝色值（0 ～ 255）和透明度（0 ～ 1）。

hsla()——这个函数是对前面的 hsl() 的改进。它要以接受 4 个值：色度（0 ～ 360）、饱和度（百分比）、亮度（百分比）和透明度（0 ～ 1）。

outline——这个属性可以与属性 outline-offset 组合使用。这两个属性组合在一起可以创建出与第一个边框不同的第二个边框（例如，outline: 1px solid #000000; outline-offset: 10px;)。

border-image——这个属性可以使用自定义图像创建边框。它需要先使用属性 border 或 border-with 设置边框，并且至少需要三个参数：图像的 URL、用于创建边框的图像分片数量，以及指定分片位置的关键字（例如，border-image: url ("file.png") 15 stretch;)。

transform——这个属性可以改变元素形状。它使用 4 个基础函数：scale、rotate、skew 和 translate。函数 scale 只接受一个参数。负值会反转元素，0 ～ 1 之间的值可以缩小元素，而大于 1 的值会扩大元素（例如，transform: scale(1.5);)。函数 rotate 只接受一个表示图像旋转角度的值（例如，transform: rotate(20deg);)。函数 skew 接受两个值，它们都是角度值，分别表示水平和垂直转换（例如，transform: skew(20deg, 20deg);)。函数会根据两个参数所指定的像素移动对象（例如，transform: translate(20px);)。

transition——这个属性可以应用到其他属性上，使元素在两个状态之间发生过渡。它可以接受 4 个参数：受影响的属性、总持续时间、声明转变路径的关键字（ease、linear、ease-in、ease-out、ease-in-out）和过渡延迟启动时间（例如，transition: color 2s linear 1s;)。

第④章

JavaScript

4.1 JavaScript 相关性

HTML5 一般由三个部分组成：HTML、CSS 和 JavaScript。前面内容已经介绍了 HTML 元素和 CSS 的新属性。现在，我们开始学习这个标准的最重要组成部分：JavaScript。

JavaScript 是一种解释性语言，它具备很多功能，但目前只作为补充语言。有一个创新能够帮助我们改变对 JavaScript 的认识，即浏览器的新引擎，它可以加快脚本处理速度。成为最成功的引擎，关键的一步是将脚本转变为机器码，从而实现与桌面应用程序同等水平的执行速度。这种性能改进能够突破以前的 JavaScript 性能瓶颈，并且使之成为最佳 Web 编程语言。

为了利用这种前景看好的基础架构，JavaScript 在可移植性和集成性方面进行了改进。此外，所有浏览器都默认集成了完整的应用程序接口（API），以实现语言的基本特性。这些新 API（如 Web 存储、Canvas 等）都是嵌入浏览器的库接口。其设计思想是通过简单和标准的编程技术在所有浏览器上实现强大的特性，扩大语言的范围，简化实用和强大的 Web 软件的开发。

在本章中，我们将学习如何在 HTML 文档中加入 JavaScript 代码，并且介绍它新增加的接口，为后续内容的学习做好准备。

重要提示：本书关于 JavaScript 的介绍都是入门级的。我们将全面分析一些复杂问题，但是只使用最少的代码来使用新的特性。如果想扩展这部分的知识，请访问我们网站中与本章相关的链接。

4.2 引入 JavaScript

与 CSS 的引入方法相同，在 HTML 中引入 JavaScript 的方法也有三种。然而，与 CSS 一样，只有加入外部文件才是 HTML5 推荐使用的方法。

重要提示：本章将介绍一些新特性和理解书中例子所需要的基础技术。如果已经熟悉这些基础知识，那么你可以跳过这部分内容。

4.2.1 内联脚本

最简单的方法是使用 HTML 元素的属性，直接在文档中插入 JavaScript。这些属性是事件处理程序，可以根据用户的操作执行代码。

最常用的事件处理程序是鼠标事件处理程序，如 onclick、onMouseOver 或 onMouseOut。

然而，有一些网站会实现关键字和窗口事件，在按下键盘按键或窗口环境发生变化时（如 onload 或 onfocus）执行一些操作。

使用代码清单 4-1 所示的事件处理程序 onclick，每当用户单击文字 "Click Me" 时，代码就会执行。处理程序 onclick 的作用是："当有人单击这个元素时，执行代码。"（在这个例子中）代码是一个预定义的 JavaScript 函数，它会显示一个小窗口，其中包含消息 "you clicked me!"。

代码清单 4-1：内联 JavaScript 脚本

```
<!DOCTYPE html>
<html lang="en">
<head>
  <title>This text is the title of the document</title>
</head>
<body>
  <div id="main">
    <p onclick="alert('you clicked me!')">Click Me</p>
    <p>You Can't Click Me</p>
  </div>
</body>
</html>
```

如果将事件处理程序 onclick 修改为 onMouseOver，那么效果就变成当鼠标指针悬停在元素时执行代码。

HTML5 允许在 HTML 元素中使用 JavaScript，但是和 CSS 一样，不推荐使用这种方法。HTML 代码可能会不断增多，最后变得很难维护或更新，同时，将代码分散到文档各处，也会增加应用程序的开发难度。

有一些新方法和技术不需要使用内联脚本，就可以引用 HTML 元素和注册事件处理程序。在本章后面的内容中，我们将学习这种方法，并且了解更多的事件和事件处理程序。

动手实践：将代码清单 4-1 的代码及本章后面的代码复制到新的 HTML 文件。然后，在浏览器中打开这个文件，测试其显示效果。

4.2.2　嵌入脚本

为了处理大量的代码和自定义函数，必须使用 `<script>` 标签对脚本进行分组。元素 `<script>` 的作用与 CSS 的 `<style>` 元素类似，它可用于将代码集中在一处，然后通过引用影响文档的任意元素。

与 HTML5 的 `<style>` 元素一样，不需要使用 type 属性指定 `<script>` 标签的语言。在 HTML5 中，JavaScript 是默认值。

`<script>` 元素及其内容可以出现在文档的任意位置，也可以在其他元素之内或之间。为了简单起见，推荐将脚本添加到文档头部位置（如代码清单 4-2 的例子所示），然后使用相应的 JavaScript 方法引用所需要的元素。

代码清单 4-2：嵌入 JavaScript 脚本

```html
<!DOCTYPE html>
<html lang="en">
<head>
  <title>This text is the title of the document</title>
  <script>
    function showalert(){
      alert('you clicked me!');
    }
    function clickme(){
      document.getElementsByTagName('p')[0].onclick=showalert;
    }
    window.onload=clickme;
  </script>
</head>
<body>
  <div id="main">
    <p>Click Me</p>
    <p>You Can't Click Me</p>
  </div>
</body>
</html>
```

目前，在 JavaScript 中可以使用以下三种方法引用 HTML 元素：

❑ getElementsByTagName（如代码清单 4-2 所示）可以根据关键字引用元素。

❑ getElementById 可以根据 id 属性引用元素。

❑ getElementsByClassName 是新增方法，它可以使用 class 属性值引用元素。

即使使用推荐的方法（将脚本添加到文档头部位置），也需要考虑一个问题：由于浏览器按顺序读取脚本代码，因此无法引用还未创建的元素。

在代码清单 4-2 中，脚本位于文档头部，并且在 <p> 元素创建之前出现。如果在代码中只通过引用修改 <p> 元素，那么代码就会报错，因为这个元素还不存在。为了避免出现这个问题，代码必须添加到一个 showalert() 函数中，然后 <p> 元素引用和事件处理程序位于另一个函数 clickme() 中。

脚本最后一行使用另一个事件处理程序（这里是窗口事件）onload，然后调用前面创建的函数。这个处理程序会在窗口完成加载并且所有元素都创建之后执行传入的函数。

那么，让我们分析一下代码清单 4-2 中整个文档的执行过程。首先，它加载一些函数，但是不执行。然后，创建 HTML 元素，包括 <p> 元素。最后，整个文档加载完成，load 事件触发，调用 clickme() 函数。

这个函数使用 getElementsByTagName 方法引用 <p> 元素。这个方法会返回一个数组，其中包含所找到的文档元素列表。然而，在方法的最后一行中使用 index[0]，表示只选择第一个元素。一旦找到这个元素，代码就会在元素上注册 onclick 事件处理程序。在事件触发时，showalert() 函数就会执行，然后显示一个小窗口，其中显示消息 "you clicked me!"。

似乎在代码清单 4-1 所示例子中只需要一行代码就能够实现的效果，在这里需要很多代码才能够实现。然而，考虑到 HTML5 的功能，以及 JavaScript 的复杂性，将代码集中在一个位置，并且进行恰当组织，有利于将来的实现过程，并且能够简化网站和应用程序的开发和维护。

基础知识回顾：函数是指函数调用（根据名称）时执行的一组代码。通常，函数使用名称和圆括号包含的一个或多个值进行调用——例如，clickme(1,2)。这种语法有一个例外，如代码清单4-2所示。这段代码没有使用圆括号，而是将函数引用传递给事件处理程序，而非传递函数执行结果。要想了解更多关于 JavaScript 函数的信息，请访问我们网站中与本章相关的链接。

4.2.3 外部文件

随着新函数的出现和应用程序 API 的增加，JavaScript 代码会快速增加。嵌入的代码会使文档变得越来越大，并且出现大量的重复代码。为了减少下载时间，提高效率，并且将代码分散到各个文档中，既不影响效率，又能实现重用，推荐将 JavaScript 代码保存在一个或多个外部文件中，然后使用 src 属性导入这些文件。

代码清单4-3 的 <script> 元素会加载外部文件 mycode.js 的 JavaScript 代码。从现在起，我们就能够在网站的每一个文档中插入这个文件，从而可以在任意位置中重用这个文件。从用户角度看，这种方法能够减少下载时间和网站访问时间；对于开发者而言，这种方法能够简化文档组织和维护。

代码清单 4-3：获取外部文件的代码

```
<!DOCTYPE html>
<html lang="en">
<head>
  <title>This text is the title of the document</title>
  <script src="mycode.js"></script>
</head>
<body>
  <div id="main">
    <p>Click Me</p>
    <p>You Can't Click Me</p>
  </div>
</body>
</html>
```

动手实践：将代码清单4-3 的代码复制到前面创建的 HTML 文件中。创建一个新的空文件 mycode.js，然后加入代码清单4-2 的 JavaScript 代码。注意，只有 <script> 标签之间的代码需要复制，标签本身不需要复制。

4.3 新选择器

如前所述，必须在 JavaScript 中引用 HTML 元素，才能够通过代码处理元素。前一章介绍过，与以前 JavaScript 提供的少数方法相比，CSS（特别是 CSS3）提供强大的引用和选择方 法。getElementById、getElementsByTagName 和 getElementsByClassName 方法还不足以支持这种语言所需的综合要求，以及它与 HTML5 标准的相关性。为了使

JavaScript 达到这种环境所需要的水平，必须增加更为先进的方法。从现在起，可以使用新方法 querySelector() 和 querySelectorAll()，应用各种 CSS 选择器实现 HTML 元素的选择。

4.3.1 querySelector()

这个方法会返回匹配圆括号中指定的选择器分组的第一个元素。这些选择器包含引号和 CSS 语法，如代码清单 4-4 所示。

代码清单 4-4：使用 <code>querySelector()</code>

```
function clickme(){
  document.querySelector("#main p:first-child").onclick=showalert;
}
function showalert(){
  alert('you clicked me!');
}
window.onload=clickme;
```

在代码清单 4-4 中，之前使用的方法 getElementsByTagName 换成了 querySelector()。这种特殊查询的选择器会引用一个 `<p>` 元素，在 **id** 属性值为 main 的元素的子元素中，它是第一个 `<p>` 元素。

因为这个方法只返回第一个元素，所以伪类选择器 first-child 是多余的。在例子中，方法 querySelector() 会返回 <div> 中的第一个 <p> 元素，当然它也是第一个子元素。这个例子说明 querySelector() 可以接受各种类型的有效 CSS 选择器和 CSS，同时，JavaScript 还提供了一些引用文档中各个元素的重要工具。

如果要声明多个选择器组，则需要使用逗号分隔。querySelector() 方法会返回匹配这些选择器的第一个元素。

动手实践：将 mycode.js 文件的代码替换为代码清单 4-4 的代码，然后在浏览器中打开包含代码清单 4-3 的 HTML 文件，查看 querySelector() 方法的实现效果。

4.3.2 querySelectorAll()

相反，querySelectorAll() 可以返回每一个与圆括号中指定的选择器分组相匹配的元素。其返回值是一个数组，其中包含按文档顺序排列的所有匹配元素。

在代码清单 4-5 中，querySelectorAll() 方法所提供的选择器分组的查找结果是：代码清单 4-3 的 HTML 文档中属于 <div> 元素第一个子元素的所有 <p> 元素。在第一行代码执行之后，数组 list 包含两个值：第一个 <p> 元素的引用和第二个 <p> 元素的引用。因为每一个数组的关键字都自动从 0 开始计算，所以下一行代码使用中括号和 0 表示第一个元素。

代码清单 4-5：使用 <code>querySelectorAll()</code>

```
function clickme(){
  var list=document.querySelectorAll("#main p");
  list[0].onclick=showalert;
```

```
}
function showalert(){
  alert('you clicked me!');
}
window.onload=clickme;
```

注意，这个例子并没有说明 querySelectorAll() 的可能性。通常，这种方法可用于影响多个元素，而不是像例子中那样只影响一个元素。使用 for 循环，就可以遍历方法返回的元素列表。

代码清单 4-6 并不选择匹配的第一个元素，而是使用 for 循环在每一个元素上注册 onclick 事件处理程序。现在，<div> 中的所有 **<p>** 元素在用户单击时都会弹出一个小窗口。

代码清单 4-6：影响由 `querySelectorAll()` 返回的所有元素

```
function clickme(){
  var list=document.querySelectorAll("#main p");
  for(var f=0; f<list.length; f++){
    list[f].onclick=showalert;
  }
}
function showalert(){
  alert('you clicked me!');
}
window.onload=clickme;
```

querySelectorAll() 方法和 querySelector() 方法都包含一个或多个由逗号分隔的选择器分组。将这些方法与之前的方法进行组合，就可以查找到想要的元素。例如，在代码清单 4-7 中，使用 querySelectorAll() 和 getElementById() 可以实现与代码清单 4-6 一样的结果。

代码清单 4-7：组合使用多个方法

```
function clickme(){
  var list=document.getElementById('main').querySelectorAll("p");
  list[0].onclick=showalert;
}
function showalert(){
  alert('you clicked me!');
}
window.onload=clickme;
```

使用这种方法，我们就能够了解这些方法的具体用法。在同一行中组合多个方法，或者选择一组元素，然后在另一个方法中执行另一次选择，就可以查找到第一次选中的元素的子元素。在本书后面的内容中，我们将学习更多的例子。

4.4 事件处理程序

如前所述，JavaScript 代码通常是在用户执行一些操作之后执行。事件处理程序和 JavaScript 函数都可以处理这些操作及其他事件。

在 HTML 元素上注册事件处理程序有三种方法：在元素上增加一个新属性，并在元素的属性上注册一个事件处理程序，或者使用新的 addEventListener() 标准方法。

基础知识回顾：在 JavaScript 中，用户操作称为事件。当用户执行一个操作时，如单击鼠标或按下键盘按键，除了用户产生的事件之外，还有一些由系统触发的事件——例如，当文档完成加载时，load 事件就会触发。这些事件由代码或整个函数处理。响应事件的代码称为处理程序。所谓注册事件处理程序，就是确定程序响应特定事件的方式。在 addEventListener() 方法标准化之后，这个过程通常称为"监听事件"，而准备事件响应代码就是给指定的元素"添加事件监听器"。

4.4.1　内联事件处理程序

代码清单 4-1 中已经使用了这种方法，即在 <p> 元素上添加 onclick 属性。这是一种弃用方法，但是在一些特定情形中仍然非常实用。

4.4.2　在属性中添加事件处理程序

为了解决内联方法的复杂性，必须在 JavaScript 代码中注册事件。使用 JavaScript 选择器，就可以引用 HTML 元素，然后将事件处理程序作为属性添加到元素中。

代码清单 4-2 就使用了这种方法，它在不同的元素上设置了两个事件处理程序。事件处理程序 onload 通过语句 window.onload 注册到窗口上，而事件处理程序 onclick 则通过代码的选择器 getElementsByTagName 注册到文档中第一个 <p> 元素上，即：

`document.getElementsByTagName('p')[0].onclick.`

基础知识回顾：事件处理程序的命名方式是前缀 on 加事件名称。例如，事件 click 的事件处理程序是 onclick。当提及 onclick 时，就表示代码会在 click 事件发生之后执行。

在 HTML5 之前，这是唯一一种在 JavaScript 代码中使用事件处理程序的跨浏览器方法。有一些浏览器供应商开发了自己的方法，但是都在新标准发布之后才得以采用。因此，我们推荐使用这种方法，以兼容旧版本浏览器，但是不推荐在 HTML5 应用程序中使用这种方法。

4.4.3　addEventListener() 方法

addEventListener() 方法是最佳方法，也是 HTML5 标准实现的标准方法。这个方法有三个参数：事件类型、执行的函数和一个布尔值。

代码清单 4-8 包含代码清单 4-2 的代码，但是每一个事件的监听器都变成通过 addEventListener() 方法添加。在 clickme() 函数中，将元素引用赋值给变量 pelement，然后使用这个变量添加 click 事件的侦听器。

代码清单 4-8：使用 `addEventListener()` 添加事件监听器

```
<!DOCTYPE html>
<html lang="en">
<head>
  <title>This text is the title of the document</title>
  <script>
    function showalert(){
      alert('you clicked me!');
    }
    function clickme(){
      var pelement=document.getElementsByTagName('p')[0];
      pelement.addEventListener('click', showalert, false);
    }
    window.addEventListener('load', clickme, false);
  </script>
</head>
<body>
  <div id="main">
    <p>Click Me</p>
    <p>You Can't Click Me</p>
  </div>
</body>
</html>
```

addEventListener() 方法的语法如代码清单 4-8 所示。第一个参数是事件名称。第二个参数是执行的函数，它可以是函数引用（如本例所示）或完整的匿名函数。第二个参数是 true 或 false 值，用于规定多个事件的触发方式。例如，如果监听了两个嵌套元素（一个元素位于另一个元素之中）中的 click 事件，那么当用户单击这些元素时，这个值决定两个 click 事件的触发顺序。如果在一个元素上将这个参数设置为 true，那么它的事件先触发，而另一个后触发。通常，这个参数都设置为 false。

基础知识回顾：匿名函数是指动态声明且未命名（匿名）的函数。在 JavaScript 中，这些函数非常有用。它们可以帮助组织代码和限制独立函数的全局作用域。后面的章节会多次使用匿名函数。

即使这种方法与之前的方法产生相似的结果，addEventListener() 也支持给一个元素添加多个事件监听器。这无疑是 addEventListener() 的一个优点，使它成为 HTML5 应用程序的理想实现方法。

因为事件是交互式网站和 Web 应用程序的关键，所以在 HTML5 规范中增加了一些事件。本书将介绍每一个新事件。

4.5 API

无论之前是否有过编程经验，你可能已经注意到，我们需要使用一些代码来执行简单的任务。假如现在从头开始创建一个数据库系统，那么主要工作就是在屏幕上创建复杂的图形，或者开发一个照片处理应用程序。

在这个方面，JavaScript 与其他开发语言一样强大。专业编程语言都拥有创建图形元素的库、视频游戏 3D 引擎或数据库访问接口等，JavaScript 一样拥有帮助程序员处理复杂问题的 API。

HTML5 引入了几种 API，支持通过简单的 JavaScript 代码使用一些强大的库。这些新功能非常重要，因此它们是本书的主要内容。现在，让我们了解这些特性，以及本书将要介绍的主要内容。

4.5.1　Canvas API

Canvas API 是一种强大的基础绘图 API。这是所有 API 中最值得称道的部分。能够在网页上动态生成和渲染图片、创建动画或处理图像与视频——再加上其他的 HTML5 功能，HTML5 可以说无所不能了。

Canvas API 能够生成位图，通过一些函数和方法就能够创建和处理图像像素。

4.5.2　拖放 API

拖放 API 支持在 Web 上实现桌面应用程序常见的拖放操作。现在，通过简短的代码，就可以创建支持拖放的元素。这些元素不仅包含图形，还包含文字、链接、文件或数据。

4.5.3　地理位置 API

地理位置 API 可用于确定访问应用程序的设备物理位置。有几种方法可以获取地理信息——包括作为 IP 地址的网络信号和全球定位系统（GPS）。返回的信息包括经纬度，因此这个 API 可以与外部地图 API 整合（例如，Google Maps），或者访问特定的本地信息，开发一些实用的应用程序。

4.5.4　存储 API

可用于实现存储的 API 有两种：**Web 存储**和**索引数据库**。这些 API 主要负责将服务器数据保存到用户计算机，但是在 Web 存储和属性 sessionStorage 中，它们还可以增加 Web 应用程序的控件和效率。

第一种 API **Web 存储** API 具有两个重要属性，有时候它们本身也被看做 API：sessionStorage 和 localStorage。

属性 sessionStorage 负责保持页面会话的一致性，以及保存一些临时信息，如购物车安全内容，以防止出现意外或误用情况（例如，打开另一个窗口）。

相反，这个 API 的 `localStorage` 属性则用于在用户计算机上保存大文件。出于安全性的考虑，保存的信息是持久化的，永远不会过期。

sessionStorage 和 localStorage 都可以替换 cookie 的功能和克服其缺点。

第二种 API 也属于存储 API 范畴，但是它与其他 API 独立，即**索引数据库** API。数据库的作用是存储索引信息。前面提到的 API 都是用于存储大文件或临时数据，而非结构化数据。结构化数据只能通过数据库系统及这里的索引数据库 API 进行存储。

索引数据库 API 是 Web SQL 数据库 API 的替代品。由于标准仍然存在争议，因此这两种 API 都未得到完全接受。事实上，在本书编写时，Web SQL 数据库 API（在前期受到欢迎）已经被取消。

由于索引数据库 API（也称为 IndexedDB）具有更强大的功能，而且得到 Microsoft、Firefox 开发者和 Google 的支持，因此它成为本书选择介绍的内容。然而，一定要记住，现在 SQL 的新实现仍然未确定。

4.5.5　文件 API

顾名思义，文件 API 是指用于实现文件管理的标准 API。目前，一共有三种 API 支持文件管理：File API、File API: Directories & System 和 File API: Writer。

通过这组 API，就能够在用户计算机上读取、处理和创建文件。

4.5.6　通信 API

我们将一些具有共性的 API 归纳为一组，它们是 XMLHttpRequest API Level 2、Cross Document Messaging API 和 Web Sockets API。

当然，通信一般是通过互联网实现的，但是有一些悬而未决的问题增加了这个过程的复杂性，甚至有时候是无法实现的。具体而言，有三个问题有待解决：各个浏览器的 Ajax 应用程序 API 不完整且过于复杂，不相关应用程序之间无法进行通信，以及无法通过高效的双向通信机制实时访问服务器信息。

面前提到的第一个问题可以通过 XMLHttpRequest API Level 2 得到解决。XMLHttpRequest 是用于创建 Ajax 应用程序的 API，即不需要刷新页面就可以访问服务器的应用程序。这个 API 的第二级增加了新的事件，支持更多的功能（跟踪进度的事件）、可移植性（API 标准化）和可访问性（使用跨域请求）。

第二个问题的解决方法是创建**跨文档消息** API。这个 API 能够帮助开发者突破不同窗体和窗口之间的通信限制。现在，多个位置之间的安全通信可以通过这个特性的消息传递实现。

HTML5 增加的最后一个通信 API 是 Web Sockets。它的作用是提供实时应用程序所需要的工具（例如，聊天室）。这个 API 使应用程序能够在短时间内将信息发送到服务器，实现应用程序的实时性。

4.5.7　Web Workers API

这是一个特殊的 API，它扩展了 JavaScript 的应用范围。JavaScript 不支持多线程，这意味着每次只能执行一个任务。Web Workers API 支持在后台独立线程中执行代码，且不会干扰页面的活动。有了这个 API，JavaScript 就能够执行多任务操作。

4.5.8　历史 API

Ajax 可以改变用户与网站和 Web 应用程序的交互方式。浏览器现在还不支持这种行为。历史 API 可以帮助现代应用程序兼容浏览器跟踪用户活动的方式。这个 API 支持人工生成过程中各个步骤对应 URL 的方法，从而可以通过标准访问过程返回之前的状态。

4.5.9　离线 API

即使是现在，在任何位置的互联网访问中都不支持离线访问。现在移动设备随处可见，但是通信信号却无法保证随处都有。此外，台式机可能在一些重要时刻发送离线数据。离线 API 整合了 HTML 属性、JavaScript 事件控制和文本文件，使应用程序能够根据用户状态切换在线或离线工作方式。

4.6　外部库

HTML5 给 Web 程序扩展了所有浏览器支持的标准技术。而且，它提供了开发者所需要的一切。事实上，HTML5 理论上完全不依赖第三方技术，但是有时候我们必须借助外部资源。

在 HTML5 出现之前，有一些 JavaScript 库可用于克服当时的技术限制。有一些库具有特殊用途——包括表单处理和验证、图形生成与处理。这些库越来越流行，有一些几乎成为个人开发者必须使用的库（例如，Google Maps）。

即使将来的实现提供了更好的方法，或者优化了这些预编程应用程序，程序员仍然能够找到一种更简单的问题处理方法。简化复杂任务的库总是存在，而且会越来越多。

这些库并不属于 HTML5，但是属于 Web 的重要组成部分，其中有一些现在已经成功应用到一些最成功的网站和应用程序。与这个标准所增加的其他特性一样，它们增强了 JavaScript，为开发者带来一些最前沿的技术。

4.6.1　jQuery

这是目前最流行的一个 JavaScript 库。jQuery 是免费的，可以简化使用 JavaScript 创建现代应用程序的过程。它简化了 HTML 元素的选择，简化了动画创建，且能够处理事件和有助于实现应用程序中的 Ajax 操作。

jQuery 是一个很小的文件，可以从 www.jquery.com 下载，然后使用 <script> 标签加到文档中。它的 API 简单易用。

在文档中加入 jQuery 之后，就能够使用程序库所增加的一些简单方法，将静态网页变成现代的实用应用程序。

jQuery 支持旧版浏览器，简化了开发者常用的任务，并且任何开发者都可以访问。它可以与 HTML5 一起使用，或者在不支持 HTML5 的浏览中替代一些基本的 HTML5 特性。

4.6.2　Google Maps

Google Maps 是一组独特复杂的工具集，可以通过 JavaScript API（和其他技术）访问，并应用于各种 Web 地图服务。Google 已经成为这种服务的领军者，可以通过 Google Maps 技术访问精确且详细的世界地图信息。可以搜索特定位置、计算距离、查找热点地区或者查看某个地点的建筑情况。

Google Maps API 是免费的，所有开发者都可以使用。从这里可以下载各个版本的 API：code.google.com/apis/maps/。

4.7 快速参考——JavaScript

HTML5 给 JavaScript 增加了许多新特性和改进的原生方法。

4.7.1 元素

<script>——这个元素现在将 JavaScript 作为默认的脚本语言，不需要再添加 type 属性。

4.7.2 选择器

对于任何 Web 应用程序而言，通过 JavaScript 代码动态选择文档元素是非常重要的。因此，HTML5 与标准增加了一些新的元素选择方法。

getElementsByClassName——这个选择器可以根据 class 属性值查找文档中的元素。它是现有的 getElementsByTagName 和 getElementById 方法的补充。

querySelector(selectors)——这个方法使用 CSS 选择器引用文档的元素。选择器在圆括号内声明，这个方法可以与其他方法组合使用，实现更为具体的引用。它会返回第一个匹配的元素。

querySelectorAll(selectors)——这个方法与 querySelector() 类似，但是会返回匹配指定选择器的所有元素。

4.7.3 事件

Web 应用程序的事件相关性促使主流浏览器现有方法的标准化。

addEventListener(type, listener, useCapture)——这个方法可用于添加事件侦听器。这个方法可以接受三个值：事件名称、事件处理函数和表示并发事件执行顺序的布尔值。第三个参数通常为 false。

removeEventListener(type, listener, useCapture)——这个方法可用于删除事件侦听器，使事件处理程序失效。它接受的参数与 addEventListener() 相同。

4.7.4 API

HTML5 标准给 JavaScript 扩展了许多强大的内嵌应用程序 API。

Canvas API——这个 API 可用于绘图、创建和处理位图图形。它使用预定义的 JavaScript 方法实现绘制。

拖放 API——这个 API 可以在 Web 上实现桌面应用程序常用的拖放操作。它可以在 Web 文档上实现任意拖放的元素。

地理位置 API——这个 API 可用于访问应用程序所在设备的物理位置。它支持使用不同的方法（如网络信息和 GPS）获取经度和纬度等数据。

Web 存储 API——这个 API 包含两个属性，可以在用户计算机上存储持久性数据：`sessionStorage` 和 `localStorage`。一方面，属性 `sessionStorage` 允许开发者存储当前会话中各个窗口的信息，从而跟踪用户活动。另一个方面，属性 `localStorage` 则允许开发者为各个应用程序创建私有存储区域，用于存储兆字节数据，从而将信息和数据保存在用户计算机上。

索引数据库 API——这个 API 可以在用户端给 Web 应用程序增加数据库功能。这个系统独立于前面介绍的技术，提供了 Web 应用程序专用的简单数据库实现。数据库存储在用户计算机上，它是持久化的，而且专属于创建数据库的应用程序。

文件 API——这是一组实现用户文件读取、写入和处理的 API。

XMLHttpRequest API Level 2——这个 API 是对 Ajax 应用程序的旧 XMLHttpRequest API 的改进。它包含控制进度和执行跨域请求的新方法。

跨文档消息 API——这个 API 引入了一种新的通信技术，它允许应用程序之间进行跨窗体和窗口通信。

WebSockets API——这个 API 提供了在实时应用程序的客户端和服务器之间进行双向通信的机制，如聊天室或在线视频游戏。

Web Workers API——这个 API 对 JavaScript 进行扩展，允许脚本在后台运行，且不会影响当前页面的活动。

历史 API——这个 API 支持将应用程序处理步骤加到浏览器的历史记录中。

离线 API——这个 API 可以使用应用程序在用户离线时仍然保持运行。

第 ⑤ 章

视频与音频

5.1 在 HTML5 中播放视频

HTML5 新特性中提到最多的是视频处理。虽然这个特性与 HTML5 所提供的新工具无关，但是事实上，由于视频属于互联网的重要应用，所有人都希望浏览器能够原生支持视频处理。就像是所有人都清楚视频的重要性，而开发 Web 技术的人却对此毫无所知一样。

但是，现在有了原生支持——甚至有了一个支持开发跨浏览器视频处理的标准，其复杂性远超出我们的想象。从编码解码器到资源消耗问题，之前未能实现视频的原因远远不只是需要解码器技术般简单。

尽管有诸如此类的复杂问题，HTML5 最终还是增加了一个元素，以便在 HTML 文档中插入和播放视频。<video> 元素使用开始和结束标签，通过设置少量参数就能够实现视频播放。它的语法非常简单，只有 src 属性是必填的：

理论上，代码清单 5-1 的代码已经足够了（注意：理论上）。但是，如前所述，现实情况总是比理论要复杂得多。事先，至少必须提供两种视频格式文件：OGG 和 MP4。这是因为，即使 <video> 元素及其属性是标准规定的，但是视频格式没有统一的标准。首先，一些浏览器支持其他浏览器不支持的一组编解码器，反之亦然。其次，MP4 格式所使用的解码器（Safari 和 Internet Explorer 等重要浏览器唯一支持的标准）采用商业授权方式。

代码清单 5-1：<video> 元素的基本语法

```
<!DOCTYPE html>
<html lang="en">
<head>
  <title>Video Player</title>
</head>
<body>
<section id="player">
  <video src="http://minkbooks.com/content/trailer.mp4" controls>
  </video>
</section>
</body>
</html>
```

OGG 和 MP4 格式是视频与音频的容器。OGG 包含 Theora 视频和 Vorbis 音频编码解码器，MP4 容器则采用 H.264 作为视频编码解码器，采用 AAC 作为音频编码解码器。目前，OGG 格式得到 Firefox、Google Chrome 和 Opera 的支持；而 MP4 得到 Safari、Internet Explorer 和 Google

Chrome 的支持。

5.1.1 <video> 元素

我们先忽略这些复杂问题，学习 <video> 元素带来的简单视频播放功能。这个元素只有几个属性，包括属性和默认配置。与其他常用 HTML 元素一样，width 和 height 可用于声明元素或窗口播放器的尺寸。视频尺寸会自动适应这些尺寸，但是它们不会拉伸视频，所以必须使用这些属性限定媒体所占用的区域，保持设计的一致性，而不需要定制视频尺寸。如前所述，属性 src 用于指定视频的源文件。这个属性可以替换为 <source> 元素及其 src 属性，用于声明多种格式的视频源（如下例所示）。

在代码清单 5-2 中，<video> 元素会扩大。现在，元素的标签之中有两个 <source> 元素。这些元素为浏览器提供了不同的视频源。浏览器会读取 <source> 标签，然后根据所支持的格式（MP4 或 OGG）选择播放的文件。

代码清单 5-2：支持默认控件的跨浏览器视频播放器

```
<!DOCTYPE html>
<html lang="en">
<head>
  <title>Video Player</title>
</head>
<body>
<section id="player">
  <video id="media" width="720" height="400" controls>
    <source src="http://minkbooks.com/content/trailer.mp4">
    <source src="http://minkbooks.com/content/trailer.ogg">
  </video>
</section>
</body>
</html>
```

动手实践：创建一个新的 HTML 文件，命名为 video.html（或其他名称），复制代码清单 5-2 的代码，然后在不同浏览器中打开文件，检查 <video> 元素的显示效果。

5.1.2 <video> 属性

代码清单 5-1 和代码清单 5-2 还使用了 <video> 标签。controls 属性是这个元素特有属性之一，用于显示浏览器所提供的视频控件按钮。每一个浏览器都有特殊界面，使用户可以控制视频的播放、暂停或快进等功能。

除了 controls，这个元素还有以下属性：

❑ autoplay——当设置这个属性时，浏览器会在加载视频后自动播放视频。

❑ loop——当设置这个属性时，浏览器会反复播放该视频。

❑ poster——这个属性可以指定一个 URL，在视频等待播放时显示图像。

❑ preload——这个属性可以设置三个值：none、metadata 或 auto。第一个值表示不缓存视频，通常是为了减少不必要的流量。第二个值 metadata 推荐浏览器抓取一些资源信息，例如，尺寸、时长和第一帧。第三个值 auto 是默认值，要求浏览器尽可能快地下载视频。

在代码清单 5-3 中，<video> 元素上设置了一些属性。由于各个浏览器的显示效果不同，有一些属性默认是启用或禁用的，而在一些浏览器和特殊情况中，有一些属性是不支持的。为了完全控制 <video> 元素及所播放的媒体，必须使用 JavaScript 编写视频播放程序，使用 HTML5 标准所提供的新方法、属性和事件。

代码清单 5-3：使用 <video> 的属性

```
<!DOCTYPE html>
<html lang="en">
<head>
  <title>Video Player</title>
</head>
<body>
  <section id="player">
    <video id="media" width="720" height="400" preload controls loop
poster="http://minkbooks.com/content/poster.jpg">
      <source src="http://minkbooks.com/content/trailer.mp4">
      <source src="http://minkbooks.com/content/trailer.ogg">
    </video>
  </section>
</body>
</html>
```

5.2　编程实现视频播放器

如果在不同的浏览器上显示前面的代码，播放器控件的图形设计会有一些差别。每一种浏览器都有其特殊的按钮和进度条，甚至还有一些特殊的特性。在一些环境中，这是可以接受的，但是在一些注重细节的专业环境中，必须使设计的界面在所有设备和应用程序都保持一致，而且我们应该能够完全控制整个播放过程。

HTML5 支持新的视频处理事件、属性和方法，同时将它整合到文档中。从现在开始，我们开发一个定制的视频播放器，使用 HTML、CSS 和 JavaScript 实现一些特性。总之，视频现在属于文档的组成部分。

5.2.1　设计

每一个视频播放器都需要一个包含基本功能的控制面板。在代码清单 5-4 的新模板中，<video> 之后增加了一个 <nav> 元素。这个 <nav> 元素包含两个 <div> 元素：buttons 和 bar，分别用于显示"播放"按钮和进度条。

代码清单 5-4：视频播放器的 HTML 模板

```
<!DOCTYPE html>
<html lang="en">
```

```
<head>
  <title>Video Player</title>
  <link rel="stylesheet" href="player.css">
  <script src="player.js"></script>
</head>
<body>
<section id="player">
  <video id="media" width="720" height="400">
    <source src="http://minkbooks.com/content/trailer.mp4">
    <source src="http://minkbooks.com/content/trailer.ogg">
  </video>
  <nav>
    <div id="buttons">
      <button type="button" id="play">Play</button>
    </div>
    <div id="bar">
     <div id="progress"></div>
    </div>
    <div style="clear: both"></div>
  </nav>
</section>
</body>
</html>
```

这个模板还包括两个外部代码文件。一个是包含以下 CSS 样式的 player.css 文件（见代码清单 5-5）：

代码清单 5-5：播放器的 CSS 样式

```
body{
  text-align: center;
}
header, section, footer, aside, nav, article, figure, figcaption, hgroup{
  display : block;
}
#player{
  width: 720px;
  margin: 20px auto;
  padding: 5px;
  background: #999999;
  border: 1px solid #666666;

  -moz-border-radius: 5px;
  -webkit-border-radius: 5px;
  border-radius: 5px;
}
nav{
  margin: 5px 0px;
}
#buttons{
  float: left;
  width: 85px;
  height: 20px;
}
#bar{
```

```
    position: relative;
    float: left;
    width: 600px;
    height: 16px;
    padding: 2px;
    border: 1px solid #CCCCCC;
    background: #EEEEEE;
}
#progress{
    position: absolute;
    width: 0px;
    height: 16px;
    background: rgba(0,0,150,.2);
}
```

代码清单 5-5 的代码使用传统框模型方法，创建一个框，其中包含播放器的所有组件。这个框将居中显示在使用该模型的窗口中。注意，在模板中，在 <nav> 元素最后还添加了第三个 <div>，它设置了内联样式，用于恢复文档的常规流。

上面的代码还没有使用新的属性；它只是包含一组设置播放器元素样式的 CSS 属性（我们已经学过）。然而，有一个样式是比较特殊的：<div> 元素 progress 的 width 一开始设置为 0。因为使用这个元素模拟进度条，所以它会在视频播放时发生变化。

动手实践：将代码清单 5-4 的新模板复制到 HTML 文件（video.html）中。新建 CSS 样式空白文件和 JavaScript 编码解码器文件。分别将这些文件命名为 player.css 和 player.js。将代码清单 5-5 的代码复制到 CSS 文件中，然后将其中所有的 JavaScript 代码清单复制到 JavaScript 文件中。

5.2.2   编码

接下来，我们开始编写播放的 JavaScript 代码。有很多种方法可以用于编写视频播放器，但是在此选择的方法将介绍实现基本的视频处理所需要的事件、方法和属性。其他效果还可以根据需要自由设置。

为此，使用一些简单的函数，控制视频的播放和暂停，在视频播放时显示进度条，在控制条上显示操作选项，用于控制视频播放的时间线。

5.2.3   事件

HTML5 加入了新的事件 API。在视频和音频处理中，HTML5 包含一些通知媒体状态的事件——如下载进度，视频是否结束，以及视频是否暂停或播放中等。这个例子不会演示所有的事件，但是它们都是开发复杂应用程序时需要使用的事件。下面是一些常用的事件：

- ❑ progress——这个事件会周期性地触发，用于更新媒体的下载进度。这个信息可以通过 buffered 属性访问，后面将对它进行介绍。
- ❑ canplaythrough——当整个媒体可以顺利播放时，就会触发这个事件。这个状态的确定基于当前下载速度，并且假定后面的下载速度保持不变。另外一个具有相同作用的事件是 canplay，但是它不考虑整体状态，只要视频下载了一定的可播放帧就会触发这个事件。

❑ ended——当媒体到达末尾时触发。

❑ pause——当重播暂停时触发。

❑ play——当媒体开始播放时触发。

❑ error——这个事件会在出现错误时触发。它会传递到与发生错误的媒体源相关的 <source> 元素上。

我们创建的播放器将只监听常用的 click 和 load 事件。

重要提示：事件、方法和属性的 API 目前仍然在开发中。本书只介绍示例应用程序必须使用且关系最密切的方面。如果想要了解与进度相关的标准，请访问我们网站中与各章相关的链接。

代码清单 5-6 包含视频播放器的第一个函数。这个函数的名称为 initiate，因为它的作用是在窗口加载后马上执行应用程序。

代码清单 5-6：初始化函数

```
function initiate() {
  maxim=600;
  mmedia=document.getElementById('media');
  play=document.getElementById('play');
  bar=document.getElementById('bar');
  progress=document.getElementById('progress');

  play.addEventListener('click', push, false);
  bar.addEventListener('click', move, false);
}
```

因为这是执行的第一个函数，所以需要设置一些配置播放器的全局变量。通过使用选择器 getElementById，就能够引用播放器的所有元素，然后在后面的代码中使用这些元素。代码还设置了变量 maxim，用于确定进度条的最大宽度（600 像素）。

播放器中有两个重要的操作：用户单击按钮"播放"和用户单击进度条，向前或向后调整播放时间线。为此，代码添加了两个事件监听器。第一个是添加到元素 play 上的 click 事件监听器。这个监听器会在用户单击元素（"播放"按钮）时执行 push() 函数。其他监听器都注册到元素 bar 上。在这个例子中，当用户单击进度条时，执行 move() 函数。

5.2.4 方法

代码清单 5-7 中所添加的 push() 函数是第一个执行操作的函数。它会根据具体情况执行 pause() 和 play() 专用方法。

代码清单 5-7：这个函数执行视频播放与暂停操作

```
function push(){
  if(!mmedia.paused && !mmedia.ended) {
    mmedia.pause();
```

```
    play.innerHTML='Play';
    window.clearInterval(loop);
  }else{
    mmedia.play();
    play.innerHTML='Pause';
    loop=setInterval(status, 1000);
  }
}
```

专用方法 play() 和 pause() 属于 HTML5 增加的媒体处理方法。下面最常用的方法:

❑ play()——除非媒体之前处于暂停状态,否则这个方法会从头开始播放媒体文件。

❑ pause()——这个方法会暂停播放。

❑ load()——这个方法会加载媒体文件。动态应用程序可以使用它提前加载媒体文件。

❑ canPlayType(type)——通过使用这个方法,我们就能够确定浏览器是否支持这种文件格式。

5.2.5   属性

push() 函数还使用一些属性检索媒体信息。下面是最常用的属性:

❑ paused——如果媒体目前处于暂停状态,或者它未开始播放,那么这个属性会返回 true。

❑ ended——如果媒体已经结束播放,那么这个属性会返回 true。

❑ duration——这个属性会返回以秒为单位的媒体时长。

❑ currentTime——这个属性会返回一个表示媒体正在播放的位置的值或一个新的媒体播放位置。

❑ error——这个属性会在媒体发生错误时返回错误值。

❑ buffered——这个属性表示目前加载到缓冲区的文件大小。它可用于创建一个表示下载进度的指示器。这个属性通常是在 progress 事件触发时读取的。因为用户可能要求浏览器下载不同时间线位置的媒体内容,那么 buffered 返回的信息就是一个数组,其中包含所下载媒体的各个部分,而非只有从开始位置开始的一个部分。数组的元素可以通过参数 end() 和 start() 进行访问。例如,代码 buffered.end(0) 会返回以秒为单位的时长值,表示在缓冲区中第一部分的媒体内容。这个特性的支持目前仍然在开发过程中。

5.2.6   实际代码

既然我们已经学习了视频处理所涉及的全部元素,下面就开始学习 push   () 函数的使用方法。

当用户单击“播放”按钮时,这个函数就会执行。这个按钮有两个作用:它会根据播放状态,显示文字“播放”和“暂停”,分别用于播放和暂停视频。所以,当视频暂停或者未开始播放时,单击按钮会播放视频。相反,如果视频已经在播放,那么单击按钮就会暂停视频播放。

为了实现这个效果,代码必须检查属性 paused 和 ended,确定媒体状态。所以,这个函数的第一行代码添加了条件判断 if,用于检查播放状态。如果 mmedia.paused 和 mmedia.

ended 的值为 false，那么这意味着视频正在播放，然后执行 pause() 方法，暂停视频播放，同时使用 innerHTML 将按钮文字修改为"播放"。

相反，如果视频已暂停或完成播放，那么这个条件为 false，执行的是 play() 方法，开始播放或重新播放视频。在这个例子中，还执行了一个重要操作，使用 setInterval() 设置为每秒钟执行一次 status() 函数。

在代码清单 5-8 中，当视频播放时，status() 函数会每秒执行一次。这个函数还使用 if 条件检查视频的状态。如果属性 ended 为 false，会计算进度条长度（以像素为单位），然后设置表示进度条 <div> 的尺寸。如果这个属性为 true（表示视频播放结束），会将进度条尺寸重新设置为 0 像素，将按钮文件修改为"播放"，并且使用 clearInterval 取消循环。在这个例子中，status() 函数就会停止执行。

代码清单 5-8：这个函数会更新进度条

```
function status(){
  if(!mmedia.ended){
    var size=parseInt(mmedia.currentTime*maxim/mmedia.duration);
    progress.style.width=size+'px';
  }else{
    progress.style.width='0px';
    play.innerHTML='Play';
    window.clearInterval(loop);
  }
}
```

让我们详细分析一下进度条的计算方式。因为在视频播放过程中，函数 status() 每秒执行一次，所以当前播放时间会不停变化。这个以秒为单位的值是使用属性 currentTime 获得的。此外，还通过属性 duration 获得视频时长值，通过变量 maxim 获得进度条的最大尺寸。通过这三个值，就能够计算进度条的宽度（以像素为单位），用于表示已经播放的秒数。使用公式 current time × maximum / total duration，就可以将秒换算为进度条 <div> 的尺寸（以像素为单位）。

用于处理元素 play（按钮）click 事件的函数已经创建。现在，可以在进度条上实现相同的操作。

向 bar 元素添加了 click 事件监听器，用于检查用户设置的视频播放新位置。这个监听器使用 move() 函数处理所触发的事件。这个函数如代码清单 5-9 所示。它的第一行代码是条件判断语句 if，以及前面提到的几个函数，但是这里的目标是在视频播放时执行这个操作。如果属性 paused 和 ended 为 false，这意味着视频正在播放，然后代码就会执行。

代码清单 5-9：从用户选择的位置开始播放

```
function move(e){
  if(!mmedia.paused && !mmedia.ended){
    var mouseX=e.pageX-bar.offsetLeft;
    var newtime=mouseX*mmedia.duration/maxim;
    mmedia.currentTime=newtime;
    progress.style.width=mouseX+'px';
```

```
        }
    }
```

计算视频播放位置的时间计算需要几个步骤。我们必须确定 `click` 事件发生时鼠标的确切位置，即该位置与进度条开始位置的距离（以像素为单位），以及距离所表示的时间线秒数。

在注册事件处理程序（侦听器）的过程中——例如，`addEventListener()`，一定要使用事件的引用。这个引用会作为参数传递给处理函数。传统上，使用变量 e 保存这个值。代码清单 5-9 的函数就使这个变量和属性 `pageX`，以获取鼠标在该事件发生时的确切位置。`pageX` 返回的值是相对于页面的位置，而非进度条或窗口位置。为了确定进度条开始位置与鼠标单击位置的距离，必须将相对页面左边的距离减去进度条的开始位置。记住，进度条位于屏幕中居中显示的框之内。那么，假设进度条位于离页面左边 421 像素的位置，而单击位置为进度条中间位置。由于进度条长度为 600 像素，因此单击位置为 300 像素。然而，属性 `pageX` 不等于 300；它的值是 721。为了获得单击时进度条的确切位置，我们必须将相对页面左边的距离减去进度条的开始位置（在这个例子中是 421 像素）。这个距离可以使用属性 `offsetLeft` 获取。所以，使用公式 `e.pageX - bar.offsetLeft`，就可以计算出鼠标指针相对于进度条的确切位置。在这个例子中，最终的公式为：`721 - 421 = 300`。

在得到这个值后，必须将它转换为秒。通过使用属性 `duration`、鼠标在进度条的确切位置和进度条的最大尺寸，就可以通过公式 `mouseX × video.duration / maxim`，计算出最终结果，然后将它保存在变量 `newtime` 中。这个结果就是以秒为单位的时间，表示鼠标单击位置所对应的时间线。

现在，需要在新位置开始播放视频。前面提到的属性 `currentTime` 会返回视频已播放的时间，但是如果将它设置为新的值，就可以将视频播放位置调整到新的时间。使用变量 `newtime` 设置这个属性，就可以将视频播放进度移到相应的位置。

最后一步是修改 `progress` 元素的尺寸，使之反映在屏幕上显示的新位置。使用变量 `mouseX` 的值，就可以将元素尺寸修改为单击位置所表示的位置值。

视频播放器的代码已经基本完成，其中包括这个应用程序所需的全部事件、方法、属性和函数。最后一行代码是另一个必须监听的事件（见代码清单 5-10）：

代码清单 5-10：监听 load 事件

```
window.addEventListener('load', initiate, false);
```

可以使用旧标准的 `window.onload` 方法来注册事件处理程序；事实上，这也是兼容旧版本浏览器的最佳选择。然而，因为本书的内容是关于 HTML5 的，所以这里使用 HTML5 标准的 `addEventListener()`。

动手实践：将从代码清单 5-6 开始的全部 JavaScript 代码复制到 player.js 文件中。在浏览器中打开包含代码清单 5-4 所示模板的 `video.html` 文件，单击"播放"按钮。在不同的浏览器上试用这个应用程序。

5.3　视频格式

目前，在 Web 中不存在标准的视频和音频格式。现在有几种容器和解码器，但是没有一种得到广泛应用，而且浏览器供应商在短时间内也不会对此进行统一。

最常用的容器是 OGG、MP4、FLV 和 WEBM（Google 提出的新容器）。这些容器通常使用 Theora、H.264、VP6 和 VP8 等编解码器编码的视频。下面是它们的对应列表：

❑ OGG——Theora 视频解码器和 Vorbis 音频解码器。

❑ MP4——H.264 视频解码器和 AAC 音频解码器。

❑ FLV——VP6 视频解码器和 MP3 音频解码器。它还支持 H.264 和 AAC。

❑ WEBM——VP8 视频解码器和 Vorbis 音频解码器。

OGG 和 WEBM 使用免费的解码器，但是 MP4 和 FLV 则使用由专利保护的解码器，这意味着在应用程序中使用 MP4 和 FLV 需要支付专利费用。免费应用程序中也存在一些限制。

问题是，目前 Safari 和 Internet Explorer 不支持免费解码器。这两种浏览器都支持 MP4，而只有 Internet Explorer 最近宣布未来会增加 VP8 视频解码器支持（但是没有宣布音频解码计划）。下面的它们的对应列表：

❑ Firefox——Theora 视频解码器和 Vorbis 音频解码器。

❑ Google Chrome——Theora 视频解码器和 Vorbis 音频解码器。它还支持 H.264 视频解码器和 AAC 音频解码器。

❑ Opera——Theora 视频解码器和 Vorbis 音频解码器。

❑ Safari——H.264 视频解码器和 Vorbis 音频解码器。

❑ Internet Explorer——H.264 视频解码器和 AAC 音频解码器。

未来对于开始格式（如 WEBM）的支持会简化视频解码，但是这个标准格式在未来两三年内都不太可能出现，我们必须根据应用程序和业务的特点选择其他一些替代方法。

5.4　在 HTML5 中播放音频

在互联网中，音频不如视频流行。我们可以使用个人摄像机拍摄视频，然后上传到一些网站上（如 www.youtube.com），以此吸引大量的访问，但是想要通过一个音频文件实现相同的效果几乎是不可能的。然而，音频仍然存在，它在广播节目和网络播客方面存在一定的市场。

HTML5 提供了新的 HTML 文档音频播放元素。当然，这个元素就是 <audio>，而且它的特性与 <video> 元素几乎完全相同（见代码清单 5-11）。

代码清单 5-11：audio 元素的基本 HTML

```
<!DOCTYPE html>
<html lang="en">
<head>
  <title>Audio Player</title>
</head>
<body>
<section id="player">
  <audio src="http://minkbooks.com/content/beach.mp3" controls>
```

```
    </audio>
  </section>
  </body>
  </html>
```

<audio> 元素

<audio> 元素的工作方式与属性与 <video> 元素相同：

❑ src——这个属性用于指定所播放文件的 URL。与 <video> 元素一样，可以使用 <source> 元素替换这个属性，并指定浏览器支持的音频格式。

❑ controls——这个参数可以激活各个浏览器提供的默认界面。

❑ autoplay——当设置这个属性时，浏览器会在加载音频后自动播放音频。

❑ loop——当设置这个属性时，浏览器会反复播放该音频。

❑ preload——这个属性可以设置三个值：none、metadata 或 auto。第一个值表示不缓存视频，通常是为了减少不必要的流量。第二个值 metadata 推荐浏览器抓取一些资源信息，例如，尺寸。第三个值 auto 是默认值，要求浏览器尽可能快地下载音频。

同样，音频也涉及解码解码器问题。而且，代码清单 5-11 的代码应该已经足够，但是实际上并非如此。MP3 采用商业授权，因此 Firefox 或 Opera 等浏览器不支持这种格式。这些浏览器支持 Vorbis（OGG 容器中的音频解码器），但是 Safari 和 Internet Explorer 不支持。所以，必须使用 <source> 元素，为浏览器提供至少两种格式：

代码清单 5-12 的代码会在每个浏览器上通过默认控件播放音频。不支持 MP3 格式的浏览器会播放 OGG 文件，其他则相反。一定要注意，MP3（和 MP4 视频）采用商业授权，所以根据不同的授权要求，我们只能在一些特殊环境中使用。

代码清单 5-12：同一个音频的两种格式

```
<!DOCTYPE html>
<html lang="en">
<head>
  <title>Audio Player</title>
</head>
<body>
<section id="player">
  <audio id="media" controls>
    <source src="http://minkbooks.com/content/beach.mp3">
    <source src="http://minkbooks.com/content/beach.ogg">
  </audio>
</section>
</body>
</html>
```

免费音频解码器（如 Vorbis）的支持越来越广泛，但是一种新格式演变成一种标准，需要经过一定的时间。

5.5　编程实现音频播放器

媒体 API 支持视频和音频。视频所支持每一种事件、方法和属性，音频都有对应的支持。所以，只需要将模板中的 <video> 元素替换为 <audio> 元素，马上就可以获得一个音频播放器：

代码清单 5-13 的新模板只是增加了 <audio> 元素及其来源，其他的代码保持不变，包括外部文件。不需要修改其他内容；事件、方法和属性都保持不变。

代码清单 5-13：音频播放器模板

```
<!DOCTYPE html>
<html lang="en">
<head>
  <title>Audio Player</title>
  <link rel="stylesheet" href="player.css">
  <script src="player.js"></script>
</head>
<body>
<section id="player">
  <audio id="media">
    <source src="http://minkbooks.com/content/beach.mp3">
    <source src="http://minkbooks.com/content/beach.ogg">
  </audio>
  <nav>
    <div id="buttons">
      <button type="button" id="play">Play</button>
    </div>
    <div id="bar">
      <div id="progress"></div>
    </div>
    <div style="clear: both"></div>
  </nav>
</section>
</body>
</html>
```

动手实践：创建一个新文件 audio.html，将代码清单 5-13 的代码复制到文件中，然后在浏览器中打开该文件。使用之前创建的 player.css 和 player.js 文件，运行音频播放器。

5.6　快速参考——视频与音频

视频与音频是 Web 的重要组成部分。为了在 Web 应用程序中实现这些特性，HTML5 加入所需要的全部元素。

5.6.1　元素

HTML5 提供了两种处理媒体的 HTML 新元素，以及用于访问媒体库的 API。

<video>——这个元素可用于在 HTML 文档中插入视频文件。

<audio>——这个元素可用于在 HTML 文件中插入音频文件。

5.6.2 内嵌属性

标准还规定了 <video> 和 <audio> 元素的以下属性：

src——这个属性用于声明所嵌入媒体文件的 URL。在媒体元素中可以使用 <source> 元素，提供多个来源，由浏览器选择支持的音频格式。

controls——如果设置这个属性，它将激活默认媒体控件。每一个浏览器都会提供其特有性，如"播放"和"暂停"按钮或进度条。

autoplay——如果设置这个属性，它将提示浏览器在媒体准备好之后马上播放。

loop——这个属性可以使浏览器重复播放媒体文件。

preload——这个属性会提示浏览器应该执行什么操作。这个属性可以设置三个值：none、metadata 或 auto。第一个值 none 表示在用户请求浏览器下载之前，不主动下载文件。第二个值 metadata 指示浏览器只下载媒体的基本信息。第三个值 auto 要求浏览器尽快下载文件。

5.6.3 视频属性

<video> 元素有一些专用属性：

poster——这个属性可以设置视频播放之前显示的图像。

width——这个属性可用于设置视频显示宽度（以像素为单位）。

height——这个属性可用于设置视频显示高度（以像素为单位）。

5.6.4 事件

在这个 API 中，最常用的事件有：

progress——这个事件会重复触发，通知媒体的下载进度。

canplaythrough——当整个媒体可以不间断播放时，就会触发这个事件。

canplay——当媒体可以播放时，就会触发这个事件。与前一个事件不同，只有少量的帧就会触发这个事件。

ended——当媒体结束播放时，就会触发这个事件。

pause——当暂停播放时，就会触发这个事件。

play——当媒体开始播放时，就会触发这个事件。

error——当出现错误时，就会触发这个事件。这个事件会传递给与发生错误的媒体源相关联的 <source> 元素（如果有）。

5.6.5 方法

在这个 API 中，最常用的方法是：

play()——这个方法会播放或重新播放媒体文件。

pause()——这个方法会暂停媒体播放。

load()——这个方法会为应用程序动态加载媒体文件。

canPlayType(type)——这个方法可以测试浏览器是否支持某种文件格式。如果浏览器无法播放媒体，那么它会返回一个空字符串，否则它会返回字符串"maybe"或"probably"，分别表示浏览器支持媒体格式的可能性。

5.6.6 属性

在这个 API 中，最常用的属性有：

paused——如果媒体当前处于暂停状态，或者未开始播放，它会返回 true。

ended——如果媒体播放结束，它会返回 true。

duration——它会返回媒体文件的时长（以秒为单位）。

currentTime——这个属性会返回和接受一个的位置值，可以表示媒体的当前播放位置，或者开始播放的新位置。

error——它会在发生错误时返回错误值。

buffered——这个属性表示目前加载到缓冲区的文件大小。它可能返回一个数组，其中包含所下载媒体的各个部分。如果用户跳到未下载的媒体部分，浏览器就会从该位置开始下载媒体文件。数组的元素可以通过参数 end() 和 start() 进行访问。例如，代码 buffered.end(0) 会返回以秒为单位的时长值，表示在缓冲区中第一部分的媒体内容。

第 ⑥ 章
表单与表单 API

6.1 HTML 网页表单

Web 2.0 主要关注于用户。当以用户为中心考虑问题时，关键又在于界面——如何使之更加直观、自然、实用和美观。表单又是其中最重要的界面；它们允许用户插入数据、创建决策、交流信息和改变应用程序的行为。过去几年出现了许多用于处理用户计算机中表单的自定义代码和库。HTML5 将这些特性标准化，提供了新的属性、元素和完整的 API。现在，浏览器整合并标准化了实时处理信息的功能。

6.1.1 <form> 元素

表单并没有太大的改动。其结构仍然保持不变，但是 HTML5 已经增加了新的元素、输入类型和属性，并且可以根据需要进行扩展，实现当前 Web 应用程序的特性。

代码清单 6-1 创建了一个基本的表单模板。如代码所示，表单及属性的结构与前一个版本没有变化。然而，现在 <form> 元素可以使用一些新属性：

代码清单 6-1：一种常规表单结构

```
<!DOCTYPE html>
<html lang="en">
<head>
  <title>Forms</title>
</head>
<body>
  <section id="form">
    <form name="myform" id="myform" method="get">
      <input type="text" name="name" id="name">
      <input type="submit" value="Send">
    </form>
  </section>
</body>
</html>
```

autocomplete——这是一个旧属性，现在已经添加到标准中。这个属性可以添加两个值：on 和 off。它的默认值是 on。如果设置为 off，表单所包含的 <input> 元素就会禁用 autocomplete 特性，不会显示作为可选值的文字。<form> 元素或其他独立的 <input> 元素都支持这个属性。

novalidate——在 HTML5 中，表单的主要特性之一是内置了验证功能。表单会自动验证。如果不想要这个行为，可以使用属性 novalidate。这两个属性都是布尔类型；可以不指定具体值。

6.1.2 <input> 元素

表单中一个最重要的元素是 <input>。使用属性 type，可以改变元素的性质。这个属性可以决定用户的输入类型。元素支持的类型包括多用途的 text 和其他一些专用类型，如 password 或 submit。HTML5 扩大了选择范围，从而增强了元素的功能。

在 HTML5 中，这些新类型不仅规定了输入类型，还规定了浏览器对所接收信息的处理方式。浏览器会根据 type 属性值对输入数据进行处理，并且对它进行有效性验证。

type 属性与其他属性一起，可以帮助浏览器实时限制和控制用户输入。

动手实践：使用代码清单 6-1 的模板，创建一个新的 HTML 文件。将模板中的元素替换为想要测试的任意元素，然后在浏览器中打开该文件，就可以检查各个新输入类型的效果。目前，输入类型的处理方式各不相同，所以我们建议在所有浏览器中测试代码的显示效果。

6.1.3 电子邮件类型

现在，几乎每一个表单都会使用输入域接收电子邮件地址。但是，目前唯一支持这种数据的输入类型是 text。类型 text 表示一般文字，而非特殊数据，所以必须使用 JavaScript 控制输入数据，确认所插入内容是一个有效的电子邮件地址。现在，由于有了新的 email 类型，浏览器会负责进行这些处理：

浏览器会检查在代码清单 6-2 所示代码的域中插入的文字，验证其是否为合法的电子邮件地址。如果验证失败，表单就不会发送。

代码清单 6-2：<code>email</code> 类型

```
<input type="email" name="myemail" id="myemail">
```

各种浏览器有不同的无效输入响应方式，HTML5 标准没有规定统一的无效输入处理方式。例如，在表示错误信息时，有一些浏览器会在 <input> 元素周围显示红色框，另一些浏览器则显示蓝色框。有一些方法可以定制错误响应方式，我们将在后面对此进行介绍。

6.1.4 搜索类型

search 类型不能控制输入；它的作用是指示浏览器（见代码清单 6-3）。有一些浏览器会修改元素的默认设计，向用户提示域的用途。

代码清单 6-3：`search` 类型

```
<input type="search" name="mysearch" id="mysearch">
```

6.1.5　URL 类型

这种类型的作用与 email 完全相同，但是主要针对网址。它只接受绝对 URL，如果输入无效 URL，它会显示错误信息（见代码清单 6-4）。

代码清单 6-4：`url` 类型

```
<input type="url" name="myurl" id="myurl">
```

6.1.6　电话号码类型

这种类型主要针对电话号码。与 email 和 url 类型不同，tel 类型没有规定特殊的语法。它的作用是指示浏览器，该应用程序需要根据不同的设备进行调整（见代码清单 6-5）。

代码清单 6-5：`tel` 类型

```
<input type="tel" name="myphone" id="myphone">
```

6.1.7　数字类型

顾名思义，number 类型只能接受数字值（见代码清单 6-6）。这个域还可以使用其他一些新属性：

min——这个属性值决定了域所能接受的最小值。

max——这个属性值决定了域所能接受的最大值。

step——这个属性值决定了域所接受值递增或递减的步长。例如，如果步长设置为 5，最小值为 0，最大值为 10，那么浏览器就不允许输入 0 ~ 5 和 5 ~ 10 之间的值。

代码清单 6-6：number 类型

```
<input type="number" name="mynumber" id="mynumber" min="0" max="10" step="5">
```

不一定要同时设置 min 和 max 属性，step 的默认值是 1。

6.1.8　范围类型

这是一种新增域类型。顾名思义，这种新控件允许用户选择一个范围的数值。通常，它会显示为滑块或箭头，用于增大或缩小数值，但是现在还没有标准设计。

range 类型使用属性 min 和 max，设置范围的上限值和下限值（见代码清单 6-7）。此外，它可以设置属性 step，声明设置该值递增或递减的步长。

代码清单 6-7：<code>range</code> 类型

```
<input type="range" name="mynumbers" id="mynumbers" min=" 0"
max="10" step="5">
```

使用旧的 value 属性，可以设置元素的初始值；使用 JavaScript，可以在屏幕上显示数值。我们将在后面的内容中介绍这个元素及新的 <output> 元素。

6.1.9　日期类型

这是另一种产生新控件的类型。这个例子使用它创建一个更好的日期输入域。浏览器使用日历实现这个功能，用户可以单击域选择时间。用户可以选择日历中的一天，浏览器会将它与其他日期一同插入输入框中。例如，用户可以选择航班或门票的日期；在这个例子中，浏览器会自动为 date 类型创建日历控件，只需要在文档中插入 <input> 元素，就可以显示日期选择控件（见代码清单 6-8）。

代码清单 6-8：<code>date</code> 类型

```
<input type="date" name="mydate" id="mydate">
```

标准并没有规定它的界面设计。每一种浏览器都有不同的界面，并且有时候会根据应用程序所运行的设备不同而调整设计。通常，这个控件值的格式是：year-month-day。

6.1.10　周类型

这种类型提供一种与 date 类似的界面，但是只能够选择周。通常，这个控件值的格式是：2011-W50，其中 2011 是年份，50 是周数（见代码清单 6-9）。

代码清单 6-9：<code>week</code> 类型

```
<input type="week" name="myweek" id="myweek">
```

6.1.11　月份类型

这种类型与前一种类型相似，但是它只能选择一个月份。通常，这个控件值的语法是：year-month（见代码清单 6-10）。

代码清单 6-10：<code>month</code> 类型

```
<input type="month" name="mymonth" id="mymonth">
```

6.1.12　时间类型

time 类型与 date 类似，但是只能选择时间（见代码清单 6-11）。它的格式包括小时和分钟，但是其具体行为现在仍取决于不同浏览器的实现。通常，它的值格式为：hour:minutes:seconds，但是也可以是：hour:minutes。

代码清单 6-11：<code>time</code> 类型

```
<input type="time" name="mytime" id="mytime">
```

6.1.13 日期与时间类型

datetime 类型支持输入完整的日期和时间（见代码清单 6-12），其中还包括时区。

代码清单 6-12：<code>datetime</code> 类型

```
<input type="datetime" name="mydatetime" id="mydatetime">
```

6.1.14 本地日期与时间类型

datetime-local 类型是一种不带时区的 datetime 类型（见代码清单 6-13）。

代码清单 6-13：<code>datetime-local</code> 类型

```
<input type="datetime-local" name="mylocaldatetime"
id="mylocaldatetime">
```

6.1.15 颜色类型

除了日期和时间类型外，还有另一种类型具有预定义的颜色拾取界面（见代码清单 6-14）。通常，这个域的预期值是十六进制数，如 #00FF00。

代码清单 6-14：<code>color</code> 类型

```
<input type="color" name="mycolor" id="mycolor">
```

HTML5 没有规定标准的 color 界面，但是浏览器都会使用一组包含基本颜色的网格界面。

6.2 新属性

有一些输入类型要求使用特定的属性才能够达到显示效果——如前面提到的 min、max 和 step。其他输入类型则需要使用一些属性来改进其他性能，或者决定验证过程的重要性。前面已经介绍过一些属性——例如，使用 novalidate 可以禁用表单验证，使用 formnovalidate 可以禁用各个元素的验证。autocomplete 属性（前面也提到过）能够为整个表单或元素增加安全措施。现在，我们开始学习 HTML5 标准增加的其他属性。

6.2.1　placeholder 属性

placeholder 属性通常用于 search 输入类型，但是也可以用在文本域，它表示一个简短提示、单词或词汇，可用于帮助用户输入正确的内容。这个属性的价值是可以在浏览器域内部显示一些内容，如元素聚焦时显示的预览文字（见代码清单 6-15）。

代码清单 6-15：placeholder 属性

```
<input type="search" name="mysearch" id="mysearch"
placeholder="type your seach">
```

6.2.2　required 属性

这个属性可以设置布尔值，可以防止域为空时提交表单。例如，如果在表单中使用 email 类型接收电子邮件地址，浏览器就会检查电子邮件是否有效，但是即使该域为空也会进行验证。如果设置了 required 属性，那么该域必须输入值且符合所设置类型才有效（见代码清单 6-16）。

代码清单 6-16：将 email 输入框设置为必填域

```
<input type="email" name="myemail" id="myemail" required>
```

6.2.3　multiple 属性

multiple 属性也必须设置布尔值，可以用在一些输入类型中（例如，email 或 file），从而支持在同一个域中输入多个值。所插入的值必须用逗号分隔。

代码清单 6-17 的代码允许插入多个用逗号分隔的值，浏览器会验证各个值是否为有效的电子邮件地址。

代码清单 6-17：允许输入多个值的 email 输入框（用逗号分隔）

```
<input type="email" name="myemail" id="myemail" multiple>
```

6.2.4　autofocus 属性

以前，开发人员通常都使用 JavaScript 方法 focus() 来实现这个特性。这个方法非常有效，但是即使用户已经聚焦到其他元素，这个属性也会强制聚焦所选元素。这个行为存在问题，但是现在还无法避免。autofocus 属性会使网页强制聚焦到所选元素上（见代码清单 6-18），但是它会考虑目前的状态；如果用户已经在网页上聚焦到某个元素，那么它不会改变聚焦状态。

代码清单 6-18：在搜索域上设置 autofocus 属性

```
<input type="search" name="mysearch" id="mysearch" autofocus>
```

6.2.5 pattern 属性

pattern 属性的作用是实现元素验证。它支持使用正则表达式定制验证规则。前面已经提到，有一些输入类型能够验证一些特殊类型的字符串，但是有其他一些情况还无法验证，例如，验证由 5 个数字组成的邮政编码。因为目前不存在这种输入类型。pattern 属性支持创建自定义检查规则（见代码清单 6-19）。此外，使用 title 属性，可以定制错误消息。

代码清单 6-19：使用 pattern 属性定制特殊类型

```
<input pattern=" [0-9]{5}" name="pcode" id="pcode" title=" insert
the 5 numbers of your postal code" >
```

重要提示：正则表达式是一个复杂功能。如果想要学习更多关于正则表达式的信息，请访问我们网站上与本章相关的链接。

6.2.6 form 属性

form 属性是一个实用的附加功能，它可用于在 <form> 标签之外声明表单元素（见代码清单 6-20）。目前，我们必须使用开始和结束标签 <form> 才能够创建表单，然后在标签之间声明各个表单元素。HTML5 支持在文档的任意位置插入元素，然后使用 form 属性通过名称引用表单：

代码清单 6-20：在任意位置声明表单

```
<!DOCTYPE html>
<html lang="en">
<head>
  <title>Forms</title>
</head>
<body>
  <nav>
    <input type="search" name="mysearch" id="mysearch" form="myform">
  </nav>
  <section id="form">
    <form name="myform" id="myform" method="get">
      <input type="text" name="name" id="name">
      <input type="submit" value="Send">
    </form>
  </section>
</body>
</html>
```

6.3 新的表单元素

我们已经介绍了 HTML5 的新输入类型，所以现在可始学习用于改进或扩展表单功能的新 HTML 元素。

6.3.1   <datalist> 元素

<datalist> 元素是一个表单特有的元素，它可以使用 list 属性预创建一组列表项，后面可以作为输入框的输入提示（见代码清单 6-21）。

代码清单 6-21：创建列表

```
<datalist id="mydata">
  <option value="123123123" label="Phone 1">
  <option value="456456456" label="Phone 2">
</datalist>
```

在声明 <datalist> 之后，就可以在 <input> 元素之中使用 list 属性引用列表项。代码清单 6-22 的元素显示了可供用户选择的可选值。

代码清单 6-22：使用 list 属性设置一组值

```
<input type="tel" name="myphone" id="myphone" list="mydata">
```

重要提示：目前只有 Opera 和 Firefox Beta 实现了 <datalist> 元素。

6.3.2   <progress> 元素

这是一个表单特有的元素，但是由于它表示一个任务的完成进度，而且通常这些任务都在表单中启动和处理，因此它可以添加到表单元素组中。

<progress> 元素使用两个属性设置其状态和限制。value 属性表示任务执行的进度，max 声明任务完成后达到的值。

6.3.3   <meter> 元素

与 <progress> 类似，<meter> 元素可用于显示刻度，而非进度。它可用于表示一个已知范围——例如，带宽使用。

<meter> 元素有一些相关属性：min 和 max 可用于设置范围边界，value 可用于确定测量的值，而 low、high 和 optimum 可用于将范围划分为不同的部分和设置最佳位置。

6.3.4   <output> 元素

这个元素表示计算结果。通常，它可用于显示表单元素处理的结果值。使用 for 属性可以将 <output> 与参与计算的源元素相关联，但是这个元素通常是在 JavaScript 代码中引用和修改。这个元素的语法是：<output>value</output>。

6.4   表单 API

和 HTML5 的其他方面一样，表单也有一些 JavaScript API，可用于定制表单处理和验证操作。

HTML5 有一些不同的验证方法。我们使用默认需要验证的输入类型（例如，email），或者使用 required 属性将常规 text 类型转换为要求验证的域。此外，使用一些特殊类型（如，pattern），就可以定制验证要求。然而，在一些更复杂的验证机制中（例如，组合域或检查计算结果），必须使用这个 API 所提供的新资源。

6.4.1   setCustomValidity()

如果用户提交一个包含无效域的表单，支持 HTML5 的浏览器就会显示一条错误消息。使用 setCustomValidity(message) 方法，可以定制验证消息。

通过这个方法，就可以在表单提交时显示自定义错误消息。如果提供的是空消息，错误消息就会被清除。

代码清单 6-23 的代码表示一种复杂的验证。代码创建了两个输入框，分别接收用户的姓和名。然而，只有两个域均为空时，表单才是无效的。用户必须填写姓或名，才能够使表单通过验证。

代码清单 6-23：设置自定义错误

```
<!DOCTYPE html>
<html lang="en">
<head>
  <title>Forms</title>
  <script>
    function initiate(){
      name1=document.getElementById("firstname");
      name2=document.getElementById("lastname");
      name1.addEventListener("input", validation, false);
      name2.addEventListener("input", validation, false);
      validation();
    }
    function validation(){
      if(name1.value=='' && name2.value==''){
        name1.setCustomValidity('insert at least one name');
        name1.style.background='#FFDDDD';
      }else{
        name1.setCustomValidity('');
        name1.style.background='#FFFFFF';
      }
    }
    window.addEventListener("load", initiate, false);
  </script>
</head>
<body>
  <section id="form">
    <form name="registration" method="get">
      First Name:
      <input type="text" name="firstname" id="firstname">
      Last Name:
      <input type="text" name="lastname" id="lastname">
      <input type="submit" id="send" value="sign up">
```

```
    </form>
  </section>
</body>
</html>
```

这个例子不能使用 required 属性，因为用户选择输入的数据类型并不确定。只要使用 JavaScript 代码和自定制错误，就能够创建适合这种需要的有效验证机制。

代码会在 load 事件触发时执行。initiate() 函数是事件处理函数。这个函数创建两个 <input> 元素引用，在两个元素上添加 input 事件监听器。这些监听器会在用户输入数据时执行 validation() 函数。

因为在文档加载时，<input> 元素为空，所以必须设置无效条件，防止用户在未输入姓名之前提交表单。因此，必须在一开始就调用 validation() 函数，以检查这个条件。如果姓和名都是空字符串，那么错误就会显示，并且 firstname 的背景颜色会变成浅红色。然而，如果后来输入了姓或名，这个条件变成非 true，那么错误信息会消失，firstname 的背景会就会从黑色变成白色。

一定要记住，在这个过程中，唯一的变化是背景颜色。只有在用户提交表单时，使用 setCustomValidity() 声明的错误消息才会显示。

动手实践：为了测试显示效果，需要在文档中添加 JavaScript 代码。因此，将代码清单 6-23 的代码复制到一个空 HTML 文件，然后在浏览器上打开这个文件，就可以测试例子的显示效果。

重要提示：目前，表单 API 仍然在开发中，所以按照本书撰写时这个技术的应用范围，你很可能需要执行多人测试，才能检查本章的代码，确认它们能够在所有浏览器上正常显示。

6.4.2 无效事件

每当用户提交表单时，如果检测到无效域，就会触发一个事件。这个事件就是 invalid，它主要关注发生错误的元素。注册一个事件处理程序，定制响应方式，如代码清单 6-24 所示：

代码清单 6-24：定制的验证系统

```
<!DOCTYPE html>
<html lang="en">
<head>
  <title>Forms</title>
  <script>
    function initiate(){
      age=document.getElementById("myage");
      age.addEventListener("change", changerange, false);

      document.information.addEventListener("invalid", validation, true);
      document.getElementById("send").addEventListener("click", sendit, false);
    }
```

```
    function changerange(){
      var output=document.getElementById("range");
      var calc=age.value-20;
      if(calc<20){
        calc=0;
        age.value=20;
      }
      output.innerHTML=calc+' to '+age.value;
    }
    function validation(e){
      var elem=e.target;
      elem.style.background='#FFDDDD';
    }
    function sendit(){
      var valid=document.information.checkValidity();
      if(valid){
        document.information.submit();
      }
    }
    window.addEventListener("load", initiate, false);
  </script>
</head>
<body>
  <section id="form">
    <form name="information" method="get">
      Nickname:
      <input pattern="[A-Za-z]{3,}" name="nickname" id="nickname"
maxlength="10" required>
      Email:
      <input type="email" name="myemail" id="myemail" required>
      Age Range:
      <input type="range" name="myage" id="myage" min="0"
max="80" step="20" value="20">
      <output id="range">0 to 20</output>
      <input type="button" id="send" value="sign up">
    </form>
  </section>
</body>
</html>
```

代码清单 6-24 创建了一个新表单，其中包括一个输入域，分别用于填写昵称、电子邮件和年龄范围（20 岁以内）。

nickname 输入拥有三个验证属性：pattern 属性规定只接受由 3 个以上 A ～ Z（大小写）字母组成的字符串，maxlength 属性规定最大输入字符个数为 10 个，required 属性则要求此域不能为空。email 输入元素会根据本身类型和 required 属性对内容进行限制。range 输入元素使用 min、max、step 和 value 属性，设置范围的条件。

我们还声明了一个 <output> 元素，用于在屏幕上显示所选范围，以供参考。

JavaScript 对于表单的操作很简单：当用户单击"提交"按钮时，每一个无效域都会触发invalid 事件，validation() 函数会将这些域的背景颜色修改为浅红色。

让我们进一步分析。当文档完全加载之后，一般的 load 事件就会触发，然后这段代码就会开始执行。执行 initiate() 函数，添加三个事件监听器：change、invalid 和 click。

每当表单元素发生变化时，该元素就会触发 change 事件。在 change 输入元素上捕捉这个事件，然后在事件触发时调用 changerange() 函数。所以，当用户移动控件滑块修改年龄值时，changerange() 函数就会计算新的值。这个元素接受的输入是 20 年间隔的数字——例如，0～20 或 20～40。然而，输入只返回一个值，如 20、40、60 或 80。为了计算开始值，必须使用公式 age.value - 20，将当前范围值减去 20，最后将结果保存到 calc 变量中。允许输入的最小周期为 0～20；因此代码使用 if 条件判断语句检查条件，不允许输入更小的周期（具体见 changerange() 函数）。

initiate() 函数添加的第二个监听器旨在处理 invalid 事件。当事件触发时，它会调用 validation() 函数，修改无效域的背景颜色。记住，当单击"提交"按钮时，无效输入元素就会触发这个事件。这个事件不会引用表单或"提交"按钮，但是会引用发生的输入元素。validation() 函数使用变量 e 和属性 target 捕捉引用，并将它保存到变量 elem 中。因此，e.target 会返回无效输入的引用。validation() 函数的后续代码修改了元素的背景颜色。

在 initiate() 函数中，还有另一个监听器。为了完全控制表单的提交和验证时间，创建一个普通按钮，而非提交（submit）按钮。当单击该按钮时，只有所有元素都验证为有效时，表单才会提交。initiate() 函数在元素上添加的 click 事件监听器会在按钮单击时执行 sendit() 函数。

在这个文档中，使用 JavaScript 代码控制整个验证过程，定制元素及浏览器的各种行为。

6.4.3 实时验证

在浏览器中打开包含代码清单 6-24 中模板的文件，该页面并不支持实时验证。只有单击"提交"按钮时，才会验证这些域。为了增加定制验证过程的实用性，可以使用 ValidityState 对象的几个属性。

在代码清单 6-25 中，向表单新增加了一个 input 事件监听器。每当用户修改一个域时，即填写或修改表单内容，代码就会执行 checkval() 函数处理这个事件。

代码清单 6-25：实时检查验证

```
<!DOCTYPE html>
<html lang="en">
<head>
  <title>Forms</title>
  <script>
    function initiate(){
      age=document.getElementById("myage");
      age.addEventListener("change", changerange, false);

      document.information.addEventListener("invalid", validation, true);
      document.getElementById("send").addEventListener("click", sendit, false);
      document.information.addEventListener("input", checkval, false);
    }
```

```
    function changerange(){
      var output=document.getElementById("range");
      var calc=age.value-20;
      if(calc<20){
        calc=0;
        age.value=20;
      }
      output.innerHTML=calc+' to '+age.value;
    }
    function validation(e){
      var elem=e.target;
      elem.style.background='#FFDDDD';
    }
    function sendit(){
      var valid=document.information.checkValidity();
      if(valid){
        document.information.submit();
      }
    }
    function checkval(e){
      var elem=e.target;
      if(elem.validity.valid){
        elem.style.background='#FFFFFF';
      }else{
        elem.style.background='#FFDDDD';
      }
    }
    window.addEventListener("load", initiate, false);
  </script>
</head>
<body>
  <section id="form">
    <form name="information" method="get">
      Nickname:
      <input pattern="[A-Za-z]{3,}" name="nickname" id="nickname"
maxlength="10" required>
      Email:
      <input type="email" name="myemail" id="myemail" required>
      Age Range:
      <input type="range" name="myage" id="myage" min="0"
max="80" step="20" value="20">
      <output id="range">0 to 20</output>
      <input type="button" id="send" value="sign up">
    </form>
  </section>
</body>
</html>
```

checkval() 函数还会使用 target 属性创建触发事件的元素引用。它会通过在 elem.validity.valid 结构中检查 validity 属性的 valid 状态，以此控制它的有效性。

如果元素有效，那么 valid 状态就是 true；否则就是 false。使用这些信息，就可以改变触发 input 事件的元素背景颜色。有效状态的颜色是白色，无效状态颜色为浅红色。

通过这种简单的修改，现在每当用户修改表单中任意元素的值，元素就会进行验证，其状态会实时显示在屏幕上。

6.4.4 有效性约束

代码清单 6-25 对表单的 valid 状态进行了检查。这个特殊状态是 ValidityState 对象的一个属性，它会返回元素的有效性状态值。如果所有条件都有效，那么 valid 属性会返回 true。在不同的条件下，一共可能出现以下 8 种有效状态：

valueMissing——如果设置了 required 属性，而且输入域为空，那么这个状态就是 true。

typeMismatch——如果输入语法不符合指定的类型，那么这个状态就是 true——例如，email 类型输入元素的内容不是电子邮件地址。

patternMismatch——如果输入内容与所设置模式不匹配，那么这个状态就是 true。

tooLong——如果声明了 maxlength 属性，并且输入内容在属性指定的长度范围内，那么这个状态就是 true。

rangeUnderflow——如果声明了 min 属性，并且输入内容小于属性指定值，那么这个状态就是 true。

rangeOverflow——如果声明了 max 属性，并且输入内容高于属性指定值，那么这个状态就是 true。

stepMismatch——如果声明了 step 属性，并且输入值与 min、max 和 value 等属性值不匹配，那么这个状态就是 true。

customError——如果设置了自定义错误，那么这个状态就是 true——例如，使用前面介绍的 setCustomValidity() 方法。

要检查这些有效性状态，必须使用语法 element.validity.status（其中 status 是前面所列值之一）。通过使用这些值，就可以确切地知道表单发生错误的原因，如下例所示：

在代码清单 6-26 中，sendit() 函数增加了这种控制。checkValidity() 方法会验证表单，如果表单有效，那么就使用 submit() 提交表单。否则，在检查 nickname 输入域的有效性状态 patternMismatch 和 valueMissing 时，如果这两个状态之一返回 true，则显示错误消息。

代码清单 6-26：使用有效性状态显示自定义错误消息

```
function sendit(){
  var elem=document.getElementById("nickname");
  var valid=document.information.checkValidity();
  if(valid){
    document.information.submit();
  }else if(elem.validity.patternMismatch ||
elem.validity.valueMissing){
    alert('nickname must have a minimum of 3 characters');
  }
}
```

动手实践：将代码清单 6-25 中模板的 `sendit()` 函数替换为代码清单 6-26 的新函数，然后在浏览器中打开这个 HTML 文件。

6.4.5 willValidate

在动态应用程序中，很可能有一些元素不需要进行验证。例如，按钮、隐藏域或 `<output>` 元素。使用 `willValidate` 属性或语法 `element.willValidate`，就可以检查这种情况。

6.5 快速参考——表单与表单 API

表单是用户与 Web 应用程序的主要通信手段。HTML5 增加了一些新类型的 `<input>` 元素、一套验证和处理表单的 API，以及一些改进界面设计的属性。

6.5.1 类型

HTML5 引入的新输入类型拥有一些用于验证的隐式条件。另外，还有其他一些仅仅用于帮助浏览器显示表单的元素。

email——这种输入类型可以验证输入内容是否为有效的电子邮件地址。

search——这种输入类型可用于向浏览器说明域的用途，以帮助显示表单。

url——这种输入类型可以验证输入内容是否为网址。

tel——这种输入类型可用于向浏览器说明域（电话号码）的用途，以帮助显示表单。

number——这种输入类型可以验证输入内容是否为数字。它可以与其他属性组合使用（如 `min`、`max` 和 `step`），以限制有效数字的范围。

range——这种输入类型会生成一个插入数字的滑块控件。`min`、`max` 和 `step` 属性可以限定输入值范围。`value` 属性则设置元素的初始值。

date——这种输入类型会验证输入内容是否为 `year-month-day` 格式的日期。

month——这种输入类型会验证输入内容是否为 `year-month` 格式的日期。

week——这种输入类型会验证输入内容是否为 `year-week` 格式的日期，其中第二个值用 W 字母与周数表示。

time——这种输入类型会验证输入内容是否为 `hour:minutes:seconds` 格式的时间。它也支持其他的格式，如 `hour:minutes`。

datetime——这种输入类型会验证输入内容是否为完整的日期和时间，其中包括时区。

datetime-local——这种输入类型会验证输入内容是否为完整的日期和时间，但是不包括时区。

color——这种输入类型会验证输入内容是否为表示颜色的字符串。

6.5.2 属性

HTML5 还增加了一些新属性，以实现新的表单特性和验证控制。

autocomplete——这个属性规定是否将插入的值保存，以便将来引用。它可以接受两个值：on 和 off。

autofocus——这个属性接受布尔值，作用是在页面加载时聚集元素。

novalidate——这个属性仅适用于 <form> 元素。它只接受布尔值，规定是否对表单进行验证。

formnovalidate——这个属性仅适用于单个表单元素。它只接受布尔值，规定是否对元素进行验证。

placeholder——这个属性会在用户输入显示提示信息。它可以接受一个单词或短语，在元素未聚焦时显示在输入框内。

required——这个属性表示元素必须进行验证。它只接受布尔值，规定只有在输入域内容之后才能够提交表单。

pattern——这个属性可以指定一个正则表达式，判断所输入值是否有效。

multiple——这个属性可以输入布尔值，允许在同一个域中输入多个值。例如，多个邮件账号可以用逗号隔开。

form——这个属性可以在元素上关联一个表单。所设置值必须是表单的 id 属性值。

list——这个属性会给元素关联一个 <datalist> 元素，为这个域显示一组可用值。所提供的值必须设置 <datalist> 元素的 id 属性。

6.5.3 元素

HTML5 还支持一些用于改进和扩展表单的新元素。

<datalist>——这个元素可以提供一组预定义选择，后者会显示在 <input> 元素中作为可选值。列表由 <option> 元素构成，每一个选项都通过 value 和 label 属性声明。属性列表与设置 list 属性的 <input> 元素相关联。

<progress>——这个元素表示任务的进度——例如，下载。

<meter>——这个元素表示一种度量，如带宽使用。

<output>——这个元素表示动态应用程序的输出。

6.5.4 方法

HTML5 包括了一些表单专用的 API，它们支持一些新的方法、事件和属性。下面是其中一些方法：

setCustomValidity(message)——这个方法可用于声明错误，并提供自定义验证过程的错误消息。如果要清除错误，必须调用该方法，并作为属性传入一个空字符串。

checkValidity()——这个方法强制要求在脚本中进行验证。它能够在不提交表单的前提下激活浏览器支持的验证过程。如果元素是有效的，这个方法会返回 true。

6.5.5 事件

这个 API 增加了以下一些事件：

invalid——当在验证过程中发现无效元素时，就会触发这个事件。

forminput——当用户在表单中输入信息时，就会触发这个事件。

formchange——当表单发生变化时，就会触发这个事件。

6.5.6 状态

表单 API 提供了一组状态检查方法，可用于实现自定义验证过程。

valid——这是一个普通有效性状态。如果其他状态都是 true，那么它会返回 true，这意味着元素都是有效的。

valueMissing——如果元素设置了 required 属性，并且该域为空，那么这个状态就是 true。

typeMismatch——如果输入不符合类型要求的内容——例如，电子邮件或 URL，那么这个状态就是 true。

patternMismatch——如果输入内容不符合 pattern 属性指定的正则表达式，那么这个状态就是 true。

tooLong——如果输入内容长度大于 maxlength 属性指定的值，那么这个状态就是 true。

rangeUnderflow——如果输入内容小于 min 属性声明的值，那么这个状态就是 true。

rangeOverflow——如果输入内容大于 max 属性声明的值，那么这个状态就是 true。

stepMismatch——如果 step 属性声明的值与 min、max 和 value 属性值不一致，那么这个状态就是 true。

customError——如果元素设置了自定义错误，那么这个状态就是 true。

第 ⑦ 章

Canvas API

7.1 准备 Canvas

这是 HTML5 中最强大的特性之一。它允许开发者使用动态和交互式可视化方法在 Web 上实现桌面应用程序的功能。

本书开篇介绍了 HTML5 如何替换以前的插件，例如 Flash 或 Java Applet。在 Web 上消除第三方技术，需要考虑两个重要方面：视频处理和图形应用。<video> 元素和媒体 API 能够很好地解决第一个方面，但是它们无法处理图形绘制需求。Canvas API 可以解决图形绘制需求，并且非常高效。使用 Canvas，可以绘图、渲染图形、创建动画和处理图像与文字，而且它还能够与标准的其他特性相结合，创建完整的应用程序，甚至是 2D 和 3D Web 游戏。

7.1.1 <canvas> 元素

这个元素会在网页上创建一个空白矩形区域，然后通过 API 操作这个区域。它只是形成一个白色区域，与空白的 <div> 元素相似，但是用途完全不同。

这个元素只需要设置少量的属性，如代码清单 7-1 所示。使用 width 和 height 属性，可以声明框的尺寸；这些属性非常重要，因为元素上渲染的所有内容都会参考这些值。设置 id 属性，就可以在 JavaScript 代码中访问这个元素。

代码清单 7-1：<canvas> 元素的语法

```
<!DOCTYPE html>
<html lang="en">
<head>
  <title>Canvas API</title>
  <script src="canvas.js"></script>
</head>
<body>
  <section id="canvasbox">
    <canvas id="canvas" width="500" height="300">
      Your browser doesn't support the canvas element
    </canvas>
  </section>
</body>
</html>
```

这就是 <canvas> 元素的基本作用：它只是在屏幕上创建空白框。只需要编写 JavaScript 代码，使用 API 增加的新方法和属性，就可以实现一些实用功能。

重要提示：考虑到兼容性，在不支持 Canvas API 的浏览器上，<canvas> 标签之间的内容会显示在界面上。

7.1.2　getContext()

在使用 <canvas> 元素时，第一个要调用的方法是 getContext()。它会返回画布的绘图上下文。通过这个引用，就能够使用其他 API。

在代码清单 7-2 中，<canvas> 元素的引用保存在 elem 变量中，getContext('2d') 则创建所需要的上下文。这个方法可以接受两个值：2d 和 3d。当然，分别代表 2 维和 3 维环境。目前，HTML5 只支持 2d，但是画布的 3 维支持正在加紧开发中。

代码清单 7-2：创建画布的绘图上下文

```
function initiate(){
  var elem=document.getElementById('canvas');
  canvas=elem.getContext('2d');
}
window.addEventListener("load", initiate, false);
```

画布绘图上下文由从上到下、从左到右的像素网格组成，其原点（像素（0,0））位于正方形的左上角。

动手实践：将代码清单 7-1 的 HTML 文档复制到一个空白文件中。另外，创建一个文件 canvas.js，将代码清单 7-2 的全部代码复制这个文件中。本章介绍的所有代码都是独立的，可以替代前一个代码清单。

基础知识回顾：如果在函数内声明一个变量（不使用 var 关键字），那么它就是全局变量。这意味着，其他位置的代码也可以访问这个变量，包括其他函数内部。在代码清单 7-2 的代码中，canvas 就是全局变量，因此在任何位置都可以访问画布上下文。

7.2　在 Canvas 上绘图

在 <canvas> 元素及其内容准备好之后，就可以开始创建和绘制实际的图形了。这个 API 所提供的工具集非常广泛，包括简单的形状和绘图方法，以及文字、阴影或复杂的图形变换。下面将对此一一进行介绍。

7.2.1　绘制矩形

通常，开发者必须先准备需要绘制的图形，然后再将它发送到上下文中（稍后介绍），但是有一些方法支持直接在画布上绘图。这些方法专门用于绘制矩形形状，它们是唯一能够生成基础形状的方法（要想绘制其他形状，必须组合使用各种绘图方法和复杂路径）。这些方法包括：

fillRect(x, y, width, height)——这个方法可以绘制实心矩形。x 和 y 属性指定矩形的左上角位置。width 和 height 声明其尺寸。

strokeRect(x, y, width, height)——与前一个方法类似，这个方法要以绘制空心矩形——换而言之，只有矩形轮廓。

clearRect(x, y, width, height)——这个方法可用于清除属性所指定区域的像素。其作用类似于矩形擦除器。

代码清单 7-3 的作用与代码清单 7-2 相同，但是使用了一些新方法，在画布上真正绘制一些图形。在代码中，把画布上下文赋予变量 canvas，然后再使用这个变量引用各个方法。

代码清单 7-3：绘制矩形

```
function initiate(){
  var elem=document.getElementById('canvas');
  canvas=elem.getContext('2d');

  canvas.strokeRect(100,100,120,120);
  canvas.fillRect(110,110,100,100);
  canvas.clearRect(120,120,80,80);
}
window.addEventListener("load", initiate, false);
```

第一个方法 strokeRect(100,100,120,120) 以位置（100,100）为左上角，绘制一个尺寸为 120 像素（120 像素的正方形）的空心矩形。第二个方法 fillRect(110,110, 100,100) 绘制了一个实心矩形，其左上角位置在画布的（110,110）位置。最后一个方法 clearRect(120,120,80,80) 在前面创建的矩形上擦去 80 像素的正方形区域。

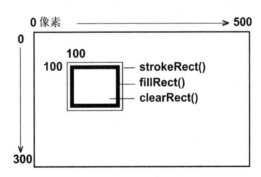

图 7-1 代码清单 7-3 所示代码绘制的矩形及画布示意图

图 7-1 仅仅表示代码清单 7-3 代码执行之后的结果。<canvas> 元素按网格显示，其原点位于左上角，尺寸由属性指定。画布上绘制的矩形位置由属性 x 和 y 指定，并且按照代码执行顺序依次绘制（代码中先出现的矩形先绘制，后出现的后绘制，依次类推）。有一个方法可以定制图形绘制方法，后面将对此进行介绍。

7.2.2 颜色

到目前为止，所有例子都使用默认颜色设置：纯黑色。可以使用 CSS 语法和以下属性指定

绘图颜色:

strokeStyle——声明形状线条的颜色。

fillStyle——声明形状内部区域的颜色。

globalAlpha——这不是颜色属性,而是透明度属性。它可以设置画布上绘制的所有图形的透明度。

代码清单 7-4 所指定的颜色值是十六进制格式。也可以使用 rgb() 等函数,或者使用 rgba() 函数指定形状的透明度。这些函数的值必须添加双引号——例如,strokeStyle="rgba (255,165,0,1)"。

代码清单 7-4:添加颜色

```
function initiate(){
  var elem=document.getElementById('canvas');
  canvas=elem.getContext('2d');

  canvas.fillStyle="#000099";
  canvas.strokeStyle="#990000";

  canvas.strokeRect(100,100,120,120);
  canvas.fillRect(110,110,100,100);
  canvas.clearRect(120,120,80,80);
}
window.addEventListener("load", initiate, false);
```

如果使用这些方法指定颜色值,那么指定的颜色会成为后续绘图的默认颜色。

虽然可以使用 rgba() 函数,但是有另一个属性可用于设置透明度级别:globalAlpha。它的语法是:globalAlpha=value,其中 value 是 0.0(完全不透明)~ 1.0(完全透明)之间的数值。

7.2.3   渐变

渐变是现代绘图程序的一个重要特性,Canvas 也不例外。与 CSS3 一样,Canvas 支持的渐变效果包括线性渐变或射线渐变,并且支持设置颜色转折点。

createLinearGradient(x1, y1, x2, y2)——这个函数可以在画布上创建一个渐变对象。

createRadialGradient(x1, y1, r1, x2, y2, r2)——这个函数使用两个圆形在画布上创建一个渐变对象。这些值表示每个圆的圆心与半径的位置。

addColorStop(position, color)——这个函数可以指定渐变颜色值。position 值在 0.0 ~ 1.0 之间,颜色退化效果始于 color 指定的颜色值。

代码清单 7-5 创建一个从(0,0)到(10,100)的渐变对象,并且稍微向左倾斜。addColorStop() 方法负责设置颜色,最后在 fillStyle 属性上应用渐变效果,方式与常规颜色一样。

代码清单 7-5：在画布上创建线性渐变效果

```
function initiate(){
  var elem=document.getElementById('canvas');
  canvas=elem.getContext('2d');
  var grad=canvas.createLinearGradient(0,0,10,100);
  grad.addColorStop(0.5, '#0000FF');
  grad.addColorStop(1, '#000000');
  canvas.fillStyle=grad;

  canvas.fillRect(10,10,100,100);
  canvas.fillRect(150,10,200,100);
}
window.addEventListener("load", initiate, false);
```

注意，渐变位置是相对于画布而定，而非相对于所绘制的图形。结果是，如果将代码末尾的矩形移到屏幕的新位置，那么这些矩形的渐变效果就会发生变化。

动手实践：放射渐变与 CSS3 类似。使用表达式 createRadialGradient(0,0,30, 0,0,300)，将代码清单 7-5 的线性渐变替换为放射渐变。此外，可以尝试移动矩形，了解渐变的应用效果。

7.2.4　创建路径

目前介绍的方法都是直接在画布上绘图，但是有时候并没有这么简单。通常，我们必须在后台处理图形和图像，处理完成之后，再将它发送给上下文，绘制出结果。为此，Canvas API 引入了几个生成路径的方法。

路径就像是画笔移动的地图。在建立路径之后，将它发送给上下文，就可以在画布上实际地绘制出图形。路径可能包括多种笔画，如直线、弧线、矩形等，以此构成复杂的形状。

有两个方法分别用于开始和结束一个路径：

beginPath()——这个方法会开始一个新的形状描述。创建路径之前，必须先调用这个方法。

closePath()——这个方法会关闭路径，用直线将最后一个点与原点相连。如果想保留开放路径，或者使用 fill() 方法绘制路径，则不需要调用这个方法。

另外，有三个方法可以在画布上绘制路径：

stroke()——这个方法可以将路径绘制为轮廓形状。

fill()——这个方法会将路径绘制为实心形状。使用这个方法时，不需要使用 closePath() 将路径关闭。路径会自动通过一条连接最后一个点与第一个点的直线实现封闭。

clip()——这个方法可以在上下文中设置裁剪区域。在上下文初始化之后，画布会占据整个裁剪区域。clip() 方法会将裁剪区域变成新的形状，从而创建遮罩效果。遮罩以外的内容都不会绘制。

代码清单 7-6 的代码并没有绘制任何内容，它只是在画布上下文中开始路径，然后使用 stroke() 绘制路径，将来会在界面上显示形状的轮廓。以下方法可用于设置路径和创建真正的形状：

```
function initiate(){
  var elem=document.getElementById('canvas');
  canvas=elem.getContext('2d');

  canvas.beginPath();
  // 下面是路径
  canvas.stroke();
}
window.addEventListener("load", initiate, false);
```

moveTo(x, y)——这个方法会将笔触移到指定位置。它可以开始或继续绘制路径，将笔触移到另一个点，绘制出不连续的线条。

lineTo(x, y)——这个方法可以绘制一条直线，连接当前笔触位置到 x 和 y 属性声明的新位置。

rect(x, y, width, height)——这个方法可以生成一个矩形。与之前学习的方法不同，这个方法会生成一个构成路径的矩形（而非直接绘制在画布上）。其属性的作用相同。

arc(x, y, radius, startAngle, endAngle, direction)——这个方法可以在位置（x, y）上生成弧线或圆形，半径和弧度由属性指定。最后一个是布尔值，表示顺时针或逆时针方向。

quadraticCurveTo(cpx, cpy, x, y)——这个方法会生成二次贝塞尔曲线，连接当前笔触位置到 x 和 y 属性声明的位置。cpx 和 cpy 属性是曲线形状的控制点。

bezierCurveTo(cp1x, cp1y, cp2x, cp2y, x, y)——这个方法与前一个方法类似，但是增加了另外两个属性，从而生成三次贝塞尔曲线。现在，必须使用 cp1x、cp1y、cp2x 和 cp2y 声明两个控制点，以此确定曲线的形状。

在下面的例子中，创建一个简单路径，以此理解路径的创建方法：

建议总是在开始路径之后马上设置笔触的初始位置。在代码清单 7-7 的代码中，笔触首先移到位置（100,100），然后从该点画线连接到（200,200）。现在，笔触位置变成（200,200），下一条将从这个点连接到点（100,200）。最后，方法 stroke() 会将路径绘制为轮廓形状。

```
function initiate(){
  var elem=document.getElementById('canvas');
  canvas=elem.getContext('2d');

  canvas.beginPath();
  canvas.moveTo(100,100);
  canvas.lineTo(200,200);
  canvas.lineTo(100,200);
  canvas.stroke();
}
window.addEventListener("load", initiate, false);
```

如果在浏览器上测试代码，那么屏幕上会显示一个未闭合的三角形。这个三角型可以通过不同的方法实现闭合或填充，如代码清单 7-8 所示：

代码清单 7-8：完成三角形

```
function initiate(){
  var elem=document.getElementById('canvas');
  canvas=elem.getContext('2d');

  canvas.beginPath();
  canvas.moveTo(100,100);
  canvas.lineTo(200,200);
  canvas.lineTo(100,200);
  canvas.closePath();
  canvas.stroke();
}
window.addEventListener("load", initiate, false);
```

closePath() 方法会给路径添加一条直线，连接最后一个点与开始点，从而封闭形状。

在路径最后使用 stroke() 方法，就可以在画布上绘制空心三角形。如果要绘制实心三角形，则需要使用 fill() 方法（见代码清单 7-9）。

代码清单 7-9：实心三角形

```
function initiate(){
  var elem=document.getElementById('canvas');
  canvas=elem.getContext('2d');

  canvas.beginPath();
  canvas.moveTo(100,100);
  canvas.lineTo(200,200);
  canvas.lineTo(100,200);
  canvas.fill();
}
window.addEventListener("load", initiate, false);
```

现在，屏幕上出现了一个实心三角形。fill() 方法会自动封闭路径，所以不需要使用 closePath()。

在前面提到的方法中，有一个方法是在画布上绘制路径之前调用的：clip()。这个方法并没有绘制任何内容，但是会创建一个由路径形状形成的遮罩，用于选择需要绘制和不需要绘制的内容。所有落入遮罩的内容都不会绘制。

为了说明 clip() 方法的作用，代码清单 7-10 使用一个 for 循环生成多条相隔 10 像素的水平线。这些线条在画布上从左到右绘制，但是只有落入三角形遮罩的线条才会显示。

代码清单 7-10：使用三角形作为遮罩

```
function initiate(){
  var elem=document.getElementById('canvas');
  canvas=elem.getContext('2d');
```

```
canvas.beginPath();
canvas.moveTo(100,100);
canvas.lineTo(200,200);
canvas.lineTo(100,200);
canvas.clip();

canvas.beginPath();
for(f=0; f<300; f=f+10){
  canvas.moveTo(0,f);
  canvas.lineTo(500,f);
}
canvas.stroke();
}
window.addEventListener("load", initiate, false);
```

在了解了如何绘制路径之后，我们就可以学习其他的绘制路径方法。到目前为止，我们只学习了如何绘制直线和正方形。这个 API 还提供了三种绘制圆形的新方法：arc()、quadraticCurveTo() 和 bezierCurveTo()。第一个方法相对简单，可用于创建部分圆或完整圆，如代码清单 7-11 所示：

代码清单 7-11：使用 arc() 画圆形

```
function initiate(){
  var elem=document.getElementById('canvas');
  canvas=elem.getContext('2d');

  canvas.beginPath();
  canvas.arc(100,100,50,0,Math.PI*2, false);
  canvas.stroke();
}
window.addEventListener("load", initiate, false);
```

首先，arc() 方法使用了 PI 值。这个方法使用半径，而非弧度值。在弧度值中，PI 值表示 180°，所以 PI*2 公式的结果是 360°。

代码清单 7-11 的代码会以圆心（100,100）、半径 50 像素生成一段弧线，角度从 0° 至 Math.PI*2 度，这表示画一个完整的圆。使用 Math 对象的属性 PI，就可以获得精确的 PI 值。

如果需要根据角度计算弧度值，可以使用公式：Math.PI/180×度，如代码清单 7-12 所示：

代码清单 7-12：45° 的弧线

```
function initiate(){
  var elem=document.getElementById('canvas');
  canvas=elem.getContext('2d');

  canvas.beginPath();
  var radians=Math.PI/180*45;
  canvas.arc(100,100,50,0,radians, false);
  canvas.stroke();
```

```
}
window.addEventListener("load", initiate, false);
```

代码清单 7-12 绘制了一条覆盖 45°角圆的弧线。可以尝试将方法的方向值修改为 true。在这个例子中，弧线从 0°到 315°，形成一个非闭合圆形。

注意，如果要继续处理弧线之后的路径，那么当前位置是该弧线的终点。如果想要修改新路径的起始点，则必须使用 moveTo() 方法，修改笔触的位置。然而，如果下一个形状也是弧线（例如，完全圆形），那么一定要使用 moveTo() 方法将虚拟笔触点移到开始画圆的位置，而不要移到圆心位置。所以，假设圆心为（300,150），半径为 50。那么应该使用 moveTo() 将笔触移到位置（350,150），在这个点上开始绘制圆形。

除了 arc() 外，还有两个方法可用于绘制复杂曲线。quadraticCurveTo() 方法可用于绘制二次贝塞尔曲线，而 bezierCurveTo() 则可用于绘制三次贝塞尔曲线。这两个方法的区别是，第一个方法只有一个控制点，而第二个方法有两个控制点，因此可以创建不同的曲线（见代码清单 7-13）。

代码清单 7-13：复杂曲线

```
function initiate(){
  var elem=document.getElementById('canvas');
  canvas=elem.getContext('2d');

  canvas.beginPath();
  canvas.moveTo(50,50);
  canvas.quadraticCurveTo(100,125, 50,200);
  canvas.moveTo(250,50);
  canvas.bezierCurveTo(200,125, 300,125, 250,200);
  canvas.stroke();
}
window.addEventListener("load", initiate, false);
```

在二次曲线中，虚拟笔触移到位置（50,50），然后在点（50,200）结束曲线。这条曲线的控制点位置是（100,125）。

bezierCurveTo() 方法生成的三次曲线更复杂一些。这条曲线有两个控制点，第一个位于（200,125），第二个位于（300,125）。

图 7-2 的值表示了曲线控制点的位置。移动这些点，就可以修改曲线形状。

动手实践：可以添加任意多的曲线绘制形状。尝试修改代码清单 7-13 的控制点值，查看它们如何影响曲线形状。组合曲线和直接，创建更复杂的形状，理解路径的构成方式。

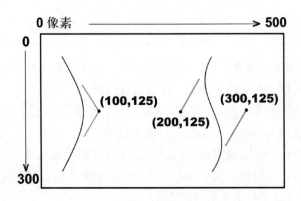

图 7-2　贝塞尔曲线及其控制点在画布上的显示效果

7.2.5　线型

到目前为止，所有画布操作都使用相同的线型。线条的宽度、端点等都可以根据实际绘图需求进行调整。

下面是可用于修改线型的 4 个属性：

lineWidth——这个属性可以指定线条粗细。其默认值是 1.0 单位。

lineCap——这个属性可以指定线条端点形状。支持的值有三个：butt、round 和 square。

lineJoin——这个属性可以指定两条线之间的连接点形状。支持的值有：round、bevel 和 miter。

miterLimit——这个属性与 lineJoin 一起使用，当 lineJoin 属性设置为 miter 时，可用于确定线条交接点的延伸范围。

这些属性会影响整条路径。必须先修改线条特性，再使用新属性值创建新的路径。

代码清单 7-14 先使用默认属性创建一个完整的圆形路径。然后，使用 lineWith 将线宽修改为 10，将 lineCap 设置为 round。这样，后续路径就会变粗，并且端点变成圆形。要创建这条路径，首先要将笔触位置移到（230,150），然后生成半圆。圆形端点有助于模拟笑脸图案。

代码清单 7-14：测试线条的属性

```
function initiate(){
  var elem=document.getElementById('canvas');
  canvas=elem.getContext('2d');
  canvas.beginPath();
  canvas.arc(200,150,50,0,Math.PI*2, false);
  canvas.stroke();

  canvas.lineWidth=10;
  canvas.lineCap="round";
  canvas.beginPath();
  canvas.moveTo(230,150);
```

```
canvas.arc(200,150,30,0,Math.PI, false);
canvas.stroke();
canvas.lineWidth=5;
canvas.lineJoin="miter";
canvas.beginPath();
canvas.moveTo(195,135);
canvas.lineTo(215,155);
canvas.lineTo(195,155);
canvas.stroke();
}
window.addEventListener("load", initiate, false);
```

最后，在画布上添加由两条线条组成的路径，绘出类似于鼻子的形状。注意，这条路径的线条宽度为 5，把连接点属性 lineJoin 设置为 miter。这个属性将绘制出鼻尖，边角范围扩大成为一个点。

动手实践：修改属性 miterLimit，尝试修改鼻子的线条，例如，设置 miterLimit= 2。将属性 lineJoin 的值修改为 round 或 bevel。此外，将属性 lineCap 设置为其他值，修改嘴巴的形状。

7.2.6　文字

在画布上写文字非常简单，只需要定义一些属性和调用相应的方法。下面是 3 个配置文字显示效果的属性：

font——这个属性的语法与 CSS 的 font 属性类似，所接受的值完全相同。

textAlign——这个属性可以接受几个值。对齐方式可以是 start、end、left、right 和 center。

textBaseline——这个属性可用于设置垂直对齐方式。它可以为文字设置不同的位置（包括 Unicode 文字）。它支持的值包括 top、hanging、middle、alphabetic、ideographic 和 bottom。

有两个方法支持在画布上绘制文字：

strokeText(text, x, y)——与路径的方法一样，这个方法会在位置（x,y）绘制指定文字的轮廓。此外，它可以加入第 4 个值，以声明最大尺寸。如果文字超出这个值，那么它会缩小以适应这个显示范围。

fillText(text, x, y)——这个方法与前一个方法类似，唯一区别是它绘制的是实心文字。

如代码清单 7-15 所示，font 属性可以同时设置多个值，语法格式与 CSS 完全相同。textAling 属性将文字的开始位置设定在（100,100）（例如，如果属性值为 end，那么文字的结束位置就是（100,100））。最后，fillText 方法会在画布上绘制实心文字。

代码清单 7-15：绘制文字

```
function initiate(){
  var elem=document.getElementById('canvas');
```

```
  canvas=elem.getContext('2d');

  canvas.font="bold 24px verdana, sans-serif";
  canvas.textAlign="start";
 canvas.fillText("my message", 100,100);
}
window.addEventListener("load", initiate, false);
```

除了前面提到的方法之外，这个 API 还提供了另一个绘制文字的重要方法：

measureText()——这个方法会返回指定文字的大小信息。它可用于将画布上的文字与其他形状进行组合，计算出位置与动画碰撞等信息。

上面的代码与代码清单 7-15 大致相同，唯一的区别是添加了垂直对齐方式。把 textBaseline 设置为 bottom，这意味着文字底线位于位置 124。这可以帮助我们了解文字在画布上的确切垂直位置。

使用 measureText() 方法和 width 属性，就可以计算出文字的水平尺寸。在测量得到所有尺寸之后，就能够在文字周围绘制一个矩形。

动手实践：使用代码清单 7-16 的代码，为 textAlign 和 textBaseline 属性设置不同的值，以此测试显示效果。使用矩形作为参考，了解各种方法的使用效果。写入不同的文字，查看矩形是如何根据不同的文字尺寸进行动态调整。

代码清单 7-16：测量文字

```
function initiate(){
  var elem=document.getElementById('canvas');
  canvas=elem.getContext('2d');

  canvas.font="bold 24px verdana, sans-serif";
  canvas.textAlign="start";
  canvas.textBaseline="bottom";
  canvas.fillText("My message", 100,124);

  var size=canvas.measureText("My message");
  canvas.strokeRect(100,100,size.width,24);
}
window.addEventListener("load", initiate, false);
```

7.2.7　阴影

当然，阴影效果也是 Canvas API 的重要组成部分。每一条路径和文字都可以创建阴影效果。API 提供了 4 个实现阴影效果的属性：

shadowColor——这个属性使用 CSS 语法声明阴影的颜色。

shadowOffsetX——这个属性接受一个数字，确定对象阴影的水平投射距离。

shadowOffsetY——这个属性接受一个数字，确定对象阴影的垂直投射距离。

shadowBlur——这个属性可以为阴影生成模糊效果。

代码清单 7-17 使用 rgba() 函数设置半透明的黑色阴影。它偏离对象 4 像素，模糊值为 5。

代码清单 7-17：应用阴影效果

```
function initiate(){
  var elem=document.getElementById('canvas');
  canvas=elem.getContext('2d');

  canvas.shadowColor="rgba(0,0,0,0.5)";
  canvas.shadowOffsetX=4;
  canvas.shadowOffsetY=4;
  canvas.shadowBlur=5;

  canvas.font="bold 50px verdana, sans-serif";
  canvas.fillText("my message", 100,100);
}
window.addEventListener("load", initiate, false);
```

动手实践：在文字外的另一个图形上应用阴影效果。例如，在轮廓或实心形状上（矩形或圆形）应用阴影效果。

7.2.8 转换

Canvas 支持在图形与画布本身上执行复杂的操作。这些操作可以通过 5 个不同的转换方法实现，每一个方法都有其特殊作用。

translate(x, y)——这个转变方法可用于移动画布的原点。每一个画布原点都位于（0,0），即左上角，然后在画布内的各个方向上增加。负值则落到画布之外。有时候，使用负值创建复杂图形是很实用的方法。translate() 方法可以将原点（0,0）移到另一个位置，作为绘制的新参照点。

rotate(angle)——这个转换方法可以使画布以原点为中心旋转一定的角度。

scale(x, y)——这个转换方法可以增加或减小画布单位，从而缩小或放大所绘制的内容。水平或垂直比例可以使用 x 和 y 进行单独修改。这些值可以是负值，从而产生镜像效果。它们的默认值是 1.0。

transform(m1, m2, m3, m4, dx, dy)——画布拥有一组属性矩阵值。transform() 方法可以在当前矩阵之上应用一组新矩阵，从而修改画布。

setTransform(m1, m2, m3, m4, dx, dy)——这个方法可以重置当前的转换，使用其属性值创建新的转换配置。

理解转换工作方式的最佳方法是进行实践编码。在代码清单 7-18 中，相同的文字分别应用了 translate()、rotate() 和 scale() 方法。首先，在画布上使用默认画布状态绘制文字。文字会显示在位置（50,20）上，字号为 20 像素。然后，使用 translate() 方法，将画布原点移到位置（50,70）上；使用 rotate() 方法，将整个画布旋转 45°。另一组文字在新的位置上绘制，设置 45° 的倾斜。所应用的转换成为默认值，以测试 scale() 方法，接下来将画布反方向旋转 45°，使之回归原始位置，并将原点平移再向下平移 100 像素。最后，再执行画布缩放，绘制另一组文字，这时其尺寸两倍于原始尺寸。

代码清单 7-18：平移、旋转和缩放

```
function initiate(){
  var elem=document.getElementById('canvas');
  canvas=elem.getContext('2d');

  canvas.font="bold 20px verdana, sans-serif";
  canvas.fillText("TEST",50,20);

  canvas.translate(50,70);
  canvas.rotate(Math.PI/180*45);
  canvas.fillText("TEST",0,0);

  canvas.rotate(-Math.PI/180*45);
  canvas.translate(0,100);
  canvas.scale(2,2);
  canvas.fillText("TEST",0,0);
}
window.addEventListener("load", initiate, false);
```

　　每一次转换都会累加。例如，如果使用 scale() 执行两次转换，那么第二个方法会基于当前状态执行缩放。在 scale(2,2) 基础上再执行一次 scale(2,2)，结果会使画布放大 4 倍。矩阵转换方法也不例外。因此，有两个方法可以直接在矩阵上执行转换：transform() 和 setTransform()。

　　与前面的代码一样，代码清单 7-19 在相同的文字使用转换方法，以比较前后的显示效果。画布矩阵的默认值是（1,0,0,1,0,0）。在上面例子的第一个转换中，将第一个值修改为 3，就可以在水平方向拉伸矩阵。这个转换之后绘制的文字会比正常水平的宽。通过代码中执行的下一个转换，将第 4 个值修改为 10，保持其他值不变，使矩阵在垂直方向进行拉伸。

代码清单 7-19：在矩阵上累积转换效果

```
function initiate(){
  var elem=document.getElementById('canvas');
  canvas=elem.getContext('2d');

  canvas.transform(3,0,0,1,0,0);

  canvas.font="bold 20px verdana, sans-serif";
  canvas.fillText("TEST",20,20);

  canvas.transform(1,0,0,10,0,0);

  canvas.font="bold 20px verdana, sans-serif";
  canvas.fillText("TEST",100,20);
}
window.addEventListener("load", initiate, false);
```

这里需要注意一点，矩阵所应用的转换是在前一个转换基础上进行的，所以代码清单 7-19 所显示的第二组文字会同时在水平和垂直方向拉伸。如果要重置矩阵和设置全新的转换值，则可以使用 setTransform() 方法。

动手实践：将例子中最后一个 transform() 方法替换为 setTransform()，再查看显示效果。只使用一组文字，修改 transform() 方法的所有值，逐一查看画布上执行的各种转换。

7.2.9 恢复状态

转换的累积增加了返回前一状态的难度。例如，在代码清单 7-18 的代码中，必须记住前一次旋转的值，才能够再执行一次旋转而返回默认位置。考虑到这一点，Canvas API 提供了两种方法，以保存和取回画布状态。

save()——这个方法可以保存画布状态，包括已经应用的转换、样式属性值和当前裁剪路径（如，clip() 方法创建的区域）。

restore()——这个方法可以恢复上一次保存的状态。

如果在浏览器上执行代码清单 7-20 的代码，就可以在画布上显示大字号的"TEST1"文字，然后原点附近是小字号的"TEST2"文字。首先保存画布的默认状态，然后设置新的原点位置和文字样式。在画布上绘制第二组文字之前，必须恢复状态；因此，第二组文字采用默认样式，而不采用之前设置的文字样式。

代码清单 7-20：保存画布状态

```
function initiate(){
  var elem=document.getElementById('canvas');
  canvas=elem.getContext('2d');
  canvas.save();
  canvas.translate(50,70);
  canvas.font="bold 20px verdana, sans-serif";
  canvas.fillText("TEST1",0,30);
  canvas.restore();

  canvas.fillText("TEST2",0,30);
}
window.addEventListener("load", initiate, false);
```

这里无论执行了多少次转换，在调用 restore() 方法时，状态都可以完全恢复到前一个状态。

7.2.10 globalCompositeOperation

在讨论路径时，有一个属性可用于确定形状定位方式及其与画布上已绘制图形的组合方式。这个属性就是：globalCompositeOperation，其默认值是 source-over，表示新的图形绘制在画布已绘制图形之上。这个属性还可以设置另外 11 个值：

source-in——只绘制新图形中覆盖已绘制图形的部分。形状的其余部分及已绘制图形的其余部分都变成透明的。

source-out——只绘制新图形中不覆盖已绘制图形的部分。形状的其余部分和已绘制图形的其余部分都变成透明的。

source-atop——只绘制新图形中覆盖已绘制图形的部分。已绘制的图形保留，但是新图形的其余部分变成透明的。

lighter——两个图形都绘制，但是重叠部分的颜色为指定的颜色值。

xor——两个图形都绘制，但是重叠部分变成透明的。

destination-over——这是默认值的相反值。将新图形绘制在画布已绘制的图形之下。

destination-in——保留画布现有图形中与新图形重叠的部分。其余部分（包括新图形）都变成透明的。

destination-out——保留画布现有图形中不与新图形重叠的部分。其余部分（包括新图形）都变成透明的。

destination-atop——只保留现有图形与新图形中重叠的部分。

darker——两个图形都绘制，但是重叠部分的颜色取颜色的差值。

copy——只绘制新图形，将已绘制图形变成透明的。

只有查看 globalCompositeOperation 属性各个值的可视化表现，才能够理解它们的工作方式。为此，我们编写了代码清单 7-21 的例子。当代码执行时，画布中央会绘出一个红色矩形，但是由于设置了 destination-atop 值，矩形中只有与文字重叠的部分才会绘制。

代码清单 7-21：测试 globalCompositeOperation

```
function initiate(){
  var elem=document.getElementById('canvas');
  canvas=elem.getContext('2d');

  canvas.fillStyle="#990000";
  canvas.fillRect(100,100,300,100);

  canvas.globalCompositeOperation="destination-atop";

  canvas.fillStyle="#AAAAFF";
  canvas.font="bold 80px verdana, sans-serif";
  canvas.textAlign="center";
  canvas.textBaseline="middle";
  canvas.fillText("TEST",250,110);
}
window.addEventListener("load", initiate, false);
```

动手实践：将 destination-atop 替换为属性所支持的其他值，然后在浏览器上查看显示效果。在不同的浏览器上测试代码的显示效果。

7.3　处理图像

图像处理是 Canvas API 中不可或缺的特性。然而，即使图像非常重要，但是只有一个原生方法支持图像处理。

7.3.1　drawImage()

drawImage() 是画布中唯一支持绘制图像的方法。然而，这个方法可接受许多值，可以得到许多不同的结果。下面是这个方法的不同用法：

drawImage(image, x, y)——这个语法是在 x 和 y 指定的位置上绘制图像。第一个值是图像引用。

drawImage(image, x, y, width, height)——这个语法可以在画布上绘制图像之前对图像执行缩放操作，将其尺寸修改为 width 和 height 指定的尺寸值。

drawImage(image, x1, y1, width1, height1, x2, y2, width2, height2)——这是最复杂的语法。每一个参数都支持两个值。其作用是对图像进行切割，然后以定制的尺寸和位置绘制到画布上。值 x1 和 y1 设置图像所切割部分的左上角位置。width1 和 height1 值表示图像切割的尺寸。其余的值（x2、y2、width2 和 height2）表示切割部分绘制在画布上的位置及其尺寸（可以与原始尺寸不同）。

在任何时候，第一个属性总是同一个文档中的图像引用，后者可以由 getElementById() 等方法获取，或者是由一般的 JavaScript 方法创建的图像对象。这个方法不支持设置 URL，也不支持从外部资源加载文件。

首先看一个简单的例子。代码清单 7-22 的代码只加载图像，然后将图像绘制到画布中。因为画布只能够接收已经加载的图像，所以必须通过 load 事件控制图像的加载。代码添加了监听器，并且声明了一个匿名函数来处理该事件。函数中的 drawImage() 方法会在图像加载后将图像绘制到画布上。

代码清单 7-22：图像操作

```
function initiate(){
  var elem=document.getElementById('canvas');
  canvas=elem.getContext('2d');

  var img=new Image();
  img.src="http://www.minkbooks.com/content/snow.jpg";

  img.addEventListener("load", function(){
    canvas.drawImage(img,20,20)
  }, false);
}
window.addEventListener("load", initiate, false);
```

基础知识回顾：代码清单 7-22 使用匿名函数，而非 addEventListener() 方法的函数引用。在像这样的情况中，如果函数很短，那么使用这种方法可以使代码保持简洁明了。要了解更多关于这个问题的内容，请访问我们网站中与本章相关的链接。

代码清单 7-23 在前面的方法中增加了两个值，用于调整图像尺寸。属性 width 和 height 会返回画布尺寸，所以在这段代码中的图像会拉伸到整个画布尺寸。

代码清单 7-23：调整图像尺寸，使之适应画布尺寸

```
function initiate(){
  var elem=document.getElementById('canvas');
  canvas=elem.getContext('2d');

  var img=new Image();
  img.src="http://www.minkbooks.com/content/snow.jpg";
  img.addEventListener("load", function(){
      canvas.drawImage(img,0,0,elem.width,elem.height)
    }, false);
}
window.addEventListener("load", initiate, false);
```

代码清单 7-24 的代码使用了最复杂的 drawImage()。这个方法接受了 9 个参数，分别提取源图像的一部分，调整其尺寸，然后将它绘制到画布上。代码抽取了图像中从（135,50）开始尺寸为（50,50）像素的正方形区域。将这块图像的尺寸调整为（200,200）像素，最后将它绘制到画布的位置（0,0）。

代码清单 7-24：提取、调整尺寸和绘图

```
function initiate(){
  var elem=document.getElementById('canvas');
  canvas=elem.getContext('2d');

  var img=new Image();
  img.src="http://www.minkbooks.com/content/snow.jpg";
  img.addEventListener("load", function(){
      canvas.drawImage(img,135,30,50,50,0,0,200,200)
    }, false);
}
window.addEventListener("load", initiate, false);
```

7.3.2　图像数据

实际上，drawImage() 并不是唯一能够在画布上绘制图像的方法。还有一些强大的方法可以将图像绘制到画布上。因为它们实际上并不是操作图像，而是操作数据，所以前面说只有 drawImage() 能够绘制图像也没有错误。但是，为什么需要处理数据而非图像呢？

每一幅图像都可以由一串表示 rgba 值（表示各个像素的 4 个值）的整数表示。这些信息是一组一维数组，可用于生成一幅图像。Canvas API 提供了 3 个用于操作图像数据和处理图像的方法：

getImageData(x, y, width, height)——这个方法接受属性所声明尺寸的画布矩形，然后将它转换为数据。这个方法会返回一个对象，将来可以使用它的属性 width、height 和 data 访问。

putImageData(imagedata, x, y)——这个方法会将 imagedata 的数据转换为图像，然后将它绘制到画布中由 x 和 y 指定的位置。这个方法执行与 getImageData() 相反的操作。

createImageData(width, height)——这个方法可以创建一幅空白图像。所有像素都是透明黑色。此外，它还支持接受数据作为属性（而不是 width 和 height 属性），然后返回该数据设置的尺寸。

数组中每一个值的位置都由公式 (width×4×y)+(x×4) 计算得到。这是像素的第一个值（红色）；其他值需要加上 1——例如，绿色是 (width×4×y)+(x×4)+1，蓝色是 (width×4×y)+(x×4)+2，透明值是 (width×4×y)+(x×4)+3。代码清单 7-25 是一个例子：

重要提示：由于安全限制，在将外部来源的图像绘制到画布元素之后，就无法从画布元素获取图像信息。只有当文档和图像来自同一个源（URL），getImageData() 方法才能够正确执行。因此，如果要测试这个例子，你必须从我们的服务器下载图像 www.minkbooks.com/content/snow.jpg（或者使用其他图像），然后将图像、HTML 文件和 JavaScript 文件上传到自己的服务器上。如果只是将文件保存在计算机上，然后在浏览器上打开这个文件，那么不会产生预想的效果。

代码清单 7-25：生成图像的相反值

```
function initiate(){
  var elem=document.getElementById('canvas');
  canvas=elem.getContext('2d');

  var img=new Image();
  img.src="snow.jpg";
  img.addEventListener("load", modimage, false);
}
function modimage(e){
  img=e.target;
  canvas.drawImage(img,0,0);
  var info=canvas.getImageData(0,0,175,262);

  var pos;
  for(x=0;x<=175;x++){
    for(y=0;y<=262;y++){
      pos=(info.width*4*y)+(x*4);
      info.data[pos]=255-info.data[pos];
      info.data[pos+1]=255-info.data[pos+1];
      info.data[pos+2]=255-info.data[pos+2];
    }
  }
  canvas.putImageData(info,0,0);
}
window.addEventListener("load", initiate, false);
```

上面的代码创建了一个新函数（而非使用匿名函数），用于处理加载的图像。首先，

modimage() 函数利用前一个例子使用的 target 属性创建图像引用。然后，使用这个引用和 drawImage() 方法，将图像绘制到画布的 (0,0) 位置。这部分代码没有任何特殊之处，但是下面会有一些变化。

> **重要提示**：必须将这个例子使用的文件上传到服务器上，才能够得到正确的处理效果。在上传图像之后，必须在代码清单 7-25 的代码的 src 属性中指定完整的路径（例如，img.src="http://www.minkbooks.com/content/snow.jpg"）。

例子中使用的图像宽 350 像素，高 262 像素，所以在方法中指定 (0,0) 为左上角位置，(175,262) 为水平和垂直偏移量，只使用原始图像的左半部分。将数据保存在变量 info 中。

在收集到这些信息之后，就可以操作每一个像素，以实现所期望的结果（在这个例子中是图像的相反值）。

由于所声明的每一种颜色值在 0 ～ 255 之间，用 255 减去真实值就得到相反值，即使用公式：color=255-color。因为需要对图像的每一个像素执行这个操作，所以必须使用两次 for 循环，分别循环处理列和行，处理每一个颜色值和计算相应的相反值。注意，x 值的 for 循环从 0 至 175（即画布中截取的图像宽度），y 值的 for 循环从 0 至 262（图像的总垂直尺寸及所处理图像部分的垂直尺寸）。

在完成对像素的处理之后，使用 putImageData() 方法，将保存图像数据的 info 变量会作为图像发送到画布上。图像仍旧位于画布的原始位置，将原始图像的左半部分替换为刚刚创建的相反值。

getImageData() 方法会返回可以通过属性（width、height 和 data）处理的对象，或者作为 putImageData() 方法的输入参数。另一种方法是将画布内容作为 base64 编码字符串返回。将来可以使用这个字符串作为另一个画布的数据源、HTML 元素（如，<img>）的数据源、发送到服务器或保存在文件中。实现这个目标的方法是：

toDataURL(type)——<canvas> 元素有两个属性：width 和 height；两个方法：getContext() 和 toDataURL()。后一个方法会返回包含 PNG 格式（或者 type 属性指定的类型）的画布内容表现的 data:url。

本书后面将介绍一些关于 toDataURL() 以及整合 Canvas 和其他 API 的例子。

7.3.3　图案

图案可用于改进绘图路径。图案支持在使用图像绘制的形状上添加纹理。这个过程与渐变效果类似；使用 createPattern() 方法创建图案（见代码清单 7-26），然后将它作为颜色应用到路径上。

createPattern(image, type)——image 属性是图像的引用，而可以接受 4 个值：repeat、repeat-x、repeat-y 和 no-repeat。

代码清单 7-26：在路径上添加图案

```
function initiate(){
  var elem=document.getElementById('canvas');
  canvas=elem.getContext('2d');
  var img=new Image();
  img.src="http://www.minkbooks.com/content/bricks.jpg";
  img.addEventListener("load", modimage, false);
}
function modimage(e){
  img=e.target;
  var pattern=canvas.createPattern(img,'repeat');
  canvas.fillStyle=pattern;
  canvas.fillRect(0,0,500,300);
}
window.addEventListener("load", initiate, false);
```

动手实践：试验 createPattern() 及其他形状支持的不同值。

7.4　在 Canvas 上实现动画

　　动画由一般的 JavaScript 代码创建。没有任何特殊方法可以在画布上创建动画，同时也不存在这样的预定义程序。实际上，我们需要先擦除创建动画的画布内容，然后再绘制形状，不断地重复这个过程。在形状绘制之后，它们就无法移动。只有擦除绘图区域，然后再次绘制内容，才能够实现动画效果。因此，在游戏或需要创建大量动画的应用程序中，最好使用图像（例如，游戏一般使用 PNG 图像）代替由复杂路径构成的形状。

　　在程序中实现动画的方法有很多。一些方法简单，有一些方法与创建动画的应用程序一样复杂。下面将介绍一个简单的例子，使用 clearRect() 方法擦除画布，然后再绘制一次内容，只用一个函数来实现动画效果。但是一定要记住，如果想要创建复杂的动画效果，那么可能需要先学习 JavaScript 高级编程方法。

　　代码清单 7-27 中的代码显示了两个紧跟鼠标指针转动的眼睛。为了移动眼睛，必须在鼠标移动时更新它们的位置。为此，需要在 initiate() 函数中添加 mousemove 事件侦听器。现在，当事件触发时，animation() 函数就会执行。

代码清单 7-27：第一个动画

```
function initiate(){
  var elem=document.getElementById('canvas');
  canvas=elem.getContext('2d');

  window.addEventListener('mousemove', animation, false);
}
function animation(e){
  canvas.clearRect(0,0,300,500);

  var xmouse=e.clientX;
  var ymouse=e.clientY;
  var xcenter=220;
```

```
    var ycenter=150;
    var ang=Math.atan2(xmouse-xcenter,ymouse-ycenter);
    var x=xcenter+Math.round(Math.sin(ang)*10);
    var y=ycenter+Math.round(Math.cos(ang)*10);

    canvas.beginPath();
    canvas.arc(xcenter,ycenter,20,0,Math.PI*2, false);
    canvas.moveTo(xcenter+70,150);
    canvas.arc(xcenter+50,150,20,0,Math.PI*2, false);
    canvas.stroke();

    canvas.beginPath();
    canvas.moveTo(x+10,y);
    canvas.arc(x,y,10,0,Math.PI*2, false);
    canvas.moveTo(x+60,y);
    canvas.arc(x+50,y,10,0,Math.PI*2, false);
    canvas.fill();
}
window.addEventListener("load", initiate, false);
```

这个函数首先使用语句 clearRect(0,0,300,500) 清除画布内容。然后，捕捉鼠标指针位置，将第一只眼睛的位置保存在变量 xcenter 和 ycenter 中。

在变量初始化之后，就开始执行计算。使用鼠标位置及左眼中心位置，就可以使用预定义的 JavaScript 方法 atan2 计算出两点间不可见直线的角度。接下来，使用这个角度，通过公式 xcenter + Math.round(Math.sin(ang) × 10) 计算出瞳孔的中心位置。在公式中，10 表示眼睛中心与瞳孔中心的距离（因为瞳孔不在眼睛中心，而是在边上）。

在得到所有这些值之后，就可以在画布上绘制这些眼睛。第一条路径是表示眼睛的两个圆。用于绘制第一只眼睛的第一个 arc() 方法的开始位置是 xcenter 和 ycenter，第二只眼睛对应的圆向右偏移 50 像素，其语句是：arc(xcenter+50,150,20,0,Math.PI*2,false)。

接下来，使用第二条路径创建图像的动画。这条路径使用前面通过角度计算得到的位置变量 x 和 y。两条瞳孔则用 fill() 方法绘制的黑色实心圆表示。

每当 mousemove 事件触发时，都会重复执行这个过程和计算这些值。

动手实践：将代码清单 7-27 的代码复制到 JavaScript 文件 canvas.js 中，然后在浏览器中打开包含代码清单 7-1 模板的 HTML 文件。

7.5　在 Canvas 上处理视频

与动画一样，并没有专门在画布元素上处理视频的特殊方法。唯一的方法是获取 <video> 元素的每一帧，然后使用 drawImage() 将它作为图像绘制到画布上。所以，在画布上处理视频，实际上是通过组合运用前面介绍的方法而实现。

首先，创建一个新的模板，然后编写视频处理代码。

代码清单 7-28 的模板包含两个组件：<video> 元素和 <canvas> 元素。通过组合使用这两个无线，就能够在画布上处理和显示视频。

代码清单 7-28：在画布上处理视频的模板

```html
<!DOCTYPE html>
<html lang="en">
<head>
  <title>Video on Canvas</title>
  <style>
    .boxes{
      display: inline-block;
      margin: 10px;
      padding: 5px;
      border: 1px solid #999999;
    }
  </style>
  <script src="canvasvideo.js"></script>
</head>
<body>
  <section class="boxes">
    <video id="media" width="483" height="272">
      <source src="http://www.minkbooks.com/content/trailer2.mp4">
      <source src="http://www.minkbooks.com/content/trailer2.ogg">
    </video>
  </section>
  <section class="boxes">
    <canvas id="canvas" width="483" height="272">
      Your browser doesn't support the canvas element
    </canvas>
  </section>
</body>
</html>
```

这个模板还包括框的 CSS 样式和 JavaScript 文件 canvasvideo.js，其内容如下：

动手实践：创建一个包含代码清单 7-28 中代码的 HTML 文件，以及包含代码清单 7-29 所示代码的 JavaScript 文件 canvasvideo.js。单击屏幕左边框，开始播放视频。

重要提示：这个例子使用 getImageData() 和 putImageData() 方法处理图像数据。如前所述，这些方法可以从画布提取信息。出于安全性考虑，如果绘图内容与文档不属于同一个来源（文档所属域与视频所属域不同），那么画布禁止在绘制内容后再提取信息。因此，必须从我们的网站下载视频，然后将所有文件上传到同一个服务器，才能够测试这个例子。

代码清单 7-29：将彩色视频转换为黑白视频

```javascript
function initiate(){
  var elem=document.getElementById('canvas');
  canvas=elem.getContext('2d');
  video=document.getElementById('media');

  video.addEventListener('click', push, false);
}
function push(){
  if(!video.paused && !video.ended){
    video.pause();
    window.clearInterval(loop);
```

```
    }else{
      video.play();
      loop=setInterval(processFrames, 33);
    }
  }
function processFrames(){
  canvas.drawImage(video,0,0);

  var info=canvas.getImageData(0,0,483,272);
  var pos;
  var gray;
  for(x=0;x<=483;x++){
    for(y=0;y<=272;y++){
      pos=(info.width*4*y)+(x*4);
      gray=parseInt(info.data[pos]*0.2989 +
info.data[pos+1]*0.5870 + info.data[pos+2]*0.1140);
      info.data[pos]=gray;
      info.data[pos+1]=gray;
      info.data[pos+2]=gray;
    }
  }
  canvas.putImageData(info,0,0);
}
window.addEventListener("load", initiate, false);
```

现在我们分析一下代码清单 7-29 中的代码。如前所述，由于在画布中处理视频，因此只需要使用之前创建的代码和技术。这段代码使用第 5 章的 push() 函数，在单击时开始和停止视频播放。另外创建了一个函数 processFrames，使用本章中代码清单 7-25 的代码，但是使用一个公式，将视频中每一帧的所有颜色转换为灰度颜色（而非转换图像）。这样就能够将彩色视频变成黑色视频。

push() 函数有两个作用：启动或停止视频，以及初始化一个轮循，每隔 33 毫秒执行一次 processFrames() 函数。这个函数会从 <video> 元素提取帧，然后使用 drawImage (video,0,0) 指令将它绘制到画布上。然后，使用 getImageData() 方法从画布提取数据，在两个 for 循环中处理该帧的所有像素。

将所有颜色转换为相应灰度的做法是互联网上最流行和最常见的方法。其公式是：red × 0.2989 + green × 0.5870 + blue × 0.1140。在公式计算之后，其结果必须设置为像素的每一个颜色值（红、绿和蓝），如例子中的变量 gray。

这个过程最后使用 putImageData() 方法，将帧绘制到画布上。

重要提示：这个例子仅仅出于演示目的。在实际应用中，不推荐采用实时处理视频的方法。在一些计算机配置和浏览器上，视频处理可能会发生延迟。如果要创建有用的 JavaScript 应用程序，一定需要考虑性能问题。

7.6　快速参考——Canvas API

Canvas API 可能是 HTML5 标准中最复杂和最大规模的部分。它提供了几种方法和属性，可用于在 <canvas> 元素上创建图形应用。

7.6.1　方法

以下方法专门用于调用 Canvas API：

getContext(context)——这个方法创建可供绘制图形的画布上下文。它可以接受两个值：2d 和 3d，分别表示二维和三维图形。

fillRect(x, y, width, height)——这个方法能够直接在画布的（x,y）位置上绘制尺寸为 width、height 的实心矩形。

strokeRect(x, y, width, height)——这个方法能够直接在画布的（x,y）位置上绘制尺寸为 width、height 的矩形轮廓。

clearRect(x, y, width, height)——这个方法可以使用属性值所声明的矩形形状清除画布指定区域的内容。

createLinearGradient(x1, y1, x2, y2)——这个方法能够创建一个线性渐变效果，它可以使用 fillStyle 属性作为颜色设置到形状上。这个属性只包括开始和结束位置（相对于画布位置）。如果要声明渐变的颜色值，这个方法必须与 addColorStop() 组合使用。

createRadialGradient(x1, y1, r1, x2, y2, r2)——这个方法能够创建一个放射渐变效果，它可以使用 fillStyle 属性作为颜色设置到形状上。其属性只指定圆的位置与半径（相对于画布位置）。如果要声明渐变的颜色值，这个方法必须与 addColorStop() 组合使用。

addColorStop(position, color)——这个方法可用于声明渐变颜色。属性值 position 的范围是 0.0 ～ 1.0，可用于确定颜色开始变化的位置。

beginPath()——这个方法的作用是开始一条新路径。

closePath()——这个方法的作用是在路径最后实现封闭该路径。它会生成一条直线，连接笔触的最后一个位置与路径的起点。如果想要保持路径开放，或者使用 fill() 绘图，则不需要使用这个方法。

stroke()——这个方法可用于绘制路径轮廓。

fill()——这个方法可用于绘制实心形状。

clip()——这个方法可用于创建一个由路径定义的裁剪区域。在声明这个方法之后，只有在落入形状之内的内容才会绘制到在画布上。

moveTo(x, y)——这个方法会将虚拟笔触移到新位置。下一个方法会从该点开始继续设置路径。

lineTo(x, y)——这个方法会在路径上添加一条直线，连接当前笔触位置到属性 x 和 y 指定的点。

rect(x, y, width, height)——这个方法会在路径的（x,y）位置上添加尺寸为 width、height 的矩形。

arc(x, y, radius, startAngle, endAngle, direction)——这个方法会在路径上添加一条弧线。x 和 y 指定弧线的中心，角度单位为弧度，而 direction 是一个表示顺时针或逆时针方向的布尔值。使用公式 Math.PI/180× 角度，可以将角度转换为半径。

quadraticCurveTo(cpx, cpy, x, y)——这个方法会在路径上添加一条二次贝塞尔曲线。它从当前笔触位置开始，到（x,y）位置结束。属性 cpx 和 cpy 指定影响曲线形状的控制点位置。

bezierCurveTo(cp1x, cp1y, cp2x, cp2y, x, y)——这个方法会在路径上添加一条三次贝塞尔曲线。它从当前笔触位置开始，到（x,y）位置结束。属性 cp1x、cp1y、cp2x 和 cp2y 指定影响曲线形状的两个控制点位置。

strokeText(text, x, y, max)——这个方法会直接在画布上绘制文字轮廓。可选参数 max 声明文字的最大尺寸。

fillText(text, x, y, max)——这个方法会直接在画布上绘制实心文字。可选参数 max 声明文字的最大尺寸。

measureText(text)——这个方法可以计算采用当前样式的文字在画布上占用的区域面积。属性 width 可用于取回这个值。

translate(x, y)——这个方法会将画布原点移到点（x,y）上。原点（0,0）的初始位置位于 <canvas> 元素所在区域的左上角。

rotate(angle)——这个方法可以使画布以原点为中心发生旋转。角度必须是弧度值。使用公式 Math.PI/180× 角度，可以将角度值转换为弧度值。

scale(x, y)——这个方法可以改变画布的比例。其默认值是（1.0,1.0）。这些值可以是负值。

transform(m1, m2, m3, m4, dx, dy)——这个方法可以修改画布的转换矩阵。新矩阵是基于之前的矩阵计算得到的。

setTransform(m1, m2, m3, m4, dx, dy)——这个方法可以修改画布的转换矩阵。它会重置之前的值，然后声明新的值。

save()——这个方法可以保存画布状态，包括转换矩阵、样式属性和裁剪遮罩。

restore()——这个方法可以恢复上一次保存的状态，包括转换矩阵、样式属性和裁剪遮罩。

drawImage()——这个方法可以在画布上绘制图像。它包括三种语法。drawImage(image, x,y) 语法可以在指定位置（x,y）上绘制图像。drawImage(image,x,y,width,height) 语法可以在指定位置上使用新尺寸 width、height 绘制图像。而 drawImage(image, x1, y1, width1, height1, x2, y2, width2, height2) 语法则根据 x1、y1、width1、height1 截取部分图像，然后在画布的（x2,y2）位置上使用新尺寸 width2、height2 绘制图像。

getImageData(x, y, width, height)——这个方法可以获得部分画布内容，然后将它另存为对象。对象的值可以通过属性 width、height 和 data 进行访问。前两个属性返回所截取图像部分的尺寸，而 data 则返回一个包含像素颜色值的数组。这些值可以通过以下公式访问：(width×4×y)+(x×4)。

putImageData(imagedata, x, y)——这个方法可以将 imagedata 所包含信息表示的图像绘制到画布上。

createImageData(width, height)——这个方法可以创建用数据格式表示的新图像。所以像素的初始值均为透明黑色。它可以接受图像数据作为参数，而不是 width 和 height。在这个例子中，新图像的尺寸由所提供的数据决定。

createPattern(image, type)——这个方法可以从图像创建图案，将来可以作为颜色通过 fillStyle 属性设置到图形上。type 参数支持的值有：repeat、repeat-x、repeat-y 和 no-repeat。

7.6.2　属性

以下是 Canvas API 的专用属性列表：

strokeStyle——这个属性可以声明形状的线条颜色。它可以接受任何 CSS 值，包括 rgb() 和 rgba() 等函数。

fillStyle——这个属性可能声明实心形状的内部颜色。它可以接受任何 CSS 值，包括 rgb() 和 rgba() 等函数。它还可用于给形状设置渐变和图案（首先将这些样式赋给一个变量，然后再将变量作为颜色赋给这个属性）。

globalAlpha——这个属性可用于设置每一个形状的透明度。它接受的值为 0.0（不透明）～ 1.0（全透明）。

lineWidth——这个属性可以设置线宽。其默认值为 1.0。

lineCap——这个属性可以指定线条端点形状。支持的值有三个：butt（普通端点）、round（半圆形端点）和 square（正方形端点）。

lineJoin——这个属性可以指定两条线之间的连接点形状。它支持的值有：round（圆形连接点）、bevel（斜角连接点）和 miter（连接点扩展到两条线的相交位置）。

miterLimit——当 lineJoin 属性设置为 miter 时，这个属性可用于确定线条交接点的延伸范围。

font——这个属性的语法与 CSS 的 font 属性类似，所接受的值完全相同。

textAlign——这个属性可以确定文字的对齐方式。可接受的值有：start、end、left、right 和 center。

textBaseline——这个属性可用于设置垂直对齐方式。它支持的值包括 top、hanging、middle、alphabetic、ideographic 和 bottom。

shadowColor——这个属性使用 CSS 语法声明阴影的颜色。它接受 CSS 值。

shadowOffsetX——这个属性声明确定对象阴影的水平投射距离。

shadowOffsetY——这个属性声明对象阴影的垂直投射距离。

shadowBlur——这个属性是一个数字，用于为阴影生成模糊效果。

globalCompositeOperation——这个属性决定新形状与画布已有形状在绘图时的叠放关系。它支持的值有：source-over、source-in、source-out、source-atop、lighter、xor、destination-over、destination-in、destination-out、destination-atop、darker 和 copy。其默认值是 source-over，表示新形状绘制在已有形状之上。

第 ⑧ 章

拖放 API

8.1 Web 拖放

在桌面应用程序上，可以始终将元素从一个位置拖放到另一个位置，但是在 Web 上这样做并不容易。这并非是因为 Web 应用程序有所不同，而是因为开发者没有一种能够实现这种操作的标准技术。

现在，HTML5 标准引入了拖放 API，从而使我们有可能开发出与桌面应用程序完全相同的 Web 应用程序。

8.1.1 新的事件

在这个 API 中，重要的一点是引入了 7 种新的特殊事件。其中有一些事件由源元素（拖动的元素）触发，另一些事件则由目标元素触发（源元素投放的元素）。例如，当用户执行拖放操作时，就会触发以下三种事件：

dragstart——当拖动操作开始时触发该事件。这时系统会设置与源元素相关的数据。

drag——这个事件与 mousemove 事件相似，但是它是在源元素发生拖动时触发的。

dragend——当拖动操作结束（无论是否成功）时，源元素就会触发这个事件。

下面是执行相同操作时，目标元素触发的事件：

dragenter——在拖动操作过程中，当鼠标指针进入可能的目标元素区域内部时，就会触发这个事件。

dragover——这个事件与 mousemove 事件类似，但是它是由可能的目标元素在拖动操作执行时触发的。

drop——当拖动操作执行投放时，目标元素就会触发这个事件。

dragleave——在拖动操作中，当鼠标离开元素时，就会触发这个事件。与 dragenter 一起，这个事件可以提供反馈信息，帮助用户确定目标元素。

在使用这个特性之前，必须注意一些重要的问题。浏览器在拖放操作中会默认执行这些操作。为了得到预期的效果，可能需要停止默认行为，然后定制一些特殊操作。对于其中一些事件，如 dragenter、dragover 和 drop，即使指定了定制的操作，也有必要停止它们的默认事件处理。下面是一个简单的拖放事件处理示例：

代码清单 8-1 的 HTML 文档包括一个 `<section>` 元素，其 ID 为 dropbox，作为目标元素，而源元素是一幅图像。此外，它还包括两个 CSS 样式文件，以及一个处理拖放操作的 JavaScript 文件。

代码清单 8-1：拖放操作模板

```
<!DOCTYPE html>
<html lang="en">
<head>
  <title>Drag and Drop</title>
  <link rel="stylesheet" href="dragdrop.css">
  <script src="dragdrop.js"></script>
</head>
<body>
  <section id="dropbox">
    Drag and drop the image here
  </section>
  <section id="picturesbox">
    <img id="image"
src="http://www.minkbooks.com/content/monster1.gif">
  </section>
</body>
</html>
```

代码清单 8-2 的规则为框设置了简单的样式，使用户能够分辨源元素及投放框。

代码清单 8-2：模板的样式（dragdrop.css）

```
#dropbox{
  float: left;
  width: 500px;
  height: 300px;
  margin: 10px;
  border: 1px solid #999999;
}
#picturesbox{
  float: left;
  width: 320px;
  margin: 10px;
  border: 1px solid #999999;
}
#picturesbox > img{
  float: left;
  padding: 5px;
}
```

HTML 元素中有一些属性可用于配置整个拖放操作过程，但是实际上所有操作都由 JavaScript 代码完成。代码清单 8-3 有三个函数：initiate() 函数负责添加操作的事件监听器，dragged() 和 dropped() 函数负责生成和接收拖放过程中传输的信息。

代码清单 8-3：执行拖放操作的基础代码

```
function initiate(){
  source1=document.getElementById('image');
  source1.addEventListener('dragstart', dragged, false);

  drop=document.getElementById('dropbox');
  drop.addEventListener('dragenter', function(e){
e.preventDefault(); }, false);
  drop.addEventListener('dragover', function(e){
e.preventDefault(); }, false);
  drop.addEventListener('drop', dropped, false);
}
function dragged(e){
  var code='<img src="'+source1.getAttribute('src')+'">';
  e.dataTransfer.setData('Text', code);
}
function dropped(e){
  e.preventDefault();
  drop.innerHTML=e.dataTransfer.getData('Text');
}
window.addEventListener('load', initiate, false);
```

在一般的拖放操作过程中，必须准备在源与目标元素之间共享的信息。为此，需要添加 dragstart 事件的监听器。当事件触发时，监听器会调用 dragged() 函数，然后使用 setData() 准备该函数所需的信息。

通常，文档中大多数元素默认都不支持投放操作。因此，为了在投放框中支持这个操作，必须阻止默认行为。通过添加 dragenter 和 dragover 事件的监听器，在匿名函数中执行 preventDefault() 方法，就可以实现这个操作。

最后，添加 drop 事件的监听器，在其中调用 dropped() 函数，接收和处理源元素产生的数据。

基础知识回顾：对于 dragenter 和 dragover 事件，在匿名函数中调用 preventDefault() 方法，取消这些事件的处理。函数会接收保存事件引用的变量 event。想要了解更多关于匿名函数的信息，请访问我们网站中关于本章的链接。

当拖动操作开始时，就会触发 dragstart 事件，然后调用 dragged() 函数。这个函数会获取所拖动元素的 src 属性，使用 dataTransfer 对象的 setData() 方法设置传输数据。另一方面，当把元素投放到投放框时，就会触发 drop 事件，然后调用 dropped() 函数。这个函数仅仅将通过 getData() 方法获取的信息更新到投放框的内容中。在事件发生时，浏览器还会执行一些默认操作（例如，打开链接或刷新窗口，以显示已投放的图像），所以必须使用 preventDefault() 方法停止这个行为，方法与前面的事件处理一样。

动手实践：使用代码清单 8-1 的模板创建一个 HTML 文件，使用代码清单 8-2 的样式创建一个 CSS 文件 dragdrop.css，最后使用代码清单 8-3 的代码创建一个 JavaScript

文件 dragdrop.js。在浏览器中打开 HTML 文件，就可以测试这个例子。

8.1.2 dataTransfer

这个对象保存了拖放操作的信息。dataTransfer 对象有一些相关方法和属性。代码清单 8-3 的例子已经使用了 setData() 和 getData()。除了 clearData() 外，还有一些方法可用于处理所传输的信息：

setData(type, data)——这个方法可用于声明所发送的数据与类型。这个方法可接受一些常规数据类型（如 text/plain、text/html 或 text/uri-list）、特殊类型（如 URL 或 Text）或自定义类型。在操作中，所传输的每一种数据类型都必须通过 setData() 方法进行处理。

getData(type)——这个方法返回源元素发送的指定类型数据。

clearData()——这个方法可以删除指定类型的数据。

在代码清单 8-3 中，dragged() 函数创建了一些 HTML 代码，其中包括触发事件的元素的 src 属性值，将代码保存到变量 code 中，然后将变量作为数据通过 setData() 方法发送出去。因为发送的是文本，所以这里声明的数据类型是 Text。

重要提示：这个例子可以使用更恰当的类型，如 text/html 或自定义类型，但是有一些浏览器目前只接受少量的类型，所以在应用程序中使用 Text，可以提高例子的兼容性，测试效果会更好一些。

在使用 getData() 方法取回 dropped() 函数的数据时，必须指定所读取的数据类型。这是因为，同一个元素可能会同时发送不同种类的数据。例如，图像可能会发送图像本身、URL 及关于图像的描述文字。所有这些信息都是通过几次 setData() 调用发送的，但是会使用不同的数据类型，然后必须在 getData() 中指定相应的数据类型才能够正确获取。

重要提示：想要了解更多关于拖放操作数据类型的信息，请访问我们网站中关于本章的链接。

dataTransfer 对象还有以下一些适用于应用程序的方法和属性：

setDragImage(element, x, y)——有一些浏览器会显示拖动元素的缩略图。这个方法可用于定制一幅图像和使用 x 与 y 属性选择鼠标指针所在位置。

types——这个属性会返回一个数组，其中包含 dragstart 事件中（由代码或浏览器）设置的数据类型。可以将这个数组保存在一个变量中（list=dataTransfer.types），然后使用 for 循环遍历这个数组。

files——这个属性会返回一个数组，其中包含关于所拖动文件的信息。

dropEffect——这个属性会返回当前所选操作的类型。设置这个属性，可以修改所选择的操作。它支持的值包括：none、copy、link 和 move。

　　effectAllowed——这个属性会返回允许执行的操作类型。设置这个属性，可以修改所选择的操作。它支持的值包括：`none`、`copy`、`copyLink`、`copyMove`、`link`、`linkMove`、`move`、`all` 和 `uninitialized`。

　　我们将在下面的例子中使用这些属性和方法。

8.1.3　dragenter、dragleave 与 dragend

　　到目前为止，还没有处理 `dragenter` 事件。前面只是取消了该事件的处理，阻止浏览器执行默认操作。另外，也还没有使用 `dragleave` 和 `dragend` 事件。这些都是重要的事件，可用于提供反馈信息，告诉用户元素在屏幕上的移动过程。

　　使用代码清单 8-4 的 JavaScript 代码替换代码清单 8-3 的代码。新代码增加了两个函数，分别处理投放框和源元素。每当鼠标拖动元素、进入或离开元素所占用区域（这些操作会触发 `dragenter` 和 `dragleave` 事件），函数 `entering()` 和 `leaving()` 都会修改投放框的背景颜色。此外，当投放元素时，`dragend` 事件监听器会调用 `ending()` 函数。注意，这个事件与函数不影响该过程是否成功执行；所有操作都必须自己实现。

代码清单 8-4：控制整个拖放过程

```
function initiate(){
  source1=document.getElementById('image');
  source1.addEventListener('dragstart', dragged, false);
  source1.addEventListener('dragend', ending, false);

  drop=document.getElementById('dropbox');
  drop.addEventListener('dragenter', entering, false);
  drop.addEventListener('dragleave', leaving, false);
  drop.addEventListener('dragover', function(e){
e.preventDefault(); }, false);
  drop.addEventListener('drop', dropped, false);
}
function entering(e){
  e.preventDefault();
  drop.style.background='rgba(0,150,0,.2)';
}
function leaving(e){
  e.preventDefault();
  drop.style.background='#FFFFFF';
}
function ending(e){
  elem=e.target;
  elem.style.visibility='hidden';
}
function dragged(e){
  var code='<img src="'+source1.getAttribute('src')+'">';
  e.dataTransfer.setData('Text', code);
}
function dropped(e){
  e.preventDefault();
  drop.style.background='#FFFFFF';
```

```
     drop.innerHTML=e.dataTransfer.getData('Text');
   }
   window.addEventListener('load', initiate, false);
```

使用这些函数，每当鼠标拖动元素和进入投放框区域时，投放框就会变成绿色，而当投放元素时，源图像就会隐藏起来。这些可见的变化效果并不影响整个拖放过程，而是提供一些反馈信息，指导用户完成整个操作。

如果要停止默认操作，必须在每一个函数中使用 preventDefault() 方法，即使使用的是定制的操作。

动手实践：将代码清单 8-4 的代码复制到 JavaScript 文件中，在浏览器中打开代码清单 8-1 的 HTML 文档，然后将图像拖放到投放框中。

8.1.4　选择有效的源

目前没有具体的方法可以检测源元素是否有效。getData() 方法返回的信息并不可靠，因为即使得到属性所指定类型的数据，可能还有其他相同类型的数据源，而其中的数据可能不符合要求。dataTransfer 对象有一个属性 types，它会返回一个数组，其中包含 dragstart 事件所设置的类型列表，但是它也无法保证验证过程是有效的。

为此，选择和验证拖放操作中所传输数据的方法有很多变化，可能很简单，也可能很复杂。

使用代码清单 8-5 的新文档，就可以检查图像的 id 属性，从而对源元素进行过滤。下面的 JavaScript 代码可以选择允许投放的图像：

代码清单 8-5：支持多个源元素的新模板

```html
<!DOCTYPE html>
<html lang="en">
<head>
  <title>Drag and Drop</title>
  <link rel="stylesheet" href="dragdrop.css">
  <script src="dragdrop.js"></script>
</head>
<body>
  <section id="dropbox">
    Drag and drop images here
  </section>
  <section id="picturesbox">
    <img id="image1" src="http://www.minkbooks.com/content/monster1.gif">
    <img id="image2" src="http://www.minkbooks.com/content/monster2.gif">
    <img id="image3" src="http://www.minkbooks.com/content/monster3.gif">
    <img id="image4" src="http://www.minkbooks.com/content/monster4.gif">
  </section>
</body>
</html>
```

代码清单 8-6 与前面的代码差别并不大。使用 querySelectorAll() 方法，在

picturesbox 元素中的所有图像上添加 dragstart 事件监听器，每当图像拖动时，就使用 setData() 发送 id 属性，然后在 dropped() 函数中检查 id 值，防止用户手动设置 id="image4" 的图像（如果用户试图拖动这幅图像，投放框上就会显示 "not admitted" 的消息）。

代码清单 8-6：发送 id 属性

```
function initiate(){
  var images=document.querySelectorAll('#picturesbox > img');
  for(var i=0; i<images.length; i++){
    images[i].addEventListener('dragstart', dragged, false);
  }

  drop=document.getElementById('dropbox');
  drop.addEventListener('dragenter', function(e){
e.preventDefault(); }, false);
  drop.addEventListener('dragover', function(e){
e.preventDefault(); }, false);
  drop.addEventListener('drop', dropped, false);
}
function dragged(e){
  elem=e.target;
  e.dataTransfer.setData('Text', elem.getAttribute('id'));
}
function dropped(e){
  e.preventDefault();
  var id=e.dataTransfer.getData('Text');
  if(id!="image4"){
    var src=document.getElementById(id).src;
    drop.innerHTML='<img src="'+src+'">';
  }else{
    drop.innerHTML='not admitted';
  }
}
window.addEventListener('load', initiate, false);
```

这是一个简单的过滤方法。在 dropped() 函数中使用 querySelectorAll() 方法，检查所接收图像是否在 picturesbox 元素之内，或者使用 dataTransfer 对象的属性（如 types 或 files），但是这是一个自定义过程。换而言之，这些操作都必须由开发者自己完成。

8.1.5   setDragImage()

在拖放操作过程中修改鼠标指针所指向的图像似乎用处不大，但是有时候它能够避免一些问题。setDragImage() 方法不能修改图像，但是也有两个属性：x 和 y，可以设置图像相对于鼠标指针的相对位置。通常，浏览器会为源元素自动生成缩略图，但是缩略图相对于鼠标指针的位置取决于开始拖动时的鼠标位置。setDragImage() 方法可用于指定具体的位置，使其在所有拖放操作中保持一致。

在代码清单 8-7 中，新创建的 HTML 文档使用 \<canvas\> 元素作为投放框，以此说明 setDragImage() 方法的重要性。

代码清单 8-7：将 `<canvas>` 作为投放框

```
<!DOCTYPE html>
<html lang="en">
<head>
  <title>Drag and Drop</title>
  <link rel="stylesheet" href="dragdrop.css">
  <script src="dragdrop.js"></script>
</head>
<body>
  <section id="dropbox">
    <canvas id="canvas" width="500" height="300"></canvas>
  </section>
  <section id="picturesbox">
    <img id="image1" src="http://www.minkbooks.com/content/monster1.gif">
    <img id="image2" src="http://www.minkbooks.com/content/monster2.gif">
    <img id="image3" src="http://www.minkbooks.com/content/monster3.gif">
    <img id="image4" src="http://www.minkbooks.com/content/monster4.gif">
  </section>
</body>
</html>
```

这个例子可能与真正的应用程序很相似。代码清单 8-8 的代码可以控制整个过程的三个不同方面。在拖动图像时，代码会执行 dragged() 函数，并且使用 setDragImage() 方法设置自定义的拖动图像。这段代码还可获取画面上下文，使用 drawImage() 方法及源元素引用绘制所投放的图像，最后，ending() 函数会隐藏源元素。

代码清单 8-8：一个小小的拖放应用程序

```
function initiate(){
  var images=document.querySelectorAll('#picturesbox > img');
  for(var i=0; i<images.length; i++){
    images[i].addEventListener('dragstart', dragged, false);
    images[i].addEventListener('dragend', ending, false);
  }

  drop=document.getElementById('canvas');
  canvas=drop.getContext('2d');

  drop.addEventListener('dragenter', function(e){
e.preventDefault(); }, false);
  drop.addEventListener('dragover', function(e){
e.preventDefault(); }, false);
  drop.addEventListener('drop', dropped, false);
}
function ending(e){
  elem=e.target;
  elem.style.visibility='hidden';
}
function dragged(e){
  elem=e.target;
  e.dataTransfer.setData('Text', elem.getAttribute('id'));
  e.dataTransfer.setDragImage(e.target, 0, 0);
```

```
}
function dropped(e){
  e.preventDefault();
  var id=e.dataTransfer.getData('Text');
  var elem=document.getElementById(id);

  var posx=e.pageX-drop.offsetLeft;
  var posy=e.pageY-drop.offsetTop;
  canvas.drawImage(elem,posx,posy);
}
window.addEventListener('load', initiate, false);
```

使用之前的拖动元素创建自定义缩略图。这里不会修改图像，但是将它的位置设置为 (0,0)，这意味着现在能够准确知道缩略图与鼠标的相对位置。dropped() 函数也可以使用这些信息。使用上一章介绍的方法，就可以准确计算源元素投放到画布的位置，从而将图像绘制到准确的位置上。如果在支持 setDragImage() 方法的浏览器（如 Firefox 4）上测试这个例子，就可以看到，图像会绘制到画布中与缩略图对应的位置上，因此用户能够很方便地确定图像的投放位置。

重要提示：在操作结束之后，代码清单 8-8 的代码会使用 dragend 事件隐藏原始的图像。当拖动操作结束时（无论是成功或失败），源元素就会触发这个事件。在例子中，在两种情况下图像都会隐藏。因此必须进行控制，只有在操作成功时才隐藏图像。

8.1.6 文件

拖放 API 中最有意思的是文件操作。这个 API 不仅支持文档内的拖放操作，还支持与操作系统进行交互，允许用户将浏览器内容拖放到其他应用程序，反之亦然。通常，外部应用程序最常用的是文件。

如前所述，dataTransfer 对象中有一个专门支持这个需求的特殊属性，它会返回一个数组，其中包括一组拖动的文件。使用这些信息，就可以创建复杂的脚本，帮助用户处理文件或将文件上传到服务器上。

代码清单 8-9 的 HTML 文档仅仅提供了一个投放框。可以将外部应用程序（例如，资源管理器）中的文件拖放到这个投放框中。下面的代码将对文件数据进行处理：

代码清单 8-9：支持文件拖放的简单模板

```
<!DOCTYPE html>
<html lang="en">
<head>
  <title>Drag and Drop</title>
  <link rel="stylesheet" href="dragdrop.css">
  <script src="dragdrop.js"></script>
</head>
<body>
  <section id="dropbox">
    Drag and drop FILES here
```

```
    </section>
  </body>
</html>
```

files 属性返回的信息可以保存在一个变量中，然后通过 for 循环读取这些信息。代码清单 8-10 的代码仅仅在投放框中显示各个文件的名称与尺寸。如果要使用这些信息来创建更复杂的应用程序，则需要结合其他 API 和编程方法，将在本书后面的内容中进行介绍。

代码清单 8-10：处理文件数据

```
function initiate(){
  drop=document.getElementById('dropbox');
  drop.addEventListener('dragenter', function(e){
e.preventDefault(); }, false);
  drop.addEventListener('dragover', function(e){
e.preventDefault(); }, false);
  drop.addEventListener('drop', dropped, false);
}
function dropped(e){
  e.preventDefault();
  var files=e.dataTransfer.files;
  var list='';
  for(var f=0;f<files.length;f++){
    list+='File: '+files[f].name+' '+files[f].size+'<br>';
  }
  drop.innerHTML=list;
}
window.addEventListener('load', initiate, false);
```

动手实践：创建新的文件，添加代码清单 8-9 和代码清单 8-10 的代码，在浏览器中打开这个模板。从资源浏览器或其他类似的程序拖动文件到模板的投放框中。然后，这个框会显示包含所拖放文件的名称与大小的信息列表。

8.2 快速参考——拖放 API

拖放 API 增加了一些特殊的事件、方法和属性，可用于创建支持这些特性的应用程序。

8.2.1 事件

这个 API 增加了 7 个新事件：

dragstart——当拖动操作开始时，源元素就会触发这个事件。

drag——在拖动操作执行过程中，源元素就会触发这个事件。

dragend——当拖动操作结束时，包括投放操作成功或拖动操作取消，源元素就会触发这个事件。

dragenter——当鼠标指针进入元素所占用的区域时，目标元素就会触发这个事件。一定要使用 preventDefault() 方法取消这个事件。

dragover——当鼠标指针移到元素之上时，就会触发这个事件。一定要使用 preventDefault() 方法取消这个事件。

drop——当源元素投放到目标元素时，目标元素就会触发这个事件。一定要使用 preventDefault() 方法取消这个事件。

dragleave——当鼠标指针离开元素所占用的区域时，目标元素就会触发这个事件。

8.2.2 方法

下面是这个 API 所引入的一组最重要的方法：

setData(type, data)——当 dragstart 事件触发时，可以使用这个方法准备需要发送的数据。type 属性可以指定任意常规类型（如 text/plain 或 text/html）或自定义类型。

getData(type)——这个方法返回指定类型的数据。当投放事件触发时，就会调用这个方法。

clearData(type)——这个方法可以删除指定类型的数据。

setDragImage(element, x, y)——这个方法可以将浏览器创建的默认缩略图替换为自定义图像，并且将其位置设置为鼠标指针所在位置。

8.2.3 属性

dataTransfer 对象保存拖放操作所传输的数据，其中也引入了一些有用的属性：

types——这个属性返回一个数组，其中包含 dragstart 事件中所设置的全部类型。

files——这个属性返回一个数组，其中包含所拖放文件的信息。

dropEffect——这个属性返回当前选择的操作类型。设置这个属性，就可以修改选择的操作。它支持的值有：none、copy、link 和 move。

effectAllowed——这个属性返回所允许的操作类型。设置这个属性，就可以修改允许的操作。它持的值有：none、copy、copyLink、copyMove、link、linkMove、move、all 和 uninitialized。

第⑨章

地理位置 API

9.1 定位

地理位置（Geolocation）API 的设计目的，是为浏览器提供一个默认的检测机制，开发人员用它可以判断用户所在的物理位置。过去，我们只能构建一个庞大的 IP 地址数据库，编写非常占用资源的脚本放在服务器端，然后只能大致确定用户的位置（精度不高，很多时候只能定位到国家）。

地理位置 API 利用新的系统（例如网络三角测量或 GPS）返回运行应用程序的设备所在的确切位置。通过地理位置 API 返回的有用信息，我们可以创建出自动适应用户特殊需求或者自动提供本地化信息的应用程序。

地理位置 API 提供了三个具体方法：

❑ getCurrentPosition(location, error, configuration)——单一请求使用这个方法。它可以有三个属性：处理返回位置的函数，处理返回错误的函数，配置信息获取方式的对象。使用这个方法时，只有第一个属性是必需的。

❑ watchPosition(location, error, configuration)——这个方法与前一个方法类似，只是它会启动一个用于检测新位置的守护进程。它的工作方式与 JavaScript 的 setInterval() 方法类似，在默认配置或属性值指定的时间周期内自动重复执行进程。

❑ clearWatch(id)——watchPosition() 方法返回一个值，这个值可以保存在变量中，然后作为 id 在 clearWatch() 方法用中来停止守护进程。这与使用 clearInterval() 方法停止由 setInterval() 启动的进程的方法类似。

9.1.1 getCurrentPosition(location)

前面提到，使用 getCurrentPosition() 方法时只有第一个属性是必需的。这个属性是一个回调函数，它会接收一个名为 Position 的对象，此对象保存由地理位置系统获取的全部信息。

Position 对象有两个属性：

❑ coords——坐标属性，这个属性包含的一组值构成设备的位置及其他重要信息。可以通过以下 7 个内部属性访问这些值：latitude、longitude、altitude（单位是米）、accuracy（单位是米）、altitudeAccuracy（单位是米）、heading（单位是角度）、speed（单位是米/秒）。

❑ timestamp——时间戳，这个属性代表信息获取的时间。

把这个对象传递给回调函数后，在函数内就可以访问对象中包含的值。下面来看一个使用这个方法的实例（见代码清单 9-1）：

代码清单 9-1：地理定位的 HTML 文档

```
<!DOCTYPE html>
<html lang="en">
<head>
  <title>Geolocation</title>
  <script src="geolocation.js"></script>
</head>
<body>
  <section id="location">
    <button id="getlocation">Get my location</button>
  </section>
</body>
</html>
```

代码清单 9-1 是本章后面代码的模板。这个文档十分简单，只有一个 `<button>` 元素在一个 `<section>` 元素中，将用 `<section>` 元素来显示由地理位置系统获取的信息。

地理位置 API 的实现很简单：使用 getCurrentPosition() 方法，然后创建一个函数来显示返回的值。getCurrentPosition() 方法是 geolocation 对象的一个方法。这个新对象是 navigator 对象的一部分，而 navigator 对象是前面实现的用来返回浏览器及系统信息的 JavaScript 对象。所以，访问 getCurrentPosition() 方法的语法是：navigator. geolocation.getCurrentPosition(function)，其中 function 是个定制函数，功能是获取返回的 Position 对象并处理返回的信息。

在代码清单 9-2 的代码中，这个函数名为 showinfo。在调用 getCurrentPosition() 方法时，会用地点信息新建一个 Position 对象，然后将这个 Position 对象发送给 showinfo() 函数。在函数内用变量 position 来引用这个对象，然后用这个变量显示数据。

代码清单 9-2：获取位置信息

```
function initia te(){
  var get=document.getElementById('getlocation');
  get.addEventListener('click', getlocation, false);
}
function getlocation(){
  navigator.geolocation.getCurrentPosition(showinfo);
}
function showinfo(position){
  var location=document.getElementById('location');
  var data='';
  data+='Latitude: '+position.coords.latitude+'<br>';
  data+='Longitude: '+position.coords.longitude+'<br>';
  data+='Accuracy: '+position.coords.accuracy+'mts.<br>';
  location.innerHTML=data;
}
window.addEventListener('load', initiate, false);
```

Position 对象有两个重要的属性：coords 和 timestamp。在示例中，只使用 coords 来获取需要的信息（经度、纬度和精确度）。这些值都保存在变量 data 内，然后作为 location 元素的新内容显示在屏幕上。

动手实践：请使用代码清单 9-1 和代码清单 9-2 中的代码创建对应的文件，把文件上传到服务器中，然后在浏览器中打开 HTML 文档。在单击按钮时，浏览器会提问是否要为这个应用程序激活地理位置系统。如果允许应用程序访问这个信息，则在屏幕上就会显示出你所在位置的经度、纬度和精确度信息。

9.1.2　getCurrentPosition(location, error)

但是，如果用户不允许浏览器访问他的位置信息时，会发生什么情况呢？通过添加第二个属性（另一个函数），我们能够捕捉到在这个过程中生成的错误，其中一个错误就是用户拒绝位置访问时发生的。

如果检测到错误，则 Position 对象的 getCurrentPosition() 方法返回 PositionError 对象。把返回的对象发送给 getCurrentPosition() 的第二个属性，这个对象有两个属性：error 和 message，用来提供该错误的值和描述。3 种可能发生的错误分别由以下常量表示：

❑ PERMISSION_DENIED——值 1。当用户拒绝地理位置 API 访问其地址信息的时候，产生这个错误。

❑ POSITION_UNAVAILABLE——值 2。在不能判断设备的位置时，产生这个错误。

❑ TIMEOUT——值 3。在配置中声明的时间段内不能判断设备的位置时，产生这个错误。

这些错误消息主要供内部使用。它的目的是为应用程序提供一个了解情况并进行相应处理的机制。在代码清单 9-3 的代码中，给 getCurrentPosition() 方法添加了第二个参数（另外一个回调函数），并创建了 showerror() 函数，显示 code 和 message 属性的信息。根据错误代码对应的数值（参见前面的列表），code 的值是 0 ～ 3 之间的数字。

代码清单 9-3：显示错误消息

```
function initiate(){
  var get=document.getElementById('getlocation');
  get.addEventListener('click', getlocation, false);
}
function getlocation(){
  navigator.geolocation.getCurrentPosition(showinfo, showerror);
}
function showinfo(position){
  var location=document.getElementById('location');
  var data='';
  data+='Latitude: '+position.coords.latitude+'<br>';
  data+='Longitude: '+position.coords.longitude+'<br>';
  data+='Accuracy: '+position.coords.accuracy+'mts.<br>';
  location.innerHTML=data;
}
function showerror(error){
```

```
    alert('Error: '+error.code+' '+error.message);
  }
window.addEventListener('load', initiate, false);
```

出于学习目的，这里使用 alert() 方法来显示数据，但在实际工作中，应该悄悄地处理返回的错误信息，尽可能不向用户显示警告。

把 PositionError 对象发送给 showerror() 函数，由变量 error 表示。也可以检查单个错误（例如 error.PERMISSION_DENIED），只有当特定条件为 true 时才显示警告。

9.1.3 getCurrentPosition(location, error, configuration)

getCurrentPosition() 方法第三个可能的值是个对象，这个对象可包含以下三个属性：
- ❑ enableHighAccuracy——启用高精度；这个布尔属性告诉系统，要求得到最精确的位置。例如，浏览器会尝试通过 GPS 之类的系统获得位置信息，以提供设备的准确位置。这些系统消耗的资源很多，应该限定在特定条件下使用。因此，这个属性的默认值为 false。
- ❑ timeout——超时；这个属性指定操作允许的最长时间。如果在指定的时间限制内没有得到位置信息，则返回 TIMEOUT 错误。这个属性的值以毫秒为单位。
- ❑ maximumAge——最大有效期；系统会缓存以前的位置。如果认为保存最后得到的信息比获取新的位置信息（为了减少资源消耗或者实现快速响应）更合适，则可以将这个属性设置为具体的时间限制。如果最后缓存的位置比这个属性的值旧，则会从系统获取新的位置信息。这个属性的值以毫秒为单位。

代码清单 9-4 中的代码试图在 10 秒钟之内得到设备最精确的位置，但只有在前面缓存的位置不超过 60 秒的时候才能获取新位置（如果在 60 秒之内，则返回的 Position 对象就是前面缓存的位置。）

代码清单 9-4：系统配置

```
function initiate(){
  var get=document.getElementById('getlocation');
  get.addEventListener('click', getlocation, false);
}
function getlocation(){
  var geoconfig={
    enableHighAccuracy:
    true, timeout: 10000,
    maximumAge: 60000
  };
  navigator.geolocation.getCurrentPosition(showinfo, showerror, geoconfig);
}
function showinfo(position){
  var location=document.getElementById('location');
  var data='';
  data+='Latitude: '+position.coords.latitude+'<br>';
  data+='Longitude: '+position.coords.longitude+'<br>';
  data+='Accuracy: '+position.coords.accuracy+'mts.<br>';
  location.innerHTML=data;
```

```
}
function showerror(error){
  alert('Error: '+error.code+' '+error.message);
}
window.addEventListener('load', initiate, false);
```

首先创建包含配置值的对象，然后在 getCurrentPosition() 方法中引用。其余代码没有任何变动。showinfo() 函数将在屏幕上显示位置信息，并不考虑信息从何而来（它是缓存的还是全新的）。

基础知识回顾：JavaScript 提供了多种方式来构建对象。为了清晰，这里选择了先创建对象，将其保存在变量 geoconfig 中，然后在 getCurrentPosition() 方法中使用这个引用。但是，可以直接将对象作为属性插入方法中。在小应用程序中通常可以省略对象，但对复杂的代码来说这样做不合适。关于对象如果想了解更多，请访问我们的网站上本章对应的链接。

上面的代码开始展示了地理位置 API 的实际用途。最有效、最有用的功能是面向移动设备的。例如，当 enableHighAccuracy 属性值为 true 时，会指示浏览器使用 GPS 之类的系统获得最精确的位置。下面将看到的两种方法 watchPosition() 和 clearWatch() 负责位置更新，当然，只有在访问应用程序的设备是移动设备（而且正在移动当中）的时候，才有可能进行位置更新。这就带来了两个重要的话题。第一，必须在移动设备上测试多数代码才能确切地了解它们在真实情况中的执行情况。第二，必须为这个 API 的使用负责。GPS 及其他定位系统要消耗大量资源，而在多数情况下，稍不注意，设备的电池就会很快耗尽。对于第一点，可有备选方案，只要访问 dev.w3.org/geo/api/test-suite/，使用上面的地理 API 测试套件即可。至于第二点，这里有一个小建议：只有在严格必需的时候，才将 enableHighAccuracy 属性设置为 true，千万不要滥用这一能力。

9.1.4 watchPosition(location, error, configuration)

与 getCurrentPosition() 类似，watchPosition() 方法接受三个属性，执行的任务也相同：这个方法获得访问应用程序的设备的位置。两个方法唯一的不同是，前者是一次性操作，而 watchPosition() 会在每次位置变动时，自动提供新的数据。这个方法会一直监视，每当出现新的位置时，就自动向回调函数发送新的位置信息，直到用 clearWatch() 方法取消这个过程为止。

代码清单 9-5 演示了如何以前面的代码为基础实现 watchPosition() 方法：

代码清单 9-5：测试 watchPosition() 方法

```
function initiate(){
  var get=document.getElementById('getlocation');
  get.addEventListener('click', getlocation, false);
```

```
}
function getlocation(){
  var geoconfig={
    enableHighAccuracy: true,
    maximumAge: 60000
  };
  control=navigator.geolocation.watchPosition(showinfo,
showerror, geoconfig);
}
function showinfo(position){
  var location=document.getElementById('location');
  var data='';
  data+='Latitude: '+position.coords.latitude+'<br>';
  data+='Longitude: '+position.coords.longitude+'<br>';
  data+='Accuracy: '+position.coords.accuracy+'mts.<br>';
  location.innerHTML=data;
}
function showerror(error){
  alert('Error: '+error.code+' '+error.message);
}
window.addEventListener('load', initiate, false);
```

如果在静止不动的 PC 上使用这个代码，看不出任何效果，但在移动设备上，只要设备的位置有变动，就会显示新的信息。maximumAge 属性决定了向 showinfo() 方法发送信息的频度。如果新位置是在前一个位置获取之后 60 秒（60 000 毫秒）后获取的，则显示新位置；如低于 60 秒，则不调用 showinfo() 函数。

请注意，watchPosition() 方法返回的值保存在变量 control 内。这个变量相当于这个操作的 id。如果后面要取消这个方法的处理，只要执行 clearWatch(control) 这行代码，watchPosition() 就会停止更新信息。

如果在台式机上运行这个代码，watchPosition() 方法与 getCurrentPosition() 的工作机制类似；不会出现信息的更新。只有在位置发生变动的时候，才会调用回调函数。

9.1.5　Google Maps 实战

迄今为止所演示的，只是将位置数据原样在屏幕上显示，怎么接收到的，怎么显示。但是，这些值对于普通人来讲，通常毫无意义。人们通常不能立即报出自己位置的经度和纬度，更不用说用这些值识别出地球上的另一个地方。我们有两个替代方案：在内部使用这个信息，用它计算出位置、距离以及其他变量，向用户提供有针对性的结果（例如所在区域的产品或餐馆），或者用更全面的方式直接显示从地理位置 API 获取的信息。那么，还有什么比使用地图表示地理位置更好的方式呢？

本书前面讨论过 Google Maps API。这是 Google 提供的一个外部 JavaScript API，与 HTML5 毫无关系，但在现代网站和当今的应用程序中得到广泛应用。它提供了操作交互式地图的各种方案，通过街景（StreetView）技术甚至能够查看特定地点的真实影像。

代码清单 9-6 中这个简单的示例使用 Google Maps API 的一部分，称为静态地图 API。通过这个具体的 API, 只需要用地点信息构建一个 URL, 就能将地图上选定区域的图片返回。

代码清单 9-6: 在地图上表示位置

```
function initiate(){
  var get=document.getElementById('getlocation');
  get.addEventListener('click', getlocation, false);
}
function getlocation(){
  navigator.geolocation.getCurrentPosition(showinfo, showerror);
}
function showinfo(position){
  var location=document.getElementById('location');
  var
mapurl='http://maps.google.com/maps/api/staticmap?
center='+position.coords.latitude+','+position.coords.longitude+'&zoom=12&
size=400x400&sensor=false&markers='+position.coords.latitude+','+position.
coords.longitude;
  location.innerHTML='<img src="'+mapurl+'">';
}
function showerror(error){
  alert('Error: '+error.code+' '+error.message);
}
window.addEventListener('load', initiate, false);
```

代码很简单: 同以前一样, 使用 getCurrentPosition() 方法, 并将信息发送给 showinfo(), 但现在在这个函数中, 将 Position 对象的值添加到 Google URL 中, 然后将地址插入 <img> 元素的源地址内, 供在屏幕上显示地图使用。

动手实践: 请使用代码清单 9-1 作为模板, 在自己的浏览器中测试代码清单 9-6 的代码。请访问 Google Maps API 的网页, 研究其他替代方案, 地址是: code.google.com/apis/maps/。修改 URL 中 zoom 和 size 属性的值, 改变 API 返回的地图。

9.2 快速参考——地理位置 API

在现代的 web 应用程序中, 判断用户的位置变得日益重要。移动设备的成功提供了充分利用这一信息的应用程序的可能性。

9.2.1 方法

地理位置 API 提供了三个方法从设备获得位置信息:

❑ getCurrentPosition(location, error, configuration)——每次调用时, 这个方法返回地位信息。第一个属性是个回调函数, 负责接收信息; 第二个属性是另一个回调函数, 负责处理错误; 第三个属性是个对象, 负责提供配置值 (请参阅 9.2.2 节的 "配置对象" 条目)。

❑ watchPosition(location, error, configuration)——当位置发生变化时, 这个方法就自动返回信息。第一个属性是个回调函数, 负责接收信息; 第二个属性是另一个回调函数, 负责处理错误; 第三个属性是个对象, 负责提供配置值 (请参阅 9.2.2 节的 "配置对象"

条目）。

❏ clearWatch(id)——这个方法取消 `watchPosition()` 方法启动的进程。`id` 属性是调用 `watchPosition()` 方法启动进程时返回的标识。

9.2.2 对象

`getCurrentPosition()` 方法和 `watchPosition()` 方法生成两个对象，用来传递从地理位置系统获取的信息以及操作的状态，它们是：

❏ Position——位置对象，生成这个对象用来容纳检测到的位置信息。这个对象有两个属性：`coords` 和 `timestamp`。

  ❏ coords——坐标；这是 Position 对象的一个属性。它有 7 个内部属性，代表返回的位置信息，分别是：`latitude`（纬度）、`longitude`（经度）、`altitude`（海拔，单位：米）、`accuracy`（精度，单位：米）、`altitudeAccuracy`（海拔精度，单位：米）、`heading`（角度，单位：度）、`speed`（速度，单位：米/秒）。

  ❏ timestamp——时间戳；这是 Position 对象的一个属性。它返回检测位置时的时间。

❏ PositionError——位置错误对象，在发生错误时生成这个对象。它提供了两个通用属性代表错误值和错误消息，并规定了 4 个特定的值代表每个错误标识。

  ❏ message——错误消息；这是属性 PositionError 对象的一个属性，返回对检测到的错误进行描述的消息。

  ❏ error——错误，这是 PositionError 对象的一个属性，它包含检测到的错误值。可能的错误值标识及值如下所示：

    ❏ PERMISSION_DENIED——权限错误，error 属性值为 1。当用户不允许地理位置 API 访问其位置时，这个常量为 `true`。

    ❏ POSITION_UNAVAILABLE——位置不可用；error 属性值为 2。在不能判断设备的位置时，这个常量为 `true`。

    ❏ TIMEOUT——超时，error 属性值为 3。在配置声明的时限内不能判断位置时，这个常量为 `true`。

`getCurrentPosition()` 方法和 `watchPosition()` 方法在配置的时候需要以下对象：

❏ **配置对象**——这个对象向 `getCurrentPosition ()` 方法和 `watchPosition()` 方法提供配置值。

❏ enableHighAccuracy——启用高精度；这是配置对象可用的一个属性。如果设置为 `true`，则要求浏览器尽可能获得最精确的位置。

❏ timeout——超时；这是配置对象可用的一个属性。它指定执行操作可以花费的最长时间。

❏ maximumAge——最长寿命；这是配置对象可用的一个属性。它指定最后缓存的位置的有效期。

第 ⑩ 章

Web 存储 API

10.1 两个存储系统

万维网最初的设想，是作为展示信息的一种方式——只是显示信息。信息处理是后来才出现的，先是服务器上的应用程序，然后是客户端效率低下的小脚本和插件。但是，Web 的实质基本没变：信息在服务器上处理，然后显示给用户。因为系统没有利用用户计算机上的资源，所以艰巨的工作几乎总是在服务器端完成。

HTML5 对这种情况作了平衡。在移动设备的一些具体特征的影响下，随着云计算的出现，随着这些年来对插件技术和创新标准化的需求，HTML5 规格中包含的功能，使它可以在用户的计算机上运行功能齐全的应用程序，即使在没有网络可用的时候也可以运行。

对于任何应用程序来说，必备的功能之一就是能够存储数据，并在需要的时候提供数据，但过去在 Web 的用户端，没有能够支持数据存储的有效机制。cookie 曾用来在客户端存储少量信息，但受其性质所限，cookie 只限存储一些短的字符串，而且只在一些特定情况下使用。

Web 存储 API 基本上是在 cookie 之上的增强。这个 API 允许我们像桌面应用程序那样在用户的硬盘上存储数据，并在日后使用这些数据。这个 API 提供的存储过程可以在两种具体的情况下使用：信息必须且只在会话过程中使用、信息必须长期保存且由用户决定时长。为了让开发人员明确这一点，这个 API 分成两个部分，分别称为 sessionStorage（会话存储）和 localStorage（本地存储）。

- ❏ sessionStorage——这个存储机制只在页面会话期间保持数据可用。实际上，与真正的会话不同，通过这种机制存储的信息，只能由一个窗口或一个选项卡访问，一旦窗口关闭，它就消失。但存储规范说的仍然是"会话"，因为即使在窗口刷新或者从同一网站加载新页面的时候，信息仍然保持。
- ❏ localStorage——这个机制与桌面应用程序的存储机制类似。存储的数据永久保持，创建数据的应用程序一直可以使用数据。

两个机制工作的接口类似，而且共享相同的方法和属性。两个机制都是来源依赖型的，即只有创建数据的机制才能使用信息。每个网站都有自己的存储空间，根据使用的机制不同，存储空间或者随着窗口关闭释放，或者持久存在。

这个 API 明确地区分了临时数据和持久数据，因此既方便编写只需要保持少量字符串临时引用的小应用程序（例如，购物车），也方便编写必须保存整个文档多次按需使用的大型或更复杂的应用程序。

重点提示：多数浏览器只有在源是真正的服务器时，才能正常处理这个 API。在测试后面的代码时，建议先将文件上传到服务器上。

10.2　sessionStorage

sessionStorage 这部分 API 就像是会话 cookie 的替代。cookies 以及 sessionStorage 都是在特定的时间段内保持数据可用，但 cookie 使用浏览器作为引用，而 sessionStorage 使用单个窗口或选项卡作为引用。这意味着只要浏览器窗口依然打开，为会话创建的 cookie 就一直可用；而 sessionStorage 创建的数据，在窗口关闭之后，就不再可用（只针对特定窗口或选项卡）。

10.2.1　数据存储的实现

sessionStorage 和 localStorage 这两套系统使用相同的接口，所以只需要一个 HTML 文档和一个简单的表单，就能测试代码、体验这个 API（见代码清单 10-1）：

代码清单 10-1：存储 API 的模板

```
<!DOCTYPE html>
<html lang="en">
<head>
  <title>Web Storage API</title>
  <link rel="stylesheet" href="storage.css">
  <script src="storage.js"></script>
</head>
<body>
  <section id="formbox">
   <form name="form">
     <p>Keyword:<br><input type="text" name="keyword" id="keyword"></p>
     <p>Value:<br><textarea name="text" id="text"></textarea></p>
     <p><input type="button" name="save" id="save" value="Save"></p>
   </form>
  </section>
  <section id="databox">
   No Information available
  </section>
</body>
</html>
```

还创建了一套简单的样式来修饰页面，将表单区域与显示和列出数据的方框区分开（见代码清单 10-2）。

代码清单 10-2：本章模板使用的样式

```
#formbox{
  float: left;
  padding: 20px;
  border: 1px solid #999999;
}
```

```
#databox{
  float: left;
  width: 400px;
  margin-left: 20px;
  padding: 20px;
  border: 1px solid #999999;
}
#keyword, #text{
  width: 200px;
}
#databox > div{
  padding: 5px;
  border-bottom: 1px solid #999999;
}
```

动手实验：代码清单 10-1 的代码创建 HTML 文件，用代码清单 10-2 的代码创建称为
storage.css 的 CSS 文件。还需要在名为 storage.js 的文件内存储和测试下面介
绍的 JavaScript 代码。

10.2.2　创建数据

sessionStorage 和 localStorage 都将数据存储为项。项采用关键字 / 值组合的格式，
每个值在存储前都要转化成字符串。可以将项看成变量，各有一个名称和一个值，可以创建、修
改或删除。

有两个新的 API 方法用来创建项和从存储空间获取项（见代码清单 10-3）：

❏ setItem(key, value)——创建项时必须调用这个方法。根据指定的属性，用关键字和值创
建项。如果已经存在一个关键字相同的项，则会有新的值更新该项，所以也可以用这个
方法来修改数据。

❏ getItem(key)——要获取项值的时候必须调用这个方法，并指定要获取值的项的关键字。
获取项使用的关键字要与 setItem() 创建项时声明的关键字相同。

代码清单 10-3：存储和获取数据

```
function initiate(){
  var button=document.getElementById('save');
  button.addEventListener('click', newitem, false);
}
function newitem(){
  var keyword=document.getElementById('keyword').value;
  var value=document.getElementById('text').value;
  sessionStorage.setItem(keyword,value);

  show(keyword);
}
function show(keyword){
  var databox=document.getElementById('databox');
  var value=sessionStorage.getItem(keyword);
  databox.innerHTML='<div>'+keyword+' - '+value+'</div>';
}
```

```
window.addEventListener('load', initiate, false);
```

整个过程极为简单。调用的方法都属于 sessionStorage，调用的语法是 sessionStorage.setItem()。在代码清单 10-3 的代码中，每次用户单击表单上的按钮，都会执行 newitem() 函数。这个函数用表单中插入的信息创建项，然后调用 show() 函数，后者根据接收到的关键字，用 getItem() 方法获得对应的项，然后在屏幕上显示这个项的内容。

除了这些方法外，Web 存储 API 还提供了创建项和从存储空间获取项的快捷方式。可以使用项的关键字作为属性来访问项。根据用来创建项的信息类型，这种方法采用了两种语法。如代码清单 10-4 所示，可以将关键字变量放在方括号内（例如，sessionStorage[keyword]=value），也可以使用字符串作为属性名（例如，sessionStorage.myitem=value）。

代码清单 10-4：使用快捷方式操作项

```
function initiate(){
  var button=document.getElementById('save');
  button.addEventListener('click', newitem, false);
}
function newitem(){
var keyword=document.getElementById('keyword').value;
  var value=document.getElementById('text').value;
  sessionStorage[keyword]=value;

  show(keyword);
}
function show(keyword){
  var databox=document.getElementById('databox');
  var value=sessionStorage[keyword];
  databox.innerHTML='<div>'+keyword+' - '+value+'</div>';
}
window.addEventListener('load', initiate, false);
```

10.2.3 读取数据

前面的代码只获取最后保存的项。下面要对代码进行改善，让它利用 API 提供的更多方法和更多属性来操纵项，使代码变得更有用：

❑ length——这个属性返回这个应用程序在存储空间中积累的项的数量。它的机制与 JavaScript 中数组常用的 length 属性完全一样，对于顺序读取来说非常有用。

❑ key(index)——项是顺序存储的，项的索引号从 0 开始，自动增长。利用这个方法，可以获取特定的项，也可以创建一个循环，获取存储的全部信息。

代码清单 10-5 中代码的目的，是在屏幕右侧的框中，完整地列出全部项。对 show() 函数用 length 属性和 key() 方法做了改进。创建了一个 for 循环，从 0 开始，一直循环到存储空间中拥有的项数量，key() 方法则返回每个位置对应元素的关键字。例如，如果存储空间位置 0 上的项是用关键字"myitem"创建的，则代码 sessionStorage.key(0) 会返回"myitem"。在循环中调用这个方法，可以在屏幕上列出所有项的关键字和值。

代码清单 10-5：列出项

```
function initiate(){
  var button=document.getElementById('save');
  button.addEventListener('click', newitem, false);
  show();
}
function newitem(){
  var keyword=document.getElementById('keyword').value;
  var value=document.getElementById('text').value;

  sessionStorage.setItem(keyword,value);
  show();
  document.getElementById('keyword').value='';
  document.getElementById('text').value='';
}
function show(){
  var databox=document.getElementById('databox');
  databox.innerHTML='';
  for(var f=0;f<sessionStorage.length;f++){
    var keyword=sessionStorage.key(f);
    var value=sessionStorage.getItem(keyword);
    databox.innerHTML+='<div>'+keyword+' - '+value+'</div>';
  }
}
window.addEventListener('load', initiate, false);
```

在 initiate() 函数中调用 show() 函数的目的，是在应用程序启动的时候，立即显示存储空间中已经存储的项。

动手实验：可以利用第 6 章学习的表单 API 检查输入域的正确性，不允许插入无效项或空白项。

10.2.4　删除数据

项能够创建、读取，当然也能删除。有两个方法可以删除项：

❏ removeItem(key)——这个方法删除单个项。标识项的关键字，必须与通过 setItem() 方法创建项时使用的关键字相同。

❏ clear()——这个方法清空整个存储空间。每个项都被删除。

代码清单 10-6 中的 initiate() 函数和 newitem() 函数与前面代码中的同名函数相同。只有 show() 函数变了，加入了事件处理程序 onclick 来调用删除单个项或全部项的函数。项列表的构建方式与前面相同，但这次在每个项旁边添加了一个 "remov"（删除）按钮，用来删除项。在列表顶部还添加了另外一个按钮，用来删除所有项。

代码清单 10-6：删除项

```
function initiate(){
  var button=document.getElementById('save');
  button.addEventListener('click', newitem, false);
```

```
    show();
}
function newitem(){
  var keyword=document.getElementById('keyword').value;
  var value=document.getElementById('text').value;

  sessionStorage.setItem(keyword,value);
  show();
  document.getElementById('keyword').value='';
  document.getElementById('text').value='';
}
function show(){
  var databox=document.getElementById('databox');
  databox.innerHTML='<div><button onclick="removeAll()">erase
everything</button></div>';
  for(var f=0;f<sessionStorage.length;f++){
    var keyword=sessionStorage.key(f);
    var value=sessionStorage.getItem(keyword);
    databox.innerHTML+='<div>'+keyword+'-'+value+'<br><button
onclick="remove(\''+keyword+'\')">remove</button></div>';
  }
}
function remove(keyword){
  if(confirm('Are you sure?')){
    sessionStorage.removeItem(keyword);
    show();
  }
}
function removeAll(){
  if(confirm('Are you sure?')){
    sessionStorage.clear();
    show();
  }
}
window.addEventListener('load', initiate, false);
```

remove() 函数和 removeAll() 函数分别负责删除选中项和清除整个存储空间。每个函数在最后都调用 show() 函数更新屏幕上的项列表。

动手实验：利用代码清单 10-6 的代码，可以对 sessionStorage 的信息处理方式进行测试。请在浏览器中打开代码清单 10-1 的代码模板，创建新项，再在新的窗口中打开模板。每个窗口中的信息是不同的；老窗口中保持自己的数据可用，而新窗口的存储空间则是空的。与其他系统（例如 cookie）不同，sessionStorage 将每个窗口都看成应用的独立实例，因此会话的信息不在窗口间共享。

sessionStorage 系统对于窗口中创建的数据，只保留到窗口关闭之前。这一机制对于控制购物车或其他需要短期数据访问的应用程序来说比较有用。

10.3　localStorage

在窗口会话期间有一个可靠的系统来存储数据，在某些情况下可能极为有用。但是，如果想在 Web 上模拟强大的桌面应用程序，则一个临时的数据存储系统就不够用了。

为了解决这方面的需求，存储 API 提供了第二个系统，为每个来源保留一个存储空间，并保持信息持久可用。利用 `localStorage`，可以保存大量数据，并由用户决定信息是否依然有用，是否必须保留。

这个系统使用与 `sessionStorage` 相同的接口，所以本章前面学习的每个方法和属性，在 `localStorage` 上都适用。只需要将方法和属性的前缀由 `session` 换成 `local` 前即可。

代码清单 10-7 只是简单地照搬前面的代码，将 `sessionStorage` 替换成 `localStorage` 而已。现在创建的每个项会在不同的窗口之间保持，甚至在浏览器完全关闭之后仍然保持。

代码清单 10-7：使用 <code>localStorage</code>

```
function initiate(){
  var button=document.getElementById('save');
  button.addEventListener('click', newitem, false);
  show();
}
function newitem(){
  var keyword=document.getElementById('keyword').value;
  var value=document.getElementById('text').value;

  localStorage.setItem(keyword,value);
  show();
  document.getElementById('keyword').value='';
  document.getElementById('text').value='';
}
function show(){
  var databox=document.getElementById('databox');
  databox.innerHTML='';
  for(var f=0;f<localStorage.length;f++){
    var keyword=localStorage.key(f);
    var value=localStorage.getItem(keyword);
    databox.innerHTML+='<div>'+keyword+' - '+value+'</div>';
  }
}
window.addEventListener('load', initiate, false);
```

动手实验：使用代码清单 10-1 的代码模板，测试代码清单 10-7 的代码。这个代码会用表单的信息创建新项，自动列出存储空间中为这个应用程序保持的每个项。请关闭浏览器，然后再次打开 HTML 文件，在列表中仍然能够看到所有项。

10.3.1　storage 事件

因为 `localStorage` 向加载同一程序时打开的每个窗口都提供信息，所以产生了至少两个问题：这些窗口相互间如何通信，如何更新当前没有活动或没有焦点的窗口中的信息。为了解决这两个问题，存储 API 规范中包含了 `storage` 事件。

❏ storage——存储空间中每次发生变化时，都会触发这个事件。可以用这个事件通知同一应用程序打开的每个窗口，告诉它们存储空间中发生了变化，它们需要做些处理。

只需要用代码清单 10-8 中的代码在 initiate() 函数中开始侦听 storage 事件，每当创建、修改或删除项的时候，都执行 show() 函数。这样，在任何一个窗口内做修改，在运行同一应用程序的其他窗口中都会自动显示所做的修改。

代码清单 10-8：侦听 storage 事件，保持项列表更新

```javascript
function initiate(){
  var button=document.getElementById('save');
  button.addEventListener('click', newitem, false);
  window.addEventListener("storage", show, false);

  show();
}
function newitem(){
  var keyword=document.getElementById('keyword').value;
  var value=document.getElementById('text').value;

  localStorage.setItem(keyword,value);
  show();
  document.getElementById('keyword').value='';
  document.getElementById('text').value='';
}
function show(){
  var databox=document.getElementById('databox');
  databox.innerHTML='';
  for(var f=0;f<localStorage.length;f++){
    var keyword=localStorage.key(f);
    var value=localStorage.getItem(keyword);
    databox.innerHTML+='<div>'+keyword+' - '+value+'</div>';
  }
}
window.addEventListener('load', initiate, false);
```

10.3.2   存储空间

localStorage 存储的信息是持久的，由用户决定是否继续保留。这意味着每次使用这个应用程序时，这些信息在硬盘上占用的物理空间都可能增加。鉴于此，HTML5 规范建议浏览器厂商为每个来源（网站或应用程序）至少保留 5MB 空间。这只是建议，未来几年可能会有很大变化。有些浏览器会在应用程序需要更多空间的时候问用户是否要扩展空间，但您应该注意这个限制，在开发自己的应用程序时牢记这个限制。

10.4   快速参考——Web 存储 API

在存储 API 的帮助下，Web 应用程序现在能够提供本地存储。使用关键字 / 值组合，信息存储在用户的计算机上，可以快速地访问或者离线工作。

10.4.1 存储类型

提供了两种不同的机制来存储数据：

❑ sessionStorage——这个机制使存储的信息只供单个窗口使用，在窗口关闭后就消失。

❑ localStorage——这个机制存储永久数据，数据在运行同一应用程序的每个窗口间共享，在用户决定不再需要数据之前，数据一直可用。

10.4.2 方法

这个 API 包含一个公共接口和新的方法、属性及事件：

❑ setItem(key, value)——这个方法创建一个新项，存储在为应用程序保留的存储空间内。项由 key 和 value 两个属性创建的关键字 / 值组合构成。

❑ getItem(key)——这个方法获取项的内容，项由 key 属性指定的关键字标识。这个关键字的值必须与 setItem() 方法创建项时使用的关键字值相同。

❑ key(index)——这个方法返回 index 属性在存储空间指定位置上发现的项的关键字。

❑ removeItem(key)——这个方法删除 key 属性指定关键字所对应的项。这个关键字的值必须与 setItem() 方法创建项时使用的值相同。

❑ clear()——这个方法在为应用程序保留的存储空间中删除每个项。

10.4.3 属性

length——这个属性返回为应用程序保留的存储空间中可用的项数。

10.4.4 事件

storage——为应用程序保留的存储空间中每次发生变化时都会触发这个事件。

第 ⑪ 章

IndexedDB API

11.1 底层 API

第 10 章学习的存储 API 对存储少量数据有用，但对存储大量结构化数据来说，则必须求助于数据库系统。IndexedDB（索引数据库）API 就是 HTML5 为这个问题提供的解决方案。

IndexedDB 是一个数据库系统，它在用户的计算机上存储索引信息。它是作为底层 API 开发的，目的是支持更广泛的用途。这一做法将它变成最强大的 API，但也是最复杂的 API。它的目的是尽可能提供最基本的基础设施，允许开发人员在它上面进一步开发，为每个特定需求创建高层接口。在这样的底层 API 中，必须关注每件事情，控制每个操作中每个过程的情况。因此，多数开发人员都要花时间来熟悉这个 API，但在应用的时候，可能需要通过流行的库间接应用，例如 jQuery 或即将出现的其他库。

IndexedDB 采用的结构也与开发人员习惯的 SQL 或其他流行数据库系统不同。在 IndexedDB 中，数据库中的信息以对象（记录）的形式存储在对象库（表）中。对象库没有特定的结构，只能够找到其中对象的名称和索引。这些对象也没有既定的结构，每个对象的结构可以各不相同，多复杂都可以。对象的唯一条件就是：至少有一个属性声明为索引，以便在对象库中能够找到它们。

11.1.1 数据库

数据库本身很简单。因为每个数据库都与一台计算机、一个网站或一个应用程序关联，所以不需要考虑用户关联或其他形式的访问限制。只需要指定名称和版本，数据库就算就绪。

这个 API 声明的接口提供了 indexedDB 属性和用来创建数据库的 open() 方法。这个方法返回一个对象，同时还会触发两个事件，分别代表数据库创建成功或者出错。

在创建或打开数据库时必须考虑的第二个方面就是版本。API 要求给数据库分配一个版本。这是为了方便系统的日后迁移。如果必须在服务器端更新数据库的结构，以添加更多表或索引，通常要关闭服务器，将信息迁移到新的结构，然后再将服务器上线。但是，在浏览器中不可能关闭用户的计算机来执行迁移过程。因此必须修改数据库的版本，然后将信息从旧版本数据库迁移到新版本。

为了处理数据库的版本，API 提供了 version 属性和 setVersion() 方法。version 属性返回当前的版本值，setVersion() 方法给使用中的数据库分配一个新版本值。版本值可以是数字，也可以是自己喜欢的任意字符串。

11.1.2　对象和对象库

过去称为记录的，在 IndexedDB 中称为对象。对象带有属性，用来存储值和标识值。属性的个数与对象的结构没有关系。对象的唯一要求就是至少包含一个声明为索引的属性，以便对象库对象找到它们。

对象库（数据表）也没有特定的结构。在创建对象库的时候，只需要声明库的名称以及一个或多个索引，以便能够找到对象库中的对象。

如图 11-1 所示，对象库可以包含属性各异的各种对象。有些对象有 DVD 属性，有些对象有 Book 属性等。每个对象都有自己的结构，但都必须至少有一个属性作为索引，以便查找。在图 11-1 中，作为索引的属性可以是 Id 属性。

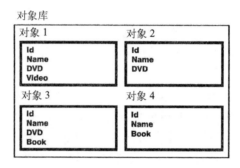

图 11-1　对象库中存储的属性各异的对象

要进行对象和对象库的操作，只需创建对象库、声明要用做索引的属性，然后开始在对象库中存储对象即可。目前还不需要考虑对象的结构和内容，只需要考虑索引，以便以后能够找到对象。

API 提供了几个方法来操纵对象库：

❑ createObjectStore(name, keyPath, autoIncrement)——这个方法用属性指定的名称和配置集合来新建一个对象库。name 属性是必需的。keyPath 属性用来声明每个对象的公共索引。autoIncrement 属性是个布尔值，用来指定对象库是否拥有一个键生成器。

❑ objectStore(name)——要访问对象库中的对象，必须启动一个事务，并为这个事务打开对象库。这个方法将打开 name 属性声明名称指定的对象库。

❑ deleteObjectStore(name)——这个方法删除 name 属性声明名称指定的对象库。.

只有在创建数据库或者将数据库升级为新版本的时候，才能应用 createObjectStore() 方法、deleteObjectStore() 方法，以及负责数据库配置的其他方法。

11.1.3　索引

要在对象库中寻找对象，需要将这些对象的某些属性设置为索引。简便的做法就是在

createObjectStore() 方法中声明 keyPath 属性。声明为 keyPath 的属性就成为对象库中存储的每个对象的公共索引。在设置 keyPath 时，要确保每个对象中都有这个属性。

除了 keyPath 外，还可以用专门的方法来设置对象库的索引：

- createIndex(name, property, unique)——这个方法为指定对象创建索引。name 属性是用来标识索引的名称，property 属性是对象中用做索引的属性，unique 属性是个布尔值，代表是否存在两个或多个对象共享同一索引值的可能。
- index(name)——要使用索引，必须先创建索引的引用，然后再将这个引用分配给事务。index() 方法创建对 name 属性声明的索引的引用。
- deleteIndex(name)——如果不再需要某个索引，可以用这个方法将其删除。

11.1.4 事务

在浏览上工作的数据库系统必须面对一些其他平台上没有的特殊情况。例如，浏览器有可能发生故障，可能会突然关闭，处理过程可能会被用户停止，或者在同一窗口中打开另一个网站。在很多情况下，直接操作数据库都会造成功能异常甚至数据损坏。为了防止出现这种情况，每个操作都必须通过事务来执行。

负责生成事务的方法是 transaction()，可以用多个属性来设置事务的类型。

- READ_ONLY——只读，这个属性将事务设置为只读，不允许进行修改。
- READ_WRITE——读写，这类事务可读写，允许进行修改。
- VERSION_CHANGE——修改版本，这类事务只能用于更新数据库的版本。

最常用的是读写事务。但是，为了防止误用，默认设置的类型是只读类型，所以如果只想从数据库中获得信息，那么要做的就只是指定事务的范围（通常是要从中获得信息的对象库的名称）。

11.1.5 对象库方法

为了与对象库交互、读取信息和存储信息，API 提供了多个方法：

- add(object)——这个方法接受关键字 / 值组合，或者包含多个关键字 / 值组合的对象，用得到的信息向选中的对象库添加对象。如果对象中已经存在与索引相同的对象，则 add() 方法返回错误。
- put(object)——这个方法与前一个方法类似，只是在对象库中已经存在与索引相同的对象时，会覆盖与索引相同的对象。这个方法可以用来修改选中对象库中已经存在的对象。
- get(key)——用这个方法可以从对象库中获取指定对象。key 属性是要获取的对象的索引值。
- delete(key)——要在选中的对象库中删除某个对象，请用该对象的索引值作为属性调用这个方法。

11.2 实现 IndexedDB

理论介绍得足够了! 接下来创建第一个数据库, 并实际运用前面已经介绍的一些方法。这里模拟一个存储影片信息的应用程序。可以添加自己的信息, 但为了方便, 这里假定使用以下影片信息:

id: tt0068646 name: The Godfather date: 1972

id: tt0086567 name: WarGames date: 1983

id: tt0111161 name: The Shawshank Redemption date: 1994

id: tt1285016 name: The Social Network date: 2010

重要提示: 上面的属性名称 (id、name 和 date) 是本章后面的示例中使用的属性名称。这些影片信息是从 www.imdb.com 网站搜集的, 你也可以制作自己的列表, 或者使用随机信息来测试代码。

11.2.1 模板

同以前一样, 需要一个 HTML 文档和一些 CSS 样式, 形成表单框和信息显示框。用表单向数据库插入新影片, 在表单上要输入关键字、影片名称、发行年代 (见代码清单 11-1)。

代码清单 11-1: IndexedDB API 的模板

```
<!DOCTYPE html>
<html lang="en">
<head>
  <title>IndexedDB API</title>
  <link rel="stylesheet" href="indexed.css">
  <script src="indexed.js"></script>
</head>
<body>
  <section id="formbox">
    <form name="form">
      <p>Keyword:<br><input type="text" name="keyword" id="keyword"></p>
      <p>Title:<br><input type="text" name="text" id="text"></p>
      <p>Year:<br><input type="text" name="year" id="year"></p>
      <p><input type="button" name="save" id="save" value="Save"></p>
    </form>
  </section>
  <section id="databox">
    No Information available
  </section>
</body>
</html>
```

在屏幕上设置表单框和信息显示框的 CSS 样式如代码清单 11-2 所示:

代码清单 11-2: 信息框的样式

```
#formbox{
```

```
  float: left;
  padding: 20px;
  border: 1px solid #999999;
}
#databox{
  float: left;
  width: 400px;
  margin-left: 20px;
  padding: 20px;
  border: 1px solid #999999;
}
#keyword, #text{
  width: 200px;
}
#databox > div{
  padding: 5px;
  border-bottom: 1px solid #999999;
}
```

动手实验：*需要根据代码清单 11-1 的模板建立一个 HTML 文件，代码清单 11-2 的样式保存在 CSS 文件 indexed.css 内，后面的所有代码放在 JavaScript 文件 indexed.js 内。*

11.2.2　打开数据库

在 JavaScript 代码中要做的第一件事就是打开数据库。indexedDB 属性和 open() 方法将打开指定名称的数据库，如果数据库不存在，则用指定名称新建一个数据库。

代码清单 11-3 中的 initiate() 函数准备好模板元素，然后打开数据库。indexedDB.open() 指令试图打开名为 mydatabase 的数据库，用操作结果返回请求对象。根据操作的结果，这个对象会触发 error 或 success 事件。

代码清单 11-3：打开数据库

```
function initiate(){
  databox=document.getElementById('databox');
  var button=document.getElementById('save');
  button.addEventListener('click', addobject, false);
  if('webkitIndexedDB' in window){
    window.indexedDB=window.webkitIndexedDB;
    window.IDBTransaction=window.webkitIDBTransaction;
    window.IDBKeyRange=window.webkitIDBKeyRange;
    window.IDBCursor=window.webkitIDBCursor;
  }else if('mozIndexedDB' in window){
    window.indexedDB=window.mozIndexedDB;
  }

  var request=indexedDB.open('mydatabase');
  request.addEventListener('error', showerror, false);
  request.addEventListener('success', start, false);
}
```

重要提示：在编写本书的时候，这个 API 仍然处在试验阶段。有些属性（包括 indexedDB）在某些浏览器上需要增加前缀才能正常工作。在 initiate() 函数中打开数据库之前，我们检测了是否存在 webkitIndexedDB 或 mozIndexedDB，并准备了针对特定浏览器引擎的属性。在试验阶段过去之后，就可以将代码清单 11-3 代码开始处的 if 条件删除了。

事件是这个 API 的一个重要组成部分。IndexedDB 既是同步 API，也是异步 API。同步部分正在开发，目标是能够处理 Web Workers API。相比之下，异步部分针对的是常规的 Web 用法，已经能够使用。异步系统在后台执行任务，要在命令发出后一段时间返回结果。因此，这个 API 会为每个操作触发不同的事件。对数据库及其内容的任何操作，都在后台处理（同时系统在执行其他代码），在返回结果时，再触发事件。

在 API 处理完数据库请求之后，会触发 error 事件或 success 事件，代码会根据触发的事件执行 showerror() 函数或 start() 函数，控制错误，或者继续数据库的定义。

11.2.3　数据库版本

在定义数据库的时候，有几件必须做的事情。前面说过，IndexedDB 数据库是有版本的。在创建数据库时，给版本分配的是 null 值。所以通过检查这个值，就可以知道数据库是新建的还是现有的。

这里的 showerror() 函数很简单（不需要为这个小小的应用程序进行错误处理）。这里只用 IDBErrorEvent 接口的 code 属性和 message 属性生成警告消息。而 start() 函数则沿着正确的路径，检查数据库的版本，如果用户是第一次运行这个应用程序，则给数据库提供一个版本。这个函数将事件创建的 result 对象分配给 db 变量并在后面用这个变量代表数据库。

重要提示：目前，有些浏览器通过事件发送结果对象，有些浏览器则通过触发事件的元素发送。为了自动选择正确的引用，这里使用了 e.result || e.target.result 的选择逻辑。在最终规范确定之后，可能只需要使用其中一个引用。

IDBDatabase 接口提供了 version 属性来获得当前版本的值，还提供了 setVersion() 方法来设置新版本。代码清单 11-4 的 start() 函数检测数据库当前版本的值，根据返回的值设定新版本或不设定版本。如果数据库已经存在，则 version 属性的值就不是 null，也就不必做任何配置；但是如果这是用户第一次运行这个应用程序，version 属性为 null，则必须设置一个新版本并配置数据库。

代码清单 11-4：设置版本和响应事件

```
function showerror(e){
  alert('Error: '+e.code+' '+e.message);
}
function start(e){
  db=e.result || e.target.result;
```

```
if(db.version==''){
  var request=db.setVersion('1.0');
  request.addEventListener('error', showerror, false);
  request.addEventListener('success', createdb, false);
}
}
```

setVersion() 方法接受的字符串既可以是数字，也可以是其他任何用来声明版本的字符串。唯一需要确保的是：在打开要使用的数据库版本的每段代码中，都使用相同的字符串。这个方法以及这部分 API 中的其他过程都是异步的。版本是在后台设置的，结果将通过事件返回。如果发生错误，则再次调用 showerror() 函数；如果版本设置正确，则调用 createdb() 函数声明这个新版本的对象库和索引。

11.2.4　对象库和索引

目前需要考虑的是，要在数据库中存储什么种类的对象，以及如何从对象库中获取这些信息。如果发生了错误，或者日后想在数据库的配置中增加内容，则必须设置新的版本，并将数据从以前的版本迁移过来。这是因为对象库和索引的创建工作只能在 setVersion 事务中执行。

代码清单 11- 5：声明对象库和索引

```
function createdb(){
  var objectstore=db.createObjectStore('movies',{keyPath:'id'});
  objectstore.createIndex('SearchYear', 'date',{unique: false});
}
```

本章的示例只需要一个对象库（用来存储影片）和两个索引。第一个索引 id 是在创建对象库时在 createObjectStore() 方法的 keyPath 属性中设置的。第二个索引是用 createIndex() 方法分配给对象库的。第二个索引使用名称 SearchYear 标识，是针对 date 属性声明的。后面将用这个索引按年份给影片排序。

11.2.5　添加对象

现在有了一个数据库 mydatabase，它的版本是 1.0，还有了一个对象库 movies，它有两个索引：id 和 date。下面开始向这个对象库添加对象（见代码清单 11-6）。

代码清单 11-6：添加对象

```
function addobject(){
  var keyword=document.getElementById('keyword').value;
  var title=document.getElementById('text').value;
  var year=document.getElementById('year').value;

  var transaction=db.transaction(['movies'], IDBTransaction.READ_WRITE);
  var objectstore=transaction.objectStore('movies');
  var request=objectstore.add({id: keyword, name: title, date: year});
```

```
request.addEventListener('success', function(){ show(keyword) }, false);
document.getElementById('keyword').value='';
document.getElementById('text').value='';
document.getElementById('year').value='';
}
```

在 initiate() 函数开始的地方，为表单按钮的 click 事件添加了一个侦听器。在事件触发的时候，这个侦听器会执行 addobject() 函数。这个函数从表单中（keyword、text 和 year）取值，生成一个事务，用这些信息在事务中存储一个新对象。

要启动事务，则必须使用 transaction() 方法并指定事务涉及的对象库，以及事务的类型。在这个示例中，对象库只有 movies 一个，事务的类型设置为 READ_WRITE。

下一步是选择要使用哪个对象库。因为事务可以处理多个对象库，所以必须声明哪个对象库与后续操作有关。在用 objectStore() 方法打开对象库后，再用这行代码将它分配给事务：transaction.objectStore('movies')。

下面将对象加入对象库。这个示例使用 add() 方法添加对象，因为我们想创建新对象。但是，如果想修改或替换旧对象，则应该使用 put() 方法。add() 方法接受 id、name 和 date 三个属性和 keyword、title、year 三个变量，用这些值作为关键字 / 值组合创建对象。

最后，我们侦听这个请求触发的事件，在操作成功时执行 show() 函数。当然也会触发 error 事件，但是因为对错误的回答取决于应用程序，所以在这个示例中不考虑出错的情况。

11.2.6　获取对象

如果对象存储正确，则触发 success 事件，执行 show() 函数。在代码清单 11-6 的代码中，这个函数是在匿名函数内声明的，以便能够传递变量 keyword。下面用这个值来读取前面存储的对象。

代码清单 11-7 中的代码生成一个 READ_ONLY 事务，用 get() 方法获取已接收关键字指定的对象。这里没有声明事务类型，因为默认就是 READ_ONLY 类型。

代码清单 11-7：显示新对象

```
function show(keyword){
  var transaction=db.transaction(['movies']);
  var objectstore=transaction.objectStore('movies');
  var request=objectstore.get(keyword);
  request.addEventListener('success', showlist, false);
}
function showlist(e){
  var result=e.result || e.target.result;
  databox.innerHTML='<div>'+result.id+' - '+result.name+' -
'+result.date+'</div>';
}
```

get() 方法返回属性 id=keyword 的存储对象。例如，如果插入了前面影片列表中的影片《The Godfather》，则变量 keyword 的值是 "tt0068646"。show() 函数接收这个值，get() 方法则用这个值获得影片《*The Godfather*》。可以看到，这个代码纯粹是演示用的，因为它只返回了刚刚添加的影片。

因为每个操作都是异步的，所以需要两个函数才能显示信息。show() 函数生成事务，执行成功时 showlist() 函数在屏幕上显示属性的值。同样，这里只侦听 success 事件，而实际上，如果这个操作发生故障，确实会触发 error 事件。

showlist() 函数接到对象后，为了访问对象的属性，只要写下代表对象的变量名和要访问的属性名称（例如，result.id）。变量 result 代表对象，id 是它的一个属性。

11.2.7   完成代码并测试

同以前的代码一样，为了完成这个示例，必须为 load 事件添加一个侦听器，在浏览器中加载应用程序之后，立即执行 initiate() 函数：

动手实验：请将代码清单 11-3 ～ 代码清单 11-8 中的全部 JavaScript 代码都复制到文件 indexed．js 内，并在浏览器中打开代码清单 11-1 的 HTML 文档。使用屏幕上的表单插入本章开始列出的影片信息，每次插入新影片时，都会在表单右侧的框内显示相同的信息。

代码清单 11-8：初始化应用程序

```
window.addEventListener('load', initiate, false);
```

11.3   列出数据

代码清单 11-7 中的代码实现的 get() 方法一次只返回一个对象（最后插入的影片）。在接下来的示例中，将用游标生成包含 movies 对象库中存储的全部影片的列表。

11.3.1   游标

游标是 IndexedDB API 提供的在事务中获取一组对象，并在数据库返回的对象组中导航的机制。游标会从对象库获得特定的对象列表并启动一个指针，每次指向列表中的一个对象。

API 提供的 openCursor() 方法用来生成游标。这个方法从选中的对象库中提取信息，并返回一个 IDBCursor 对象，在这个对象中有操纵游标需要的属性和方法：

- ❑ continue()——这个方法将游标向前移动一个位置，并再次触发游标的 success 事件。当指针到达列表末尾时，也触发 success 事件，但返回的对象为空。若在这个方法的圆括号内提供索引值，可以将指针移动到指定位置。
- ❑ delete()——这个方法删除当前游标位置上的对象。
- ❑ update(value)——这个方法与 put() 类似，但更新的是当前游标位置上的对象的值。

openCursor() 方法还有用来指定返回对象类型和顺序的属性。默认以升序返回选中对象库中的全部可用对象。关于如何指定对象类型和顺序的属性，稍后再介绍。

代码清单 11-9 显示了这个示例需要的完整 JavaScript 代码。在用来配置数据库的全部函数中，只有 start() 有微小的变化。现在，当数据库的版本不是 null（意味着数据库已经存在）时会执行 show() 函数。这个函数现在负责显示对象库中存储的对象列表，因此，如果数据库已经存在，那么网页一加载，就会在屏幕右侧的框内看到对象列表。

代码清单 11-9：对象列表

```javascript
function initiate(){
  databox=document.getElementById('databox');
  var button=document.getElementById('save');
  button.addEventListener('click', addobject, false);
  if('webkitIndexedDB' in window){
    window.indexedDB=window.webkitIndexedDB;
    window.IDBTransaction=window.webkitIDBTransaction;
    window.IDBKeyRange=window.webkitIDBKeyRange;
    window.IDBCursor=window.webkitIDBCursor;
  }else if('mozIndexedDB' in window){
    window.indexedDB=window.mozIndexedDB;
  }
  var request=indexedDB.open('mydatabase');
  request.addEventListener('error', showerror, false);
  request.addEventListener('success', start, false);
}
function showerror(e){
  alert('Error: '+e.code+' '+e.message);
}
function start(e){
  db=e.result || e.target.result;
  if(db.version==''){
    var request=db.setVersion('1.0');
    request.addEventListener('error', showerror, false);
    request.addEventListener('success', createdb, false);
  }else{
    show();
  }
}
function createdb(){
  var objectstore=db.createObjectStore('movies',{keyPath: 'id'});
  objectstore.createIndex('SearchYear', 'date',{unique: false});
}
function addobject(){
  var keyword=document.getElementById('keyword').value;
  var title=document.getElementById('text').value;
  var year=document.getElementById('year').value;
  var transaction=db.transaction(['movies'], IDBTransaction.READ_WRITE);
  var objectstore=transaction.objectStore('movies');
  var request=objectstore.add({id: keyword, name: title, date: year});
  request.addEventListener('success', show, false);
  document.getElementById('keyword').value='';
  document.getElementById('text').value='';
  document.getElementById('year').value='';
}
function show(){
  databox.innerHTML='';
```

```
    var transaction=db.transaction(['movies']);
    var objectstore=transaction.objectStore('movies');
    var newcursor=objectstore.openCursor();
    newcursor.addEventListener('success', showlist, false);
}
function showlist(e){
  var cursor=e.result || e.target.result;
  if(cursor){
    databox.innerHTML+='<div>'+cursor.value.id+'-'+cursor.value.name+'   -
'+cursor.value.date+'</div>';
    cursor.continue();
  }
}
window.addEventListener('load', initiate, false);
```

这段代码的最大创新就在 show() 函数和 showlist() 函数。在这两个函数里，第一次接触了游标的用法。

用游标从数据库读取信息也是必须在事务中执行的操作。因此在 show() 函数中做的第一件事就是在 movies 对象库上生成一个 READ_ONLY 事务。选择将这个对象库包含在事务内，然后用 openCursor() 方法在这个对象库上打开游标。

如果操作成功，则返回的对象会包含对象仓库中的所有信息，并在这个对象上触发 success 事件，从而执行 showlist() 函数。

为了读取信息，读取操作返回的对象提供了多个属性：

❑ key——这个属性返回当前游标位置上对象关键字的值。

❑ value——这个属性返回当前游标位置上对象的任意属性。必须将要访问的属性名称指定为这个属性的属性，例如 value.year。

❑ direction——对象可以升序或降序读取。这个属性返回当前的方向。

❑ count——这个属性返回游标中对象的大约数量。

代码清单 11-9 的 showlist() 函数用 if 条件来测试游标的内容。如果没有对象返回，或者指针到达列表末尾，则对象为空，循环结束。但是，如果指针指向有效对象，就会在屏幕上显示对象的信息，并用 continue() 将指针移动到下一位置。

需要着重指出的是，这里不必使用 while 循环，因为 continue() 方法会再次触发 success 事件，整个函数会反复执行，直到游标返回 null，不再调用 continue() 为止。

动手实验：请用代码清单 11-9 的代码代替以前的全部 JavaScript 代码。先清空文件 indexed.js 的内容，然后将这段新代码复制进去。请打开代码清单 11-1 的模板，如果之前没录入影片，请将本章开始列出的所有影片插入数据库。在屏幕右侧的框中，可以看到影片的完整列表按 id 属性的值升序排列。

11.3.2   修改顺序

有两件事可能需要调整后才能最终得到我们希望得到的列表。示例中的所有影片都按升序排序，而用来组织对象的属性是 id。这个属性是 movies 对象库的 keyPath，但用户通常并不关注这个值。

考虑到这种情况，用 createdb() 函数另外创建一个索引。额外的这个索引的名称是 SearchYear，给这个索引分配的属性是 date。通过这个索引，可以根据影片出厂的年份值对影片排序。

代码清单 11-10 中的函数代替了代码清单 11-9 中的 show() 函数。这个新函数生成一个事务，然后将索引 SearchYear 分配给事务使用的对象库，最后用 openCursor() 方法获取属性与这个索引对应的对象（在这个示例中是 date 属性）。

代码清单 11-10：按年份降序排列

```
function show(){
  databox.innerHTML='';
  var transaction=db.transaction(['movies']);
  var objectstore=transaction.objectStore('movies');
  var index=objectstore.index('SearchYear');

  var newcursor=index.openCursor(null, IDBCursor.PREV);
  newcursor.addEventListener('success', showlist, false);
}
```

有两个属性可以用来选择游标返回的信息并对其排序。第一个属性指定选择的对象范围，第二个属性则使用以下常量表示：

❑ NEXT——以升序返回对象（默认值）。

❑ NEXT_NO_DUPLICATE——以升序返回对象，重复对象省略（当出现重复关键字时，只返回第一个对象）。

❑ PREV——以降序返回对象。

❑ PREV_NO_DUPLICATE——以降序返回对象，重复对象省略（当出现重复关键字时，只返回第一个对象）。

在代码清单 11-10 中的 show() 函数中，用 openCursor() 方法以降序获取对象，范围属性声明为 null。本章末尾将介绍如何构建返回范围。

动手实验：在代码清单 11-9 的代码中，用代码清单 11-10 中的新函数替换原来的 show() 函数。这个新函数在屏幕上按年份降序列出影片（最新出品的在先）。产生的结果应该像下面这样：

id: tt1285016 name: The Social Network date: 2010

id: tt0111161 name: The Shawshank Redemption date: 1994

id: tt0086567 name: WarGames date: 1983

id: tt0068646 name: The Godfather date: 1972

11.4   删除数据

前面已经学过如何添加、获取、列出数据。下面该介绍如何从对象库中删除对象。如前所述，API 提供的 delete() 方法接收一个值，然后将关键字与该值对应的对象删除。

删除代码很简单，只要为屏幕上列出的每个对象创建一个按钮，并生成一个 READ_WRITE 事务，以便执行删除操作：

在代码清单 11-11 的 showlist() 函数中为每个对象增加的按钮都有一个内联事件处理程序。每当用户单击这些按钮时，就会执行 remove() 函数，并使用 id 属性的值作为函数的属性。这个函数首先生成 READ_WRITE 事务，然后用接收的关键字从 movies 对象库删除对应的对象。

代码清单 11-11：删除对象

```
function showlist(e){
  var cursor=e.result || e.target.result;
  if(cursor){
    databox.innerHTML+='<div>'+cursor.value.id+' -
'+cursor.value.name+' - '+cursor.value.date+'<button
onclick="remove(\''+cursor.value.id+'\')">remove</button></div>';
    cursor.continue();
  }
}
function remove(keyword){
  if(confirm('Are you sure?')){
    var transaction=db.transaction(['movies'],
IDBTransaction.READ_WRITE);
    var objectstore=transaction.objectStore('movies');
    var request=objectstore.delete(keyword);
    request.addEventListener('success', show, false);
  }
}
```

最后，如果操作成功，则触发 success 事件，并执行 show() 函数，更新屏幕上的影片列表。

动手实验：在代码清单 11-9 的代码中，用代码清单 11-11 中的新函数替换原来的 showlist() 函数，并添加 remove() 函数。最后，打开代码清单 11-1 的 HTML 代码，测试应用程序。现在在影片列表的每行中都加入了一个按钮，用来从对象库删除该影片。

11.5   搜索数据

在数据库系统执行的操作中，最重要的可能就是搜索。这类系统的整个目的，就是索引存储的信息以便查找。本章前面讲过，在知道对象关键字的值时，可以用 get() 方法一次返回一个对象，但搜索操作通常要比这个操作更复杂。

为了从对象库中获得特定的对象列表，需要将范围作为第一个参数传递给 openCursor() 方法。API 提供的 IDBKeyRange 接口有多个方法和属性用来声明范围并且限制返回的对象。

❑ only(value)——只返回关键字与 value 对应的对象。例如，如果使用 only("1972") 按年搜索影片则在本章的影片列表中只会返回影片《The Godfather》。

❑ bound(lower, upper, lowerOpen, upperOpen)——要真正创建一个范围，必须有开始值和结束值，必须指定列表中是否包含开始值或结束值。这个方法的 lower 属性指定列表的起点，upper 属性指定终点。lowerOpen 和 upperOpen 是布尔值，用来表明是否忽略与 lower 和 upper 属性的值相等的对象。例如，bound("1972","2010", false, true) 将返回 1972 ～ 2010 年出品的影片列表，但不包含在 2010 年出品的影片（因为终点的布尔值为 true，代表这一年出品的影片不包含在内）。

❑ lowerBound(value, open)——这个方法创建一个开放范围，从 value 开始，到列表末尾结束。例如，lowerBound("1983", true) 返回 1983 年以后出品的所有影片，但不包含 1983 年当年出品的影片。

❑ upperBound(value, open)——这个方法与前一个方法相反。创建一个开放范围，但返回的对象从列表开始一直到 value 结束。例如，upperBound("1983", false) 返回 1983 年之前出品的影片，并且包含 1983 年当年出品的影片。

首先准备一个新的模板，提供搜索影片使用的表单（见代码清单 11-12）：

代码清单 11-12：搜索表单

```html
<!DOCTYPE html>
<html lang="en">
<head>
  <title>IndexedDB API</title>
  <link rel="stylesheet" href="indexed.css">
  <script src="indexed.js"></script>
</head>
<body>
  <section id="formbox">
    <form name="form">
      <p>Find Movie by Year:<br><input type="text" name="year" id="year"></p>
      <p><input type="button" name="find" id="find" value="Find"></p>
    </form>
  </section>
  <section id="databox">
    No Information available
  </section>
</body>
</html>
```

这个新的 HTML 文档中有一个按钮和一个文本域，可以在文本域中输入年份，然后根据以下代码指定的范围搜索影片（见代码清单 11-13）：

```
function initiate(){
  databox=document.getElementById('databox');
  var button=document.getElementById('find');
  button.addEventListener('click', findobjects, false);

  if('webkitIndexedDB' in window){
    window.indexedDB=window.webkitIndexedDB;
    window.IDBTransaction=window.webkitIDBTransaction;
    window.IDBKeyRange=window.webkitIDBKeyRange;
    window.IDBCursor=window.webkitIDBCursor;
  }else if('mozIndexedDB' in window){
    window.indexedDB=window.mozIndexedDB;
  }

  var request=indexedDB.open('mydatabase');
  request.addEventListener('error', showerror, false);
  request.addEventListener('success', start, false);
}
function showerror(e){
  alert('Error: '+e.code+' '+e.message);
}
function start(e){
  db=e.result || e.target.result;
  if(db.version==''){
    var request=db.setVersion('1.0');
    request.addEventListener('error', showerror, false);
    request.addEventListener('success', createdb, false);
  }
}
function createdb(){
  var objectstore=db.createObjectStore('movies', {keyPath: 'id'});
  objectstore.createIndex('SearchYear', 'date', { unique: false });
}
function findobjects(){
  databox.innerHTML='';
  var find=document.getElementById('year').value;

  var transaction=db.transaction(['movies']);
  var objectstore=transaction.objectStore('movies');
  var index=objectstore.index('SearchYear');
  var range=IDBKeyRange.only(find);

  var newcursor=index.openCursor(range);
  newcursor.addEventListener('success', showlist, false);
}
function showlist(e){
  var cursor=e.result || e.target.result;
  if(cursor){
    databox.innerHTML+='<div>'+cursor.value.id+'-'+cursor.value.name+'-
'+cursor.value.date+'</div>';
    cursor.continue();
  }
}
window.addEventListener('load', initiate, false);
```

代码清单 11-13 中最重要的是 findobjects() 函数。在这个函数中，针对 movies 对象库生成了一个 READ_ONLY 事务，打开索引 SearchYear，用 date 属性作为索引，用变量 find 的值（表单中插入的年份）创建一个范围。该范围使用的方法是 only()，但也可以换成前面介绍的其他范围方法进行测试。这个范围作为参数传递给 openCursor() 方法。操作成功后，showlist() 函数在屏幕上输出与选中年份匹配的影片列表。

only() 方法只返回与变量 find 的值匹配的影片。要测试其他方法，可以为属性提供自己的值，例如，bound(find,"2011", false, true)。

openCursor() 方法同时可以接受两个属性。因此，openCursor(range, IDBCursor.PREV) 是正确的，会以降序获得范围内的对象（使用相同的索引）。

重要提示：关于全文搜索功能，目前正在考虑当中，只是还没有开发，甚至在正式规范中也未包含。要获得这个 API 的更新代码，请访问我们网站上对应本章的链接。

11.6　快速参考——IndexedDB API

IndexedDB API 拥有一个底层基础设施。本章学习的方法和属性仅仅是这个 API 的一小部分。为了让示例简单，没有采用任何特定的结构。但是，这个 API 同其他 API 一样，是按接口组织的。例如，有一个特定的接口处理数据库的组织，另一个接口创建和操纵对象库，诸如此类。每个接口都有自己的方法和属性，下面将按官方分类方式重新呈现本章介绍的信息。

重要提示：这份快速参考中的说明只描述了每个接口最主要的方面。完整规范请访问我们网站上对应本章的链接。

11.6.1　环境接口（IDBEnvironment 和 IDBFactory）

环境接口或 IDBEnvironment 包含一个 IDBFactory 属性。这个接口提供了操作数据库所需要的元素：

- indexedDB——这个属性提供了访问索引数据库系统的机制。
- open(name)——这个方法用属性中指定的名称打开数据库。如果数据库之前并不存在，则用提供的名称新建一个数据库。
- deleteDatabase(name)——这个方法删除 name 属性中指定名称的数据库。

11.6.2　数据库接口（IDBDatabase）

打开或创建数据库之后返回的对象由这个接口处理。出于这个目的，这个接口提供了多个方法和属性：

- version——这个属性返回已打开数据库当前版本的值。
- name——这个属性返回已打开数据库的名称。
- objectStoreNames——这个属性返回已打开数据库中对象库的名称列表。

❏ setVersion(value)——这个方法为已打开的数据库设置一个新版本。value 属性可以是任何字符串。

❏ createObjectStore(name, keyPath, autoIncrement)——这个方法在打开的数据库中新建一个对象库。name 属性代表对象库的名称，keyPath 是在对象库中存储的对象的公共索引，autoIncrement 是个布尔值，用来激活键生成器。

❏ deleteObjectStore(name)——这个方法删除 name 属性中指定名称的对象库。

❏ transaction(stores, type, timeout)——这个方法初始化一个事务。事务可以针对 stores 属性声明的一个或多个对象库，根据 type 属性，事务可以有不同的访问模式。timeout 属性以毫秒为单位，指定允许该操作持续的时间。关于配置事务的更多信息，请参阅 11.6.5 节。

11.6.3 对象库接口（IDBObjectStore）

这个接口提供了操纵对象库中对象所需的全部方法和属性。

❏ name——这个属性提供当前使用的对象库的名称。

❏ keyPath——这个属性返回当前对象库使用的 keyPath（如果有的话）。

❏ IndexNames——这个属性返回当前对象库的索引名称列表。

❏ add(object)——这个方法用属性中提供的信息向选中的对象库添加一个对象。如果已经存在索引相同的对象，则返回错误。这个方法的属性可以接受关键字 / 值组合或者包含多个关键字 / 值组合的对象。

❏ put(object)——这个方法用属性中提供的信息向选中的对象库添加一个对象。如果已经存在索引相同的对象，则用新的信息重写旧对象。这个方法的属性可以接受关键字 / 值组合或者包含多个关键字 / 值组合的对象。

❏ get(key)——这个方法返回索引值与 key 对应的对象。

❏ delete(key)——这个方法删除索引值与 key 对应的对象。

❏ createIndex(name, attribute, unique)——这个方法为选中的对象库新建一个索引。name 属性指定索引的名称，attribute 属性声明对象中要与这个索引关联的属性，unique 属性指明是否允许索引相同的对象存在。

❏ index(name)——这个方法打开 name 属性中指定名称的索引。

❏ deleteIndex(name)——这个方法删除 name 属性中指定名称的索引。

❏ openCursor(range, direction)——这个方法在选中对象库的对象上创建一个游标。range 属性用范围对象决定选择哪些对象。direction 属性设置这些对象的顺序。关于配置和操纵游标的更多信息，请参阅 11.6.4 节。关于构建范围的更多信息，请参阅 11.6.6 节。

11.6.4 游标接口（IDBCursor）

这个接口提供配置值，用来指定从对象库中选出来的对象的顺序。这些值必须声明为

openCursor() 方法的第二个属性，就像 openCursor(null, IDBCursor.PREV) 这样。

❑ NEXT——这个常量让游标以升序指向各个对象（默认值）。

❑ NEXT_NO_DUPLICATE——这个常量让游标以升序指向各个对象，并忽略重复对象。

❑ PREV——这个常量让游标以降序指向各个对象。

❑ PREV_NO_DUPLICATE——这个常量让游标以降序指向各个对象，并忽略重复对象。

这个接口还提供了多个方法和属性，用来操纵游标指向的对象。

❑ continue(key)——这个方法将游标指针移动到列表中的下一个对象，或者由 key 属性引用的对象（如果指定了 key 属性）。

❑ delete()——这个方法删除游标目前指向的对象。

❑ update(value)——这个方法用 value 属性提供的值更新游标目前指向的对象。

❑ key——这个属性返回游标目前指向的对象的索引的值。

❑ value——这个属性返回游标目前指向的对象的任何属性的值。

❑ direction——这个属性返回游标读取对象的顺序（升序或降序）。

11.6.5　事务接口（IDBTransaction）

这个接口提供配置值，用来指定要进行的事务的类型。这些值必须声明为 transaction() 方法的第二个属性，就像 transaction(stores, IDBTransaction.READ_WRITE) 这样。

❑ READ_ONLY——这个常量将事务配置为只读事务（默认值）。

❑ READ_WRITE——这个常量将事务配置为读写事务。

❑ VERSION_CHANGE——这个事务类型只用来更新版本号。

11.6.6　范围接口（IDBKeyRangeConstructors）

这个接口提供了多个用来构建游标使用范围的方法：

❑ only(value)——这个方法返回的范围，起点和终点都是 value。

❑ bound(lower, upper, lowerOpen, upperOpen)——这个方法返回的范围，起点由 lower 设定，终点由 upper 设定，并设置对象列表中是否排除起点、终点值对应的对象。

❑ owerBound(value, open)——这个方法返回的范围，起点是 value，到对象列表末尾结束。open 属性指定是否将与 value 匹配的对象排除在外。

❑ upperBound(value, open)——这个方法返回的范围，从对象列表头部开始，到 value 结束。open 属性指定是否将与 value 匹配的对象排除在外。

11.6.7　错误接口（IDBDatabaseException）

数据库操作返回的错误由这个接口通知。

❑ code——这个属性代表错误的编号。

❑ message——这个属性返回描述错误的消息。

可以用以下列表与返回的值比较，找到对应的错误。

UNKNOWN_ERR——值 0

NON_TRANSIENT_ERR——值 1

NOT_FOUND_ERR——值 2

CONSTRAINT_ERR——值 3

DATA_ERR——值 4

NOT_ALLOWED_ERR——值 5

TRANSACTION_INACTIVE_ERR——值 6

ABORT_ERR——值 7

READ_ONLY_ERR——值 11

RECOVERABLE_ERR——值 21

TRANSIENT_ERR——值 31

TIMEOUT_ERR——值 32

DEADLOCK_ERR——值 33

第⑫章

文　件

12.1　文件存储

　　文件是用户可以方便地与他人分享的信息单位。用户不能分享变量的值，但肯定能创建文件的副本，并用 DVD、移动存储器或硬盘，或者 Internet 等机制发送文件。文件可以存储大量数量，可以移动、复制、传输，与内容的性质无关。

　　对于每个应用程序来说，文件总是不可缺少的一部分，但迄今为止，在 Web 上还没有处理文件的机制。仅有的文件选项就是下载或上传服务器或用户计算机上先前已有的文件。在 HTML5 出现之前，在 Web 上没有文件创建、复制，也没有文件处理。

　　HTML5 规范从一开始就考虑到了 Web 应用程序构建和操作性的每个方面。从设计到基本的数据结构，每件事都考虑到了，文件也不可能遗漏在外。因此，HTML5 规范将文件 API 整合进来。

　　文件 API 与前一章介绍的存储 API 有一些共同之处。文件 API 拥有底层基础设施，只不过没有 IndexedDB 那么复杂，文件 API 可以同步工作，也可以异步工作。之所以开发同步部分，是为了在 Web Workers API 上工作，这一点与 IndexedDB 及其他 API 类似，而异步部分针对的是普通 Web 应用程序。这些特征意味着我们必须注意处理过程的每个方面，检测处理成功还是失败，日后在此之上可能会采用（或者开发自己的）更简单的 API。

　　文件 API 不是新 API，而是经过改良和扩展的旧 API。目前，它至少包含三个规范——"文件 API"、"文件 API：目录和系统"、"文件 API：写入器"——但这种情况未来几个月可能会发生变化，会加入新的规范，甚至有可能将某些规范合并。基本上，通过"文件 API"，应用程序可以与本地文件交互并处理它们的内容；"文件 API：目录和系统"则为处理专为每个应用程序创建的小文件系统提供了处理工具；"文件 API：写入器"是一个扩展，用来在应用程序创建或下载的文件中写入内容。

12.2　处理用户文件

　　在 Web 应用程序中处理本地文件有危险。在允许应用程序访问用户本地的文件之前，浏览器必须考虑相关的安全措施。从这方面讲，文件 API 只提供了两个加载方法：<input> 标签和拖放操作。

　　第 8 章讲过如何使用拖放 API 将文件从桌面应用程序拖到网页的放置空间。file 类型的

<input> 标签有类似特征。这个标签和拖放 API 都通过 files 属性传递文件。同以前的做法一样，只要查看这个属性的值，就可以得到选中或拖放进来的每个文件。

重要提示：*这个 API 及其扩展目前还不能在本地主机上工作，而且只有 Chrome 和 Firefox 实现了它。在本书编写的时候，有些实现还太新，因此只能在试验性的浏览器（例如 Chromium（www.chromium.org）或 Firefox Beta）上使用。要运行本章的代码，必须将每个文件上传到服务器并在新版浏览器中测试它们。*

12.2.1 模板

在本章的这一部分中，要用 <input> 标签选择文件（见代码清单 12-1），但不反对利用第 8 章学到的信息通过拖放 API 来集成这些代码。

代码清单 12-1：处理用户文件的模板

```
<!DOCTYPE html>
<html lang="en">
<head>
  <title>File API</title>
  <link rel="stylesheet" href="file.css">
  <script src="file.js"></script>
</head>
<body>
  <section id="formbox">
    <form name="form">
      <p>File:<br><input type="file" name="myfiles" id="myfiles"></p>
    </form>
  </section>
  <section id="databox">
    No File Selected
  </section>
</body>
</html>
```

下面的 CSS 文件包含这个模板以及后面的文件要使用的样式（见代码清单 12-2）：

代码清单 12-2：表单和 databox 的样式

```
#formbox{
  float: left;
  padding: 20px;
  border: 1px solid #999999;
}
#databox{
  float: left;
  width: 500px;
  margin-left: 20px;
  padding: 20px;
  border: 1px solid #999999;
}
.directory{
```

```
    color: #0000FF;
    font-weight: bold;
    cursor: pointer;
}
```

12.2.2　读取文件

要从用户的计算机上读取用户的文件，必须使用 FileReader 接口。这个接口返回的对象提供了多个方法来获取每个文件的内容。

- ❑ **readAsText(file, encoding)**——以文本方式处理内容的时候可以使用这个方法。文件加载成功后，会在 FileReader 对象上触发一个 load 事件。返回的内容默认以 UTF-8 文本方式解码，也可以用 encoding 属性指定解码方式。这个方法会试图将每个字节或多字节序列解释成文本字符。
- ❑ **readAsBinaryString(file)**——这个方法读取的信息是 0 ～ 255 范围内的一系列整数。这个方法确保原封不动地读取每个字节，不做任何解读。这个方法可以用来处理二进制内容，例如图片或视频。
- ❑ **readAsDataURL(file)**——这个方法生成 base64 编码的数据 url，用来表示文件数据。
- ❑ **readAsArrayBuffer(file)**——这个方法用文件的数据生成一个数组缓冲区（ArrayBuffer）。

用户在代码清单 12-1 中 HTML 文档的输入域中可以选择要处理的文件。为了检查用户的选择，代码清单 12-3 的 initiate() 函数给 <input> 元素的 change 事件添加了一个侦听器，并指定由 process() 函数处理该事件。

<input> 元素（以及拖放 API）发送的 files 属性是一个数组，其中包含包含选中的所有文件。如果 <input> 元素没有 multiple 属性，就不可能选择多个文件，所以数组的第一个元素就是唯一的文件。在 process() 函数开始的地方，取出 files 属性的内容，放入 files 变量中，然后用 var file=files[0] 这行代码选出这个数组的第一个元素。

重要提示：要对 multiple 属性有更多了解，请参阅第 6 章的代码清单 6-17。在第 8 章的代码清单 8-10 中也可以找到在代码中操作多个文件的示例。

处理文件必须做的第一件事就是用构造函数 FileReader() 得到一个 FileReader 对象。在代码清单 12-3 的 process() 函数中，这个对象称为 reader。接下来，必须在 reader 上注册 onload 事件处理程序，由它来检测要读取的文件是否已经加载就绪并且可以处理。最后，readAsText() 方法读取文件，以文本方式获取文件的内容。

代码清单 12-3：读取文本文件

```
function initiate(){
    databox=document.getElementById('databox');
    var myfiles=document.getElementById('myfiles');
    myfiles.addEventListener('change', process, false);
}
```

```
function process(e){
  var files=e.target.files;
  var file=files[0];
  var reader=new FileReader();
  reader.onload=show;
  reader.readAsText(file);
}
function show(e){
  var result=e.target.result;
  databox.innerHTML=result;
}
window.addEventListener('load', initiate, false);
```

readAsText() 方法读取完文件之后,触发 load 事件,调用 show() 函数。这个函数从 reader 对象的 result 属性得到文件的内容,并在屏幕上显示文件的内容。

这段代码当然应该读取文本文件,但 readAsText() 方法可以接受任何内容,并将内容解读成文本,包括二进制内容的文件(例如,图片)。如果选择的是非文本文件,就会在屏幕上看到许多奇怪的字符。

动手实验:请用代码清单 12-1、代码清单 12-2 和代码清单 12-3 创建相应的文件。CSS 文件和 JavaScript 文件采用 HTML 文档中声明的文件名,分别为 file.css 和 file.js。请在浏览器中打开模板,用表单从自己的计算机中选择一个文件。可以尝试文本文件,也可以尝试图片,以了解这些文件的内容在屏幕上不同的示方式。

重要提示:目前,各浏览器厂商正在实现"文件 API"以及该规范的方方面面。本章的代码在 Chrome 和 Firefox 4 上测试过,但 Chrome 的上一个发行版还没有在 FileReader 及其他对象上实现 addEventListener() 方法。因此,在示例中直接使用事件处理程序,例如 onload,这是让代码正常工作所必需的。例如,要用 reader.onload=show,不能用 reader.addEventListener('load', show, false)。一如既往,必须在每个浏览器上测试代码,以判断浏览器对这个 API 实现了哪些方面。

12.2.3 文件属性

在实际应用程序中,文件名、文件大小、文件类型等信息都是必需的,这些信息可以让用户了解所处理的文件的情况,甚至可以控制用户的输入。<input> 标签发送的文件对象提供了可以用来获得文件信息的多个属性:

❑ name——这个属性返回文件的全名(文件名和扩展名)。

❑ size——这个属性返回文件的大小,以字节为单位。

❑ type——这个属性返回文件的类型,以 MIME 类型表示。

代码清单 12-4 中的示例与前一个示例类似,只是这次用 readAsDataURL() 方法读取文件。这个方法以数据 url 的格式返回文件内容,返回的内容可以作为 <img> 标签的源,在屏幕上显示选中的图片。

代码清单 12-4：加载图片

```
function initiate(){
  databox=document.getElementById('databox');
  var myfiles=document.getElementById('myfiles');
  myfiles.addEventListener('change', process, false);
}
function process(e){
  var files=e.target.files;
  databox.innerHTML='';
  var file=files[0];
  if(!file.type.match(/image.*/i)){
    alert('insert an image');
  }else{
    databox.innerHTML+='Name: '+file.name+'<br>';
    databox.innerHTML+='Size: '+file.size+' bytes<br>';

    var reader=new FileReader();
    reader.onload=show;
    reader.readAsDataURL(file);
  }
}
function show(e){
  var result=e.target.result;
  databox.innerHTML+='<img src="'+result+'">';
}
window.addEventListener('load', initiate, false);
```

如果想处理特定类型的文件，要做的第一件事就是检查文件的 type 属性。在代码清单 12-4 的 process() 函数中，利用旧方法 match() 进行检测。如果文件不是图片，则用 alert() 方法显示错误消息。如果文件是图片，则在屏幕上显示文件的名称和大小，并打开文件。

除了用 readAsDataURL() 读取文件之外，打开的过程完全一样：创建 FileReader 对象，注册 onload 事件处理程序，加载文件。加载过程完成后，show() 函数用 result 属性的内容作为 <img> 标签的源，在屏幕上显示图片。

基础知识回顾：在构建筛选器时，利用正则表达式和 JavaScript 的旧方法 match()。这个方法搜索正则表达式与字符串之间的匹配，返回匹配的数组或者 null。图片的 MIME 类型包括：image/jpeg（代表 JPG 图片）、image/gif（代表 GIF 图片），所以表达式 /image.*/i 只允许读取图片。关于正则表达式或 MIME 类型的更多信息，请参阅我们网站上本章的链接。

12.2.4　blob

除了文件外，API 还能处理另一个源类型，即 blob。blob 是代表原始数据的对象。创建 blob 对象的目的，是为了克服 JavaScript 在处理二进制数据上的限制。blob 通常是从文件生成的，但并非必需。不将整个文件加载到内存就能处理数据是个很好的做法，这种做法提供了一小片一小片地处理二进制信息的可能性。

blob 有多个作用，但主要是为了提供更好的方法来处理原始数据或大型文件的小片段。要用以前的 blob 或文件生成 blob，API 提供了 slice() 方法：

❑ slice(start, length, type)——这个方法返回从另一个 blog 或文件生成的新 blob。第一个属性代表起点，第二个属性指定新 blob 的长度，最后一个属性是一个可选参数，指定数据的类型。

重要提示：因为与以前的方法不一致，所以目前正在开发新的方法来代替 slice。在新方法可以使用之前，如果想在最新版本的 Firefox 和 Google Chrome 上测试代码清单 12-5 的代码，必须将 slice 分别替换为 mozSlice 和 webkitSlice。更多信息请参阅我们网站上本章的链接。

代码清单 12-5：处理 blob

```
function initiate(){
  databox=document.getElementById('databox');
  var myfiles=document.getElementById('myfiles');
  myfiles.addEventListener('change', process, false);
}
function process(e){
  var files=e.target.files;
  databox.innerHTML='';
  var file=files[0];
  var reader=new FileReader();
  reader.onload=function(e){ show(e, file); };
  var blob=file.slice(0,1000);
  reader.readAsBinaryString(blob);
}
function show(e, file){
  var result=e.target.result;
  databox.innerHTML='Name: '+file.name+'<br>';
  databox.innerHTML+='Type: '+file.type+'<br>';
  databox.innerHTML+='Size: '+file.size+' bytes<br>';
  databox.innerHTML+='Blob size: '+result.length+' bytes<br>';
  databox.innerHTML+='Blob: '+result;
}
window.addEventListener('load', initiate, false);
```

在代码清单 12-5 的代码中做的事情与以前做的事情完全一样，但这次（没有读取整个文件）用 slice() 方法创建了一个 blob。这个 blob 长 1000 字节，从文件的第 0 字节开始。如果加载的文件小于 1000 字节，则这个 blob 就会与文件一样长（从起点到 EOF，即文件末尾）。

为了显示从这个过程获取的信息，用匿名函数注册了一个 onload 事件处理程序，在处理程序中发送到 file 对象的引用。show() 函数接收这个引用，然后在屏幕上显示文件的各个属性的值。

blob 提供的好处不胜枚举。例如，可以创建一个循环，从一个文件生成多个 blob，然后一段一段逐一处理这些信息，创建异步上传程序或者图片处理应用程序等。blob 给 JavaScript 代码带来了新的可能性。

12.2.5 事件

将文件加载进内存需要的时间长短取决于文件的大小。对小文件来说，加载过程仿佛一蹴而就；但大文件可能需要几分钟才能加载。除了已经研究过的 load 事件，API 还提供了几个特殊事件，用来告知处理过程的每个情况。

❏ loadstart——在读取活动开始的时候，从 FileReader 对象触发这个事件。

❏ progress——在读取文件或 blob 的时候，周期性地触发这个事件。

❏ abort——当处理中止时，触发这个事件。

❏ error——当读取失败时，触发这个事件。

❏ loadend——这个事件与 load 类似，不同之处是，不论加载成功还是失败，都会触发该事件。

代码清单 12-6 中的代码创建了一个应用程序，这个应用程序在加载文件的同时通过进度条显示操作的进度。FileReader 对象上注册了三个事件处理程序来控制读取过程，新建了两个函数来响应这些事件：start() 和 status()。start() 函数将进度条初始化为 0% 并在屏幕上显示进度条。进度条可以使用任何值或范围，但这里使用百分比以便用户更容易理解。在 status() 函数中，根据 progress 事件返回的 loaded 属性和 total 属性计算百分比。每次触发 progress 事件时，都会在屏幕上重新绘制进度条。

代码清单 12-6：用事件来控制流程

```
function initiate(){
  databox=document.getElementById('databox');
  var myfiles=document.getElementById('myfiles');
  myfiles.addEventListener('change', process, false);
}
function process(e){
  var files=e.target.files;
  databox.innerHTML='';
  var file=files[0];
  var reader=new FileReader();
  reader.onloadstart=start;
  reader.onprogress=status;
  reader.onloadend=function(){ show(file); };
  reader.readAsBinaryString(file);
}
function start(e){
  databox.innerHTML='<progress value="0"
max="100">0%</progress>';
}
function status(e){
  var per=parseInt(e.loaded/e.total*100);
  databox.innerHTML='<progress value="'+per+'"
max="100">'+per+'%</progress>';
}
function show(file){
  databox.innerHTML='Name: '+file.name+'<br>';
  databox.innerHTML+='Type: '+file.type+'<br>';
```

```
    databox.innerHTML+='Size: '+file.size+' bytes<br>';
  }
window.addEventListener('load', initiate, false);
```

动手实验：请用代码清单 12-1 的模板和代码清单 12-6 的 JavaScript 代码，试着加载大文件（视频或巨大的数据文件）来测试进度条。如果浏览器无法识别 `<progress>` 元素，就会用元素的值在屏幕上显示。

重要提示：代码中使用 innerHTML 在文档中新增 `<progress>` 元素。并不推荐这种做法，只是在这个示例中有用而且方便而已。通常应该使用 JavaScript 方法 `createElement()` 和 `appendChild()` 向 DOM 添加元素。

12.3　创建文件

主要的"文件 API"负责从用户的计算机上加载和处理文件，但所处理的是硬盘上已经存在的文件，并没有照顾到新建文件或新建目录的需求。"文件 API：目录和系统"负责处理这个问题。这个 API 在硬盘上保留一块特定空间，一个特殊的存储空间，Web 应用程序在这个空间里可以创建和处理文件及目录，就像桌面应用程序一样。这个特殊空间是唯一的，只有创建它的应用程序才能访问。

重要提示：在本书编写的时候，Chrome 是实现了文件 API 这一扩展的唯一浏览器，但浏览器并不保留存储空间。如果执行以下代码，会显示 QUOTA_EXCEEDED 错误。为了能够使用"文件 API：目录和系统"，必须用以下标签打开 Chrome：--unlimited-quota-for-files。要在 Windows 上给 Chrome 加上这个标签，请在桌面的 Chrome 图标上单击鼠标右键，选择"属性"选项。在打开的窗口中，可以看到"目标"域，里面是 Chrome 执行文件的路径和文件名。请在该行末尾添加标签 --unlimited-quota-for-files。完成后的路径应该是这个样子：C:\Users\...\Chrome\Application\chrome.exe --unlimited-quota-for-files。

12.3.1　模板

为了测试这部分 API 的功能，需要一个新的表单，里面有一个输入域、一个按钮，用来创建和处理文件和目录（见代码清单 12-7）。

代码清单 12-7："文件 API：目录和系统"的新模板

```
<!DOCTYPE html>
<html lang="en">
<head>
  <title>File API</title>
  <link rel="stylesheet" href="file.css">
  <script src="file.js"></script>
</head>
<body>
```

```
  <section id="formbox">
    <form name="form">
      <p>Name:<br><input type="text" name="myentry" id="myentry"
required></p>
      <p><input type="button" name="fbutton" id="fbutton"
value="Do It"></p>
    </form>
  </section>
  <section id="databox">
    No entries available
  </section>
</body>
</html>
```

动手实验：新的 HTML 文档提供了新表单，但保持了相同的结构和 CSS 样式。只需用这段代码替换以前的 HTML 代码，并将 JavaScript 代码复制到 file.js 文件中，就可以测试后面的示例。

重要提示：<input> 元素包含 request 属性，但本章的代码不考虑这个属性。为了让验证过程更高效，必须应用表单 API。请参阅第 10 章代码清单 10-5 的代码获得使用表单 API 进行验证的示例。

12.3.2　硬盘

为应用程序保留的空间就像一个沙盒，是一块有自己的根目录和配置的小硬盘。要使用这个硬盘，首先必须请求为应用程序初始化一个 FileSystem。

❑ requestFileSystem(type, size, success function, error function)——这个方法用 size 属性指定的大小和 type 属性指定的类型创建文件系统。type 属性的值是 TEMPORARY 或 PERSISTENT，分别代表临时保存数据和持久保存数据。size 属性指定在硬盘上为这个文件系统保留的空间，以字节为单位。在出错或成功的时候，这个方法会调用对应的回调函数。

requestFileSystem() 方法返回的文件系统对象有两个属性：

❑ root——这个属性的值是对文件系统根目录的引用。它还是一个 DirectoryEntry 对象，因此拥有这类对象具有的方法（稍后即将看到）。使用这个属性可以引用存储空间，处理文件和目录。

❑ name——这个属性返回文件系统的相关信息，例如浏览器分配给它的名称以及它的情况。

重要提示：Google Chrome 是目前实现了这部分 API 的唯一浏览器。因为该实现还属于实验性质，所以必须用 Chrome 的特定方法 webkitRequestFileSystem() 替换 requestFileSystem() 方法。换用这个方法后，才能在浏览器里测试上面的代码以及后面的示例。

使用代码清单 12-7 的 HTML 文档和代码清单 12-8 的代码，就有了能够在用户计算机上处理新文件的第一个应用程序。代码调用 `requestFileSystem()` 方法创建或得到对文件系统的引用。如果是第一次访问文件系统，则创建永久文件系统，大小是 5MB（5*1024*1024）。如果创建成功，则执行 `createhd()` 函数，继续执行初始化过程。如果出错，则像以前处理其他 API 错误时一样，只使用简单的 `showerror()` 函数显示错误。

代码清单 12-8：设置自己的文件系统

```
function initiate(){
  databox=document.getElementById('databox');
  var button=document.getElementById('fbutton');
  button.addEventListener('click', create, false);
  window.webkitRequestFileSystem(window.PERSISTENT, 5*1024*1024,
createhd, showerror);
}
function createhd(fs) {
  hd=fs.root;
}
function create(){
  var name=document.getElementById('myentry').value;
  if(name!=''){
    hd.getFile(name, {create: true, exclusive: false}, show,
showerror);
  }
}
function show(entry){
  document.getElementById('myentry').value='';

  databox.innerHTML='Entry created!<br>';
  databox.innerHTML+='Name: '+entry.name+'<br>';
  databox.innerHTML+='Path: '+entry.fullPath+'<br>';
  databox.innerHTML+='FileSystem: '+entry.filesystem.name;
}
function showerror(e){
  alert('Error: '+e.code);
}
window.addEventListener('load', initiate, false);
```

在创建或打开文件系统时，`createhd()` 函数会接收一个 FileSystem 对象，并用这个对象的 `root` 属性值将文件系统的引用保存在 `hd` 变量内。

12.3.3 创建文件

文件系统的初始化过程完成了。代码清单 12-8 中其余的函数负责新建文件并在屏幕上显示输入数据。在表单上单击"Do It"按钮，会调用 `create()` 函数，将 `<input>` 元素中输入的文本赋值给变量 name，并调用 `getFile()` 方法用这个名称创建一个文件。

这个方法是 API 的 DirectoryEntry 接口的一部分。这个接口共提供了 4 个方法，用来创建和处理文件及目录：

❑ getFile(path, options, success function, error function)——这个方法创建或打开文件。

path 属性必须包含文件的名称以及文件所在的路径名称（从文件系统的根目录算起）。在设置这个方法的选项时可以使用两个标签：create 和 exclusive。两个标签都只接受布尔值。create 标签指定是否创建文件；当 exclusive 标签为 true 时，如果新建一个已经存在的文件，getFile() 方法会返回错误。这个方法也接受两个回调函数——针对成功和失败两种情况。

❑ getDirectory(path, options, success function, error function)——这个方法与前一个方法的特点相同，区别只是它处理的是目录。

❑ createReader()——这个方法返回一个 DirectoryReader 对象，可以用来读取指定目录中的项。

❑ removeRecursively()——这是一个特殊方法，用来删除指定目录及目录中的全部内容。

在代码清单 12-8 的代码中，getFile() 方法使用 name 变量的值创建或得到文件。如果文件不存在，则创建文件 (create: true)，否则获取文件（exclusive: false）。create() 函数还在执行 getFile() 前检查 name 变量的值。

getFile() 方法使用两个函数——show() 和 showerror()——响应操作的成功或失败。show() 接收到一个 Entry 对象，并在屏幕上显示它的属性值。这类对象有多个方法和属性，稍后将会介绍。现在，只使用 name、fullPath 和 filesystem 三个属性。

12.3.4 创建目录

getFile() 方法（针对文件）和 getDirectory() 方法（针对目录）的用法完全相同。要用代码清单 12-7 的模板创建目录，只要将 getFile() 换成 getDirectory() 即可，如以下代码所示：

请注意，这两个方法都属于 DirectoryEntry 对象 root，在代码中，这个对象由 hd 变量表示，所以必须用这个变量来调用这两个方法，才能在应用程序的文件系统中创建文件和目录。

动手实验：请用代码清单 12-9 的函数替换代码清单 12-8 中的 create() 函数，这样就变成了创建目录而不是文件。请将文件上传到服务器，在浏览器中打开代码清单 12-7 的 HTML 文档，使用屏幕上的表单创建目录。

代码清单 12-9：用 <code>getDirectory()</code> 创建目录

```
function create(){
  var name=document.getElementById('myentry').value;
  if(name!=''){
    hd.getDirectory(name, {create: true, exclusive: false}, show,
showerror);
  }
}
```

12.3.5 列出文件

如前所述，createReader() 方法可以得到指定路径中的项（文件和目录）列表。这个方法返回的 DirectoryReader 对象的 readEntries() 方法可以读取指定目录中的项。

❑ readEntries(success function, error function)——这个方法从选中目录中读取下一块项。每次调用这个方法时，success 函数返回的对象包含项列表，如果没有找到项目，则返回 null。

readEntries() 方法按块读取项列表。因此，无法保证一次调用就可以返回全部项。必须反复多次调用这个方法，直到返回的对象为空为止。

在编写接下来的代码之前，还有一件事情需要考虑。createReader() 方法返回代表指定目录的 DirectoryReader 对象。要获得需要的文件，首先必须获得要读取目录的 Entry 对象。

这段代码代替不了 Windows 的文件浏览器，但至少提供了在浏览器中构建有用的文件系统所需要了解的全部信息。下面逐个分析这个代码的各个部分：

initiate() 函数的功能与以前的代码相同：初始化或创建文件系统，如果成功，则调用 createhd() 函数。除了声明指向文件系统的 hd 变量外，createhd() 函数还用空字符串（代表根）初始化 path 变量，并调用 show() 函数，在应用程序加载的时候就在屏幕上显示文件列表。

path 变量在应用程序的其他地方用来保存用户当前的工作路径。例如，在代码清单 12-10 的代码中可以看到如何修改 create() 函数来使用这个变量的值。现在，每次从表单发送新名称时，都会在名称前加上路径，在当前目录中创建文件。

代码清单 12-10：文件系统应用程序

```
function initiate(){
  databox=document.getElementById('databox');
  var button=document.getElementById('fbutton');
  button.addEventListener('click', create, false);

  window.webkitRequestFileSystem(window.PERSISTENT, 5*1024*1024,
createhd, showerror);
}
function createhd(fs) {
  hd=fs.root;
  path='';
  show();
}
function showerror(e){
  alert('Error: '+e.code);
}
function create(){
  var name=document.getElementById('myentry').value;
  if(name!=''){
    name=path+name;
    hd.getFile(name, {create: true, exclusive: false}, show,
showerror);
```

```
    }
  }
  function show(){
    document.getElementById('myentry').value='';

    databox.innerHTML='';
    hd.getDirectory(path,null,readdir,showerror);
  }
  function readdir(dir){
    var reader=dir.createReader();
    var read=function(){
        reader.readEntries(function(files){
            if(files.length){
              list(files);
              read();
            }
        }, showerror);
    }
    read();
  }
  function list(files){
    for(var i=0; i<files.length; i++) {
      if(files[i].isFile) {
        databox.innerHTML+=files[i].name+'<br>';
      }else if(files[i].isDirectory){
        databox.innerHTML+='<span
onclick="changedir(\''+files[i].name+'\')"
class="directory">+'+files[i].name+'</span><br>';
      }
    }
  }
  function changedir(newpath){
    path=path+newpath+'/';
    show();
  }
  window.addEventListener('load', initiate, false);
```

如前所述，要显示项列表，必须首先打开要读取的目录。在 show() 函数中使用 getDirectory() 方法，会根据 path 变量的值打开当前目录，并在目录打开成功时将目录的引用发送给 readdir() 函数。这个函数将引用保存在 dir 变量内，从当前目录新建一个 DirectoryReader 对象，并用 readEntries() 方法获取项列表。

readdir() 用匿名函数来组织内容并保持内容在同一作用域内。首先，reateReader() 从 dir 变量代表的目录创建一个 DirectoryReader 对象。然后，动态地创建一个新函数 read()，通过 readEntries() 方法读取项。readEntries() 方法按块读取项，这意味着必须多次调用这个方法，以确保获取目录中的全部项。read() 函数的作用就在于此。处理过程如下：在 readdir() 函数末尾，第一次调用 read() 函数。在 read() 函数内调用 readEntries() 方法。这个方法用另一个匿名函数作为操作成功时的回调函数，获取 files 对象并检查对象的内容。如果这个对象不为空，则调用 list() 函数，在屏幕上显示已经读取的内容，然后再次执行 read() 函数，读取下一块项（这个函数反复调用自己，直到不再返回项）。

list()函数负责在屏幕上显示项(文件和目录)列表。它接收 files 对象,用 Entry 接口的另外两个重要属性(isFile 和 isDirectory)来检查每个项的特征。顾名思义,这两个属性包含布尔值,分别代表项是文件或者目录。在检查完项的情况之后,用 name 属性在屏幕上显示文件的信息。

文件或目录在屏幕上的显示方式不同。如果项是目录,则通过 <span> 元素显示,元素带有一个 onclick 事件处理程序,在单击元素时,会调用 changedir() 函数。这个函数的作用是设置新的当前路径。它获取目录的名称,将目录添加到路径中,并调用 show() 函数在屏幕上更新项列表。利用这个功能,只要单击鼠标,就可以打开目录、查看其中的内容,就像一般的文件浏览器一样。

这个示例没有考虑回退操作。要执行回退操作,必须使用 Entry 接口提供的另外一个方法:

❑ getParent(success function, error function)——这个方法返回的 Entry 对象,代表选中项所在的目录。得到这个 Entry 对象后,就可以读取它的属性,获得选中项上级项的全部信息。

getParent() 方法的工作机制很简单:假设有一个目录树 pictures/myvacations,用户正在列出 myvacations 的内容。要返回 pictures,可以在 HTML 文档中提供一个链接,给链接注册一个 onclick 事件处理程序,在单击的时候调用函数,将当前路径移动到新的位置。这个事件处理程序调用的函数如以下代码所示:

代码清单 12-11 的 goback() 函数将 path 变量的值改为当前目录的父目录。这里做的第一件事就是用 getDirectory() 方法获得当前目录的引用。如果这个方法成功,则执行匿名函数。在匿名函数中,用 getParent() 方法寻找 dir 所引用的目录(当前目录)的父目录。如果方法执行成功,则调用另一个匿名函数,接受双亲对象,将当前路径的值设置为父对象的 fullPath 属性。最后还要调用 show() 函数在屏幕上更新信息(显示新路径中的项)。

代码清单 12-11:退回上级目录

```
function goback(){
  hd.getDirectory(path,null,function(dir){
      dir.getParent(function(parent){
          path=parent.fullPath;
          show();
        }, showerror);
    },showerror);
}
```

这个应用程序当然还有极大的改进余地,不过这个工作就留为家庭作业了。

动手实验:请将代码清单 12-11 中的函数添加到代码清单 12-10 的代码尾部,并在 HTML 文档中创建一个链接以调用这个函数(例如,<span onclick="goback()">go back</span>)。

12.3.6 处理文件

如前所述，Entry 接口提供了一套获得信息和操作文件的属性和方法。多数可用属性在前面的示例中都已经得到应用。我们已经利用 isFile 属性和 isDirectory 属性检查过项的情况，并用 name、fullPath、filesystem 的值在屏幕上显示信息。前面代码中的 getParent() 方法也属于这个接口。但是，对于执行常规的文件和目录操作来说，还有几个有用的方法。使用这些方法可以移动、复制、删除项，就像桌面应用程序一样：

- ❏ moveTo(parent, new name, success function, error function)——这个方法在文件系统中将指定项移动到另外一个位置。如果提供了 new name 属性，则将项的名称改为这个属性的值。
- ❏ copyTo(parent, new name, success function, error function)——这个方法在文件系统的另外一个位置创建项的副本。如果提供了 new name 属性，则将新项的名称改为这个属性的值。
- ❏ remove——这个方法删除指定文件或空目录（要删除有内容的目录，必须使用前面提到过的 removeRecursively() 方法）。

要测试这些方法，需要一个新的模板。为了简化代码，这里只提供两个输入域，分别代表每个操作的源和目标（见代码清单 12-12）：

代码清单 12-12：处理文件的新模板

```
<!DOCTYPE html>
<html lang="en">
<head>
  <title>File API</title>
  <link rel="stylesheet" href="file.css">
  <script src="file.js"></script>
</head>
<body>
  <section id="formbox">
    <form name="form">
      <p>Origin:<br><input type="text" name="origin" id="origin" required></p>
      <p>Destination:<br><input type="text" name="destination"
id="destination" required></p>
      <p><input type="button" name="fbutton" id="fbutton" value="Do It"></p>
    </form>
  </section>
  <section id="databox"></section>
</body>
</html>
```

12.3.7 移动

moveTo() 方法要求代表文件的 Entry 对象和代表文件移动到的目标目录的另一个对象。所以首先必须用 getFile() 创建文件引用，然后用 getDirectory() 获得对目标目录的引用，最后在这些信息上应用 moveTo() 方法：

这里使用了前面示例中的函数创建或打开文件系统，在屏幕上显示项列表。代码清单 12-13 中唯一的新函数是 modify()。这个函数接受表单的源域和目标域中输入的值，用它们先打开源文件，打开成功后再打开目标目录。如果两个操作都成功，则在 file 对象上应用 moveTo() 方法，将文件移动到 dir 代表的目录。移动成功时，调用 success() 函数，清除表单域的内容，再次运行 show() 函数，在屏幕上更新项列表。

代码清单 12-13：移动文件

```
function initiate(){
  databox=document.getElementById('databox');
  var button=document.getElementById('fbutton');
  button.addEventListener('click', modify, false);

  window.webkitRequestFileSystem(window.PERSISTENT, 5*1024*1024,
createhd, showerror);
}
function createhd(fs){
  hd=fs.root;
  path='';
  show();
}
function showerror(e){
  alert('Error: '+e.code);
}
function modify(){
  var origin=document.getElementById('origin').value;
  var destination=document.getElementById('destination').value;

  hd.getFile(origin,null,function(file){
    hd.getDirectory(destination,null,function(dir){
       file.moveTo(dir,null,success,showerror);
     },showerror);
    },showerror);
}
function success(){
  document.getElementById('origin').value='';
  document.getElementById('destination').value='';
  show();
}
function show(){
  databox.innerHTML='';
  hd.getDirectory(path,null,readdir,showerror);
}
function readdir(dir){
  var reader=dir.createReader();
  var read=function(){
     reader.readEntries(function(files){
        if(files.length){
          list(files);
          read();
        }
     }, showerror);
   }
```

```
      read();
   }
   function list(files){
      for(var i=0; i<files.length; i++) {
         if(files[i].isFile) {
             databox.innerHTML+=files[i].name+'<br>';
         }else if(files[i].isDirectory){
             databox.innerHTML+='<span
onclick="changedir(\''+files[i].name+'\')"
class="directory">'+files[i].name+'</span><br>';
         }
      }
   }
   function changedir(newpath){
      path=path+newpath+'/';
      show();
   }
   window.addEventListener('load', initiate, false);
```

动手实验：要测试这个示例，请用代码清单 12-12 的模板创建一个 HTML 文件，使用本章开始至今一直使用的 CSS 文件，并用代码清单 12-13 的代码创建 file.js 文件。（请记得在测试之前将这些文件上传到服务器）。还要在文件系统中创建文件和目录，否则就没有操作对象。可以使用前面的代码创建文件和目录。使用上一个 HTML 文档的表单指定要移动的文件（要从根开始指定整条路径）、移动文件的目标目录（如果目录在文件系统的根目录上，则不需要斜杠，只需要输入名称）。

12.3.8　复制

当然，moveTo() 方法和 copyTo() 方法唯一的区别就是后者保留原始文件。要使用 copyTo() 方法，只需要修改代码清单 12-13 中方法的名称。modify() 函数修改完成后如代码清单 12-14 所示：

代码清单 12-14：复制文件

```
function modify(){
   var origin=document.getElementById('origin').value;
   var destination=document.getElementById('destination').value;

   hd.getFile(origin,null,function(file){
      hd.getDirectory(destination,null,function(dir){
          file.copyTo(dir,null,success,showerror);
      },showerror);
   },showerror);
}
```

动手实验：请用这段代码替换代码清单 12-13 中的 modify() 函数，然后打开代码清单 12-12 中的模板测试代码。必须重复前面移动文件的操作过程来复制文件。请在 origin 域插入要复制的文件的路径，在 destination 域插入要复制的文件目录路径。

12.3.9   删除

删除文件和目录比移动和复制文件更简单。要做的就是获得要删除的文档或目录的 Entry 对象，然后在这个引用上应用 remove() 方法：

代码清单 12-15 的代码只使用了表单上 origin 域的值，配合 path 变量的值，构成要删除文件的路径。这里用 getFile() 方法创建文件的 Entry 对象，然后在这个对象上应用 remove() 方法删除文件。

代码清单 12-15：删除文件和目录

```
function modify(){
  var origin=document.getElementById('origin').value;
  var origin=path+origin;
  hd.getFile(origin,null,function(entry){
      entry.remove(success,showerror);
    },showerror);
}
```

动手实验：请用代码清单 12-15 中的新代码替换代码清单 12-13 中的 modify() 函数。这次只需要提供 origin 域的值来指定要删除的文件。

如果要删除目录而不是文件，则必须使用 getDirectory() 方法创建目录的 Entry 对象，然后 remove() 方法的用法不变。但对目录来说，有一种情况必须考虑：如果目录不为空，则 remove() 方法会返回错误。要删除目录及其内容，必须使用另一个方法（本章前面提到过）removeRecursively()：

代码清单 12-16 的函数用 destination 域的值代表要删除的目录。removeRecursively() 方法只要执行一次就可以删除目录和目录下的内容，删除成功时调用 success() 函数。

代码清单 12-16：删除非空目录

```
function modify(){
  var destination=document.getElementById('destination').value;
  hd.getDirectory(destination,null,function(entry){
      entry.removeRecursively(success,showerror);
    },showerror);
}
```

动手实验：用代码清单 12-14、代码清单 12-15 和代码清单 12-16 的 modify() 函数替换代码清单 12-13 的同名函数。要测试这些示例，请在代码清单 12-13 的代码中，用需要测试的 modify() 函数代替同名函数，并在浏览器中打开代码清单 12-12 的模板。根据测试的方法，可能需要在表单中提供一个或两个值。

重要提示：如果这些示例在浏览器中运行出现问题，建议使用 Chromium 浏览器（www.chromium.org）。这部分代码已在 Google Chrome 的最新版本上测试通过。

12.4 文件内容

除了核心的文件 API 和刚刚学习过的文件 API 扩展外，还有另外一个重要的扩展："文件 API：写入器"。这个规范声明了向文件中写入和添加内容的接口。它与 API 的其他部分配合，结合其他部分的方法，与其他部分共享对象，实现和文件写入内容的目标。

重要提示：*文件 API 各个规范之间的集成引起了是否应该将某些接口从一个 API 移动到另一个 API 的争议。要获得相关的更新信息，请从我们的网站上查看本书每个 API 的链接或者访问 W3C 官方网站 www.w3.org。*

12.4.1 写入内容

要向文件写入内容，必须创建 FileWriter 对象。这些对象是由 FileEntry 接口的 createWriter() 方法返回的。这个接口是 Entry 接口的扩展，提供了操作文件的两个方法：

❏ createWriter(success function, error function)——这个方法返回与选中项关联的 FileWriter 对象。

❏ file(success function, error function)——这个方法用来读取文件内容。它创建与选中项关联的 File 对象（与 <input> 元素或拖放操作返回的对象类似）。

createWriter() 方法返回的 FileWriter 对象有自己的方法、属性、事件，负责执行向文件添加内容的操作：

❏ write(data)——这个方法实际上负责向文件写入数据。数据内容由 data 属性以 blob 格式提供。

❏ seek(offset)——这个方法设置添加内容的位置。offset 属性的值必须以字节声明。

❏ truncate(size)——这个方法根据 size 属性的值（单位：字节）修改文件的长度。

❏ position——这个属性返回下一个写入位置。新文件的写入位置是 0，如果已经向文件写入一些内容，或者调用过 seek() 方法，则这个属性返回的值非 0。

❏ length——这个属性返回文件的长度。

❏ writestart——当写入过程开始时触发这个事件。

❏ progress——这个事件在写入过程中定期触发来报告进度。

❏ write——数据完全写入后触发这个事件。

❏ abort——当写入过程中止时触发这个事件。

❏ error——当发生错误时触发这个事件。

❏ writeend——当写入过程结束时触发这个事件。

还需要创建另外一个对象，用来准备要添加到文件的内容。构造函数 BolbBuilder() 返回的 BlobBuilder 对象支持以下方法：

❏ getBlob(type)——这个方法以 blob 的形式返回 BlobBuilder 对象。这个方法可以用来创建 write() 方法需要的 blob。

❏ append(data)——这个方法将 data 的值追加到 BlobBuilder 对象后面。Data 属性可

以是 blob，ArrayBuffer，也可以是文本。

代码清单 12-17 的 HTML 文档增加了第二个域，用来插入代表文件内容的文本。后面的示例将使用下面这个模板：

代码清单 12-17：插入文件名和内容的模板

```
<!DOCTYPE html>
<html lang="en">
<head>
  <title>File API</title>
  <link rel="stylesheet" href="file.css">
  <script src="file.js"></script>
</head>
<body>
  <section id="formbox">
    <form name="form">
      <p>File:<br><input type="text" name="myentry" id="myentry" required></p>
      <p>Text:<br><textarea name="mytext" id="mytext" required></textarea></p>
      <p><input type="button" name="fbutton" id="fbutton" value="Do It"></p>
    </form>
  </section>
  <section id="databox">
    No information available
  </section>
</body>
</html>
```

如代码清单 12-18 所示，在执行写入操作时，要打开文件系统，用 getFile() 获取或创建文件，用两个不同的函数将用户提供的值作为内容插入打开的文件中，这两个函数是：writefile() 和 writecontent()。

重要提示：在学习过程中，我们努力让代码尽可能简单。但是，如果你愿意，则既可以使用匿名函数将所有内容控制在一个作用域内（在同一函数内），也可以使用面向对象的编程方式完成更高级、更具伸缩性的实现。

代码清单 12-18：写入内容

```
function initiate(){
  databox=document.getElementById('databox');
  var button=document.getElementById('fbutton');
  button.addEventListener('click', writefile, false);
  window.webkitRequestFileSystem(window.PERSISTENT, 5*1024*1024,
createhd, showerror);
}
function createhd(fs){
  hd=fs.root;
}
function showerror(e){
  alert('Error: '+e.code);
}
function writefile(){
```

```
  var name=document.getElementById('myentry').value;
  hd.getFile(name, {create: true, exclusive:
false},function(entry){
    entry.createWriter(writecontent, showerror);
  }, showerror);
}
function writecontent(fileWriter) {
  var text=document.getElementById('mytext').value;
  fileWriter.onwriteend=success;
  var blob=new WebKitBlobBuilder();
  blob.append(text);
  fileWriter.write(blob.getBlob());
}
function success(){
  document.getElementById('myentry').value='';
  document.getElementById('mytext').value='';
  databox.innerHTML='Done!';
}
window.addEventListener('load', initiate, false);
```

重要提示：同 requestFileSystem() 方法一样，Google Chrome 目前的实现给 BlobBuilder() 构造函数加了特有前缀，在这个示例以及后面的示例中必须使用 WebKitBlobBuilder() 才能在浏览器中测试代码。

当单击 "Do It" 按钮时，表单域中的信息由 writefile() 函数和 writecontent() 函数处理。writefile() 函数接受 myentry 的值，用 getFile() 打开或创建文件。返回的 Entry 对象供 createWriter() 使用，以创建 FileWriter 对象。如果操作成功，则调用 writecontent() 函数。

writecontent() 函数接受 FileWriter 对象，用 mytext 域的值把内容写入文本。必须先将文本转换成 blob 才能写入文件。因此，要用 BlobBuilder() 构造函数创建 BlobBuilder 对象，并用 append() 方法将文本追加到这个对象末尾，然后用 getBlob() 获得 blob 格式的内容。现在信息的格式准备就绪，可以用 write() 写入文件了。

以上所有过程都是异步的，这意味着所有操作状态都要通过事件进行反馈。writecontent() 函数只侦听 writeend 事件（用事件处理程序 onwriteend），在操作成功的时候调用 success() 函数并在屏幕上写下字符串 "Done!"。但是，通过监视 FileWriter 对象触发的各个事件，可以控制整个过程或者检查错误。

动手实验：请将代码清单 12-17 的模板复制到新的 HTML 文件中（这个模板使用与代码清单 12-2 相同的 CSS 样式。）请用代码清单 12-18 的代码创建 JavaScript 文件 file.js。在浏览器中打开 HTML 文档，插入待创建文件的名称和文本。屏幕上出现 "Done!" 字样就代表操作成功。

12.4.2　添加内容

因为没有指定在哪个位置插入内容，所以前面的代码从文件开始写入 blob。要选择在现有文件特定位置或末尾追加内容，必须使用 seek() 方法。

代码清单 12-19 的函数改进了前面的 writecontent() 函数，加入 seek() 方法将写入位置移动到文件末尾。这样，write() 方法写入的内容就不会覆盖文件现有的内容。

为了以字节为单位计算文件末尾的位置数据，使用了 length 属性。其余代码与代码清单 12-18 中的代码完全相同。

代码清单 12-19：添加更多内容

```
function writecontent(fileWriter) {
  var text=document.getElementById('mytext').value;
  fileWriter.seek(fileWriter.length);
  fileWriter.onwriteend=success;
  var blob=new WebKitBlobBuilder();
  blob.append(text);
  fileWriter.write(blob.getBlob());
}
```

动手实验：请用代码清单 12-19 中的函数替换代码清单 12-18 中的 writecontent() 函数，然后在浏览器中打开 HTML 文件。在表单中插入前面代码所创建文件的名称，插入要在这个文件末尾添加的文本。

12.4.3　读取内容

现在该读取刚才写入的内容了。读取过程使用本章开始时讨论的核心文件 API 规范的技术。要使用 FileReader() 构造函数和 readAsText() 等读取方法读取并获得文件的内容（见代码清单 12-20）。

代码清单 12-20：从文件系统读取文件

```
function initiate(){
  databox=document.getElementById('databox');
  var button=document.getElementById('fbutton');
  button.addEventListener('click', readfile, false);

  window.webkitRequestFileSystem(window.PERSISTENT, 5*1024*1024,
createhd, showerror);
}
function createhd(fs){
  hd=fs.root;
}
function showerror(e){
  alert('Error: '+e.code);
}
function readfile(){
  var name=document.getElementById('myentry').value;
  hd.getFile(name, {create: false},function(entry) {
    entry.file(readcontent, showerror);
  }, showerror);
```

```
}
function readcontent(file){
  databox.innerHTML='Name: '+file.name+'<br>';
  databox.innerHTML+='Type: '+file.type+'<br>';
  databox.innerHTML+='Size: '+file.size+' bytes<br>';

  var reader=new FileReader();
  reader.onload=success;
  reader.readAsText(file);
}
function success(e){
  var result=e.target.result;
  document.getElementById('myentry').value='';
  databox.innerHTML+='Content: '+result;
}
window.addEventListener('load', initiate, false);
```

FileReader 接口提供的读取文件内容方法，例如 readAsText()，接受 blob 或 File 对象作为属性。File 对象代表要读取的文件，由 <input> 元素或拖放操作生成。如前所述，FileEntry 提供了使用 file() 方法创建这类对象的选项。

单击 "Do It" 按钮时，readfile() 函数接受 myentry 域的值，用该域的值作为文件名，使用 getFile() 打开文件。这个方法成功时返回的 Entry 对象由 entry 变量表示，用于在 file() 方法中生成 File 对象。

由于 File 对象与 <input> 元素或拖放操作生成的对象属于同一类对象，因此以前使用的属性都可以使用，在读取过程开始之前就可以显示文件的基本信息。readcontent() 函数在屏幕上显示这些属性的值以及读取的文件内容。

读取过程与代码清单 12-3 完全一样。用 FileReader() 构造函数创建 FileReader 对象，注册 onload 事件处理程序，在过程结束时调用 success() 函数，并用 readAsText() 方法读取文件内容。

success() 函数没有像前面那样输出一个字符串，而是在屏幕上显示文件的内容。所以这里接受 FileReader 对象的 result 属性的值并在 databox 中输出该值。

动手实验：代码清单 12-20 的代码只接受了 myentry 域的值。请在浏览器中打开最后一个模板的 HTML 文件，插入要读取文件的名称。文件必须是已经创建的文件，否则系统会返回错误消息（create: false）。如果文件名称正确，则在屏幕上显示文件的信息和内容。

12.5 真实的文件系统

用真实示例来理解所研究概念的潜力总是好的。在本章结束时，要创建一个应用程序，这个应用程序结合了文件 API 的多项技术以及 Canvas 提供的图像操纵能力。

这个示例使用多个图片文件，在画布上的随机位置绘图。画布元素上的每个修改都保存在文件内，供日后读取使用，这样每次访问应用程序时，都会在屏幕上显示最后的工作。

这个示例的 HTML 文档与本章的第一个模板类似。但这次在 databox 内包含一个 canvas 元素（见代码清单 12-21）：

代码清单 12-21：新模板添加了一个 `<canvas>` 元素

```html
<!DOCTYPE html>
<html lang="en">
<head>
  <title>File API</title>
  <link rel="stylesheet" href="file.css">
  <script src="file.js"></script>
</head>
<body>
  <section id="formbox">
    <form name="form">
      <p>Images:<br><input type="file" name="myfiles" id="myfiles" multiple></p>
    </form>
  </section>
  <section id="databox">
    <canvas id="canvas" width="500" height="350"></canvas>
  </section>
</body>
</html>
```

示例代码中包含的方法和编程技术前面都已经学习过，但不同的规范组合在一起时，初看上去可能不好理解。下面先列出整个代码（见代码清单 12-22），然后逐步进行分析。

代码清单 12-22：使用文件 API 的画布应用程序

```javascript
function initiate(){
  var elem=document.getElementById('canvas');
  canvas=elem.getContext('2d');
  var myfiles=document.getElementById('myfiles');
  myfiles.addEventListener('change', process, false);
  window.webkitRequestFileSystem(window.PERSISTENT, 5*1024*1024,
createhd, showerror);
}
function createhd(fs){ hd=fs.root; loadcanvas();
}
  function showerror(e){
  alert('Error: '+e.code);
}
function process(e){
  var files=e.target.files;
  for(var f=0;f<files.length;f++){
    var file=files[f];
    if(file.type.match(/image.*/i)){
      var reader=new FileReader();
      reader.onload=show;
      reader.readAsDataURL(file);
    }
  }
}
```

```
function show(e){
  var result=e.target.result;
  var image=new Image();
  image.src=result;
  image.addEventListener("load",function(){
    var x=Math.floor(Math.random()*451);
    var y=Math.floor(Math.random()*301);
    canvas.drawImage(image,x,y,100,100);
    savecanvas();
  }, false);
}
function loadcanvas(){
  hd.getFile('canvas.dat', {create: false},function(entry) {
    entry.file(function(file){
      var reader=new FileReader();
      reader.onload=function(e){
        var image=new Image();
        image.src=e.target.result;
        image.addEventListener("load",function(){
          canvas.drawImage(image,0,0);
        }, false);
      };
      reader.readAsBinaryString(file);
    }, showerror);
  }, showerror);
}
function savecanvas(){
  var elem=document.getElementById('canvas');
  var info=elem.toDataURL();
  hd.getFile('canvas.dat', {create: true, exclusive: false},function(entry) {
    entry.createWriter(function(fileWriter){
      var blob=new WebKitBlobBuilder();
      blob.append(info);
      fileWriter.write(blob.getBlob());
    }, showerror);
  }, showerror);
}
window.addEventListener('load', initiate, false);
```

这个示例使用了两个 API：文件 API（及其扩展）、Canvas API。在 initiate() 函数中初始化了两个 API。首先用 getContext() 生成画布的绘图上下文，然后用 requestFileSystem() 请求文件系统。

文件系统就绪后，调用 createhd() 函数，在这个函数中用文件系统根目录的引用初始化 hd 变量。这次在 createhd() 末尾增加了对一个新函数的调用，用途是加载应用程序上次执行时生成的图片文件。

但是，首先研究图片的生成方式。当用户在 HTML 文档的表单中选择新图片时，<input> 元素触发 change 事件，调用 process() 函数。这个函数接受 <input> 元素发送的文件，从文件数组中提取每个 File 对象，检测文件是否为图片，用 readAsDataURL() 方法读取每个项的内容，以数据 url 的格式返回值。

可以看到，每个文件均由 process() 函数读取，一次一个文件。如果读取成功，则触发

load 事件，为每个文件调用 show() 函数。因此，这个函数会处理用户选择的每幅图片。

　　show() 函数从 reader 对象接受数据，用 Image() 构造函数新建图形对象，用 image.src=result 这行代码将数据指定为图片的源。

　　在处理图片时，必须考虑图片加载需要的时间。因此，在声明图片对象的新源之后，为 load 事件增加了一个侦听器，确保在处理图片数据之前图片已经完全加载。当 load 事件触发时（图片加载完成），执行 addEventListener() 方法中声明的匿名函数。这个函数计算图片的随机位置，并用 drawImage() 和固定的 100×100 大小绘制画布（请研究代码清单 12-22 的 show() 函数理解这个过程）。

　　图片绘制完成后，调用 savecanvas() 函数。每次画布发生修改时，由这个函数负责保存画布的状态，这样下次打开应用程序时，就能恢复上次的工作。这里使用了 Canvas API 的 toDataURL() 方法以数据 url 的格式返回画布内容。在 savecanvas() 中执行了一系列处理数据的操作。首先，将从画布生成的数据 url 保存到 info 变量中。然后创建 canvas.dat 文件（在不存在的情况下），并用 getFile() 打开文件。如果 getFile() 成功，则匿名函数得到打开的项，并用 createWriter() 方法创建 FileWriter 对象。如果创建成功，这个方法还调用匿名函数，将 info 变量的值追加到 BlobBuilder 对象后面，然后用 write() 将 blob 写入文件。

　　重要提示：这次没有侦听 FileWriter 对象的事件，因为在操作成功或失败时不需要做任何处理。但是，如果愿意，可以利用这些事件在屏幕上报告状态，或者对处理过程的每个部分进行绝对控制。

　　现在回到 loadcanvas()。前面讲过，应用程序一启动，就在 createhd() 函数中调用这个函数。它的作用是加载以前保存的文件，在画布上绘制以前保存的图片。现在你已经知道了我们讨论的是哪个文件，也知道文件是怎么生成的，所以接下来研究这个函数执行的工作。

　　一旦文件系统就绪，就会在 createhd() 函数中调用 loadcanvas() 函数。它的工作（顾名思义）就是加载 canvas.dat 文件，获得画布元素上次修改时生成的数据 url，并绘制图片的内容。如果文件不存在，getFile() 方法会返回错误，在找到文件的时候，这个方法调用匿名函数，接受返回的项，使用 file() 方法从返回的项生成 File 对象。当这个方法成功时还会调用匿名函数读取文件，用 readAsBinaryString() 返回二进制内容。从这个文件得到的内容采用数据 url 字符串格式，在画布上绘制之前，必须指定为图片的源。所以，在 load 事件调用的匿名函数内执行的操作有：创建图片对象，将来自文件的数据 url 声明为图片的源，用 drawImage() 在画布上绘制图片（在图片已经加载成功时）。

　　最后的效果很简单：从 <input> 元素选择的图片以随机位置绘制在画布上，成果会保存在文件内。如果关闭浏览器，然后再加载文件，则恢复画布，成果依然存在。这个示例并没有太大用途，但你应该可以看出它的潜力，对吧？

动手实验：使用拖放 API，可以将图片文件拖放到画布中，而不是用 <input> 元素加载图片。请尝试将代码清单 12-22 的代码与第 8 章的部分代码结合，练习这些 API 的集成。

12.6 快速参考——文件 API

同 IndexedDB API 一样，文件 API 及其扩展提供的功能也是按接口组织的。每个接口提供的方法、属性和事件，与其他接口的方法、属性、事件结合，提供了创建、读取、处理文件的各种方式。下面将按官方组织的顺序列出本章学习过的所有功能。

重要提示：这份快速参考中提供的说明只描述了每个接口最相关的方面。完整的规范请参阅我们网站上本章的链接。

12.6.1 Blob 接口（文件 API）

这个接口提供了操作 blob 的属性和方法。File 接口继承自这个接口。

❏ size——这个属性代表 blob 或文件的大小，以字节为单位。

❏ type——这个属性代表 blob 或文件的媒体类型。

❏ slice(start, length, type)——这个方法返回 start 和 length 属性的值（以字节为单位）指定的 blob 或文件部分。

12.6.2 File 接口（文件 API）

这个接口是 Blob 接口的扩展，负责处理文件。

❏ name——这个属性代表文件的名称。

12.6.3 FileReader 接口（文件 API）

这个接口提供将文件和 blob 读入内存所需要的方法、属性和事件。

❏ readAsArrayBuffer(file)——这个方法以 ArrayBuffer 的形式返回文件或 blob 的内容。

❏ readAsBinaryString(file)——这个方法以二进制字符串的形式返回文件或 blob 的内容。

❏ readAsText(file)——这个方法解释文件或 blob 的内容，并以文本形式返回。

❏ readAsDataURL(file)——这个方法以数据 url 的形式返回文件或 blob 的内容。

❏ abort()——这个方法中止读取过程。

❏ result——这个属性代表读取方法返回的数据。

❏ loadstart——开始读取时触发这个事件。

❏ progress——这个事件定期触发，报告读取的状态。

❏ load——读取完成时触发这个事件。

❏ abort——读取过程中止时触发这个事件。

❏ error——读取失败时触发这个事件。

❏ loadend——请求完成时，不论成功还是失败，均触发这个事件。

12.6.4 LocalFileSystem 接口（文件 API：目录和系统）

这个接口负责初始化应用程序的文件系统。

❏ requestFileSystem(type, size, success function, error function)——这个方法请求初始化由其属性值配置的文件系统。`type` 属性可以接受两个值：`TEMPORARY` 或 `PERSISTENT`。大小必须以字节为单位指定。

12.6.5 FileSystem 接口（文件 API: 目录和系统）

这个接口提供关于文件系统的信息。

❏ name——这个属性代表文件系统的名称。

❏ root——这个属性指向文件系统的根目录。

12.6.6 Entry 接口（文件 API：目录和系统）

这个接口提供了处理文件系统中项（文件和目录）的方法和属性。

❏ isFile——这个属性是个布尔值，代表项是否是文件。

❏ isDirectory——这个属性是个布尔值，代表项是否是目录。

❏ name——这个属性代表项的名称。

❏ fullPath——这个属性代表从文件系统的根目录到项的完整路径。

❏ filesystem——这个属性包含对文件系统的引用。

❏ moveTo(parent, new name, success function, error function)——这个方法将项移动到不同位置。`parent` 属性代表在其中移动项的目录。如果指定 `new name` 属性，则修改项在新位置中的名称。

❏ copyTo(parent, new name, success function, error function)——这个方法创建项的副本。`parent` 属性代表要在其中创建副本的目录。如果指定 `new name` 属性，则修改副本的名称。

❏ remove(success function, error function)——这个方法删除文件或空目录。

❏ getParent(success function, error function)——这个方法返回选中项的父 `DirectoryEntry`。

12.6.7 DirectoryEntry 接口（文件 API：目录和系统）

这个接口提供了创建和读取文件及目录的方法。

❏ createReader()——这个方法创建读取项时使用的 `DirectoryReader` 对象。

❏ getFile(path, options, success function, error function)——这个方法创建或读取由 `path` 属性指定的文件。`options` 属性可以设置两个标签：`create` 和 `exclusive`。第一个标签代表是否创建文件，当 `exclusive` 设置为 `true` 时，会在文件已经存在的情况下强迫这个方法返回错误。

❏ getDirectory(path, options, success function, error function)——这个方法创建或读取由 `path` 属性指定的目录。`options` 属性可以设置两个标签：`create` 和 `exclusive`。第

一个标签代表是否创建目录，当 exclusive 设置为 true 时，会在目录件已经存在的情况下强迫这个方法返回错误。

❏ removeRecursively(success function, error function)——这个方法删除指定目录及其中的全部内容。

12.6.8　DirectoryReader 接口（文件 API：目录和系统）

这个接口提供了获得指定目录中项列表的另一个方法。

❏ readEntries(success function, error function)——这个方法从选中目录中读取项块。在没有找到更多项时返回 null。

12.6.9　FileEntry 接口（文件 API：目录和系统）

这个接口提供了从指定文件中获得 File 对象的方法，提供了向文件添加内容的 FileWriter 对象。

❏ createWriter(success function, error function)——这个方法创建向文件写入内容时使用的 FileWriter 对象。

❏ file(success function, error function)——这个方法返回代表选中文件的 File 对象。

12.6.10　BlobBuilder 接口（文件 API：写入器）

这个接口提供了操作 blob 对象的方法。

❏ getBlob(type)——这个方法返回以 blob 形式返回 blob 对象的内容。

❏ append(data)——这个方法将数据追加到 blob 对象后面。该接口提供了三个 append() 方法，分别用来追加文本数据、blob 数据或 ArrayBuffer 数据。

12.6.11　FileWriter 接口（文件 API：写入器）

FileWriter 接口是 FileSaver 接口的扩展。后者在这里没介绍，但下面列出的事件属于它。

❏ position——这个属性代表当前要进行下一个写入操作的位置。

❏ length——这个属性代表文件的长度，以字节为单位。

❏ write(blob)——这个方法在文件中写入内容。

❏ seek(offset)——这个方法设置下一次执行写入操作时的新位置。

❏ truncate(size)——这个方法将文件的长度改为 size 属性指定的值（以字节为单位）。

❏ writestart——开始写入时触发这个事件。

❏ progress——这个事件定期触发，报告写入工作的状态。

❏ write——写入完成时触发这个事件。

❏ abort —— 中止写入过程时触发这个事件。

❏ error——发生故障时触发这个事件。

❏ writeend——请求完成时，不论成功还是失败，均触发这个事件。

12.6.12   FileError 接口（文件 API 和扩展）

这个 API 中的多个方法在处理失败时会通过回调函数返回值。可以将这个值与以下列表比较，找到对应的错误：

NOT_FOUND_ERR——值 1

SECURITY_ERR——值 2

ABORT_ERR——值 3

NOT_READABLE_ERR——值 4

ENCODING_ERR——值 5

NO_MODIFICATION_ALLOWED_ERR——值 6

INVALID_STATE_ERR——值 7

SYNTAX_ERR——值 8

INVALID_MODIFICATION_ERR——值 9

QUOTA_EXCEEDED_ERR——值 10

TYPE_MISMATCH_ERR——值 11

PATH_EXISTS_ERR——值 12

第 ⑬ 章

通信 API

13.1 Ajax Level 2

Ajax Level 2 是通信 API 的第一部分。根据非官方说法，通信 API 包含 XMLHttpRequest Level 2、跨文档消息传递（Web 消息传递 API）、Web 套接字（WebSocket API）。这三项通信技术中的第一项（XMLHttpRequest Level 2）是对迄今为止在服务器通信和构建 Ajax 应用程序时广泛使用的旧 XMLHttpRequest 对象的增强。

XMLHttpRequest Level 2 融合了跨源通信等新功能以及控制请求演变过程的事件。这些改进简化了脚本，提供了新的选项，例如在同一应用程序内与多个服务器交互，处理小段数据而不是整个文件，以及其他功能。

这个 API 最重要的元素当然是 XMLHttpRequest 对象。有一个专门的构造函数负责创建这个对象：

- ❑ XMLHttpRequest()——返回一个 XMLHttpRequest 对象，用这个对象可以启动请求，侦听事件，控制整个通信过程。

XMLHttpRequest() 构造函数创建的对象拥有初始化和控制请求的重要方法：

- ❑ open(method, url, async)——这个方法对即将发出的请求进行配置。method 属性指定用来打开连接的 HTTP 方法，例如 GET 或 POST。url 属性声明对请求进行处理的脚本。async 是个布尔值，将通信设置为同步（false）或异步（true）。在必要的时候，这个方法还可以包含用户名和密码和值。
- ❑ send(data)——这个方法负责初始化请求。XMLHttpRequest 对象的这个方法有多个版本，分别用来处理不同类型的数据。data 属性可以省略，可以声明为 ArrayBuffer、blob、文档、字符串或者 FormData。
- ❑ abort()——这个方法取消请求。

13.1.1 获取数据

首先构建一个示例，使用 GET 方法从服务器的文本文件中获取信息。需要一个新的 HTML 文档（见代码清单 13-1），上面有一个用来启动请求的按钮：

代码清单 13-1：Ajax 请求的模板

```
<!DOCTYPE html>
```

```
<html lang="en">
<head>
  <title>Ajax Level 2</title>
  <link rel="stylesheet" href="ajax.css">
  <script src="ajax.js"></script>
</head>
<body>
  <section id="formbox">
    <form name="form">
      <p><input type="button" name="button" id="button" value="Do It"></p>
    </form>
  </section>
  <section id="databox"></section>
</body>
</html>
```

为了让代码尽可能简单，HTML 结构始终保持同以前一样，并用一些基本的样式实现视觉效果（见代码清单 13-2）：

代码清单 13-2：设置屏幕上方框的样式

```
#formbox{ float: left; padding: 20px;
  border: 1px solid #999999;
  }
#databox{
  float: left;
  width: 500px;
  margin-left: 20px;
  padding: 20px;
  border: 1px solid #999999;
}
```

动手实验：请用代码清单 13-1 中的模板创建 HTML 文件，用代码清单 13-2 中的规则创建 CSS 文件 ajax.css。要测试后面的示例，必须将所有文件（包括 JavaScript 文件以及需要创建的文件）上传到服务器。在后面的每个示例中将提供更多操作说明。

这个示例的代码读取服务器上的文件，在屏幕上显示文件的内容。因为不向服务器发送数据，所以只发出 GET 请求，并显示获取到的信息：

代码清单 13-3 的代码包含典型函数 initiate()。这个函数在文档加载的时候调用。调用这个函数会创建对 databox 的引用，为按钮的 click 事件添加一个侦听器。

代码清单 13-3：读取文件

```
function initiate(){
  databox=document.getElementById('databox');

  var button=document.getElementById('button');
  button.addEventListener('click', read, false);
}
function read(){
```

```
    var url="textfile.txt";
    var request=new XMLHttpRequest();
    request.addEventListener('load',show,false);
  request.open("GET", url, true);
  request.send(null);
  }
  function show(e){
    databox.innerHTML=e.target.responseText;
  }
  window.addEventListener('load', initiate, false);
```

单击 "Do It" 按钮会执行 read() 函数。在这里可以看到以前研究的所有方法的效果。首先声明要读取的文件的 URL。我们还没介绍如何进行跨源请求，所以这个文件必须与 JavaScript 代码在同一域内（在这个示例中，还在同一目录内）。接下来，用 XMLHttpRequest() 构造函数创建对象，并将对象分配给 request 变量。接下来用这个变量在 load 事件上添加一个事件侦听器，并用 open() 方法和 send() 方法启动请求。因为这个请求不发送数据，所以 send() 方法为空（null），但 open() 方法需要在属性中配置请求。在 open() 方法中，将请求声明为 GET，声明要读取的文件的 URL，声明操作的类型（true 代表异步）。

异步操作意味着浏览器在读取文件的同时会继续处理后面的代码。读取操作结束会通过 load 事件通知浏览器。文件最终加载完成后，触发 load 事件，并调用 show() 函数。show() 函数用 responseText 属性的值替换 databox 的内容，处理过程结束。

动手实验：要测试这个示例，请创建一个文本文件 textfile.txt，并在其中加入些内容。然后将这个文件以及用代码清单 13-1、代码清单 13-2、代码清单 13-3 创建的文件上传到服务器，并在浏览器中打开 HTML 文档。单击 "Do It" 按钮之后，文本文件的内容就显示在屏幕上。

重要提示：当用 innerHTML 处理响应时，浏览器会解释加入的 HTML 代码和 JavaScript 代码。出于安全原因，最好用 innerText 代替 innerHTML。最终决定取决于应用程序的需求。

13.1.2　响应属性

有三种不同类型的响应属性可以用来处理请求返回的信息：

❏ response——这是通用的响应属性。它根据 responseType 属性的值向请求返回响应。

❏ responseText——这个属性向请求返回文本。

❏ responseXML——这个属性以 XML 文档的形式向请求返回响应。

13.1.3　事件

除了 load 事件外，该规范还为 XMLHttpRequest 对象规定了其他事件：

❏ loadstart——请求开始时触发这个事件。

❏ progress——这个事件在发送或加载数据期间定期触发。

- abort——请求中止时触发这个事件。
- error——在请求过程中发生错误时触发这个事件。
- load——请求完成时触发这个事件。
- timeout——如果指定 timeout 值，则在指定时间段内未完成请求时触发这个事件。
- loadend——请求完成时触发这个事件（不论成功还是失败）。

在这些事件中，最有吸引力的可能是 progress。这个事件大约每 50 毫秒触发一次，用来通知请求的状态。利用 progress 事件能够将该过程的每一步骤通知用户，并创建专业的通信应用程序：

代码清单 13-4 中的代码使用 loadstart、progress 和 load 这三个事件对请求进行控制。loadstart 事件调用 start() 函数在屏幕上第一次显示进度条。在下载文件时，progress 事件多次执行 status() 函数，通过 `<progress>` 元素和 ProgressEvent 属性的值显示进度。

代码清单 13-4：提示请求的进度

```
function initiate(){
  databox=document.getElementById('databox');

  var button=document.getElementById('button');
  button.addEventListener('click', read, false);
}
function read(){
  var url="trailer.ogg";
  var request=new XMLHttpRequest();
  request.addEventListener('loadstart',start,false);
  request.addEventListener('progress',status,false);
  request.addEventListener('load',show,false);
  request.open("GET", url, true);
  request.send(null);
}
function start(){
  databox.innerHTML='<progress value="0"
max="100">0%</progress>';
}
function status(e){
  if(e.lengthComputable){
    var per=parseInt(e.loaded/e.total*100);
    var progressbar=databox.querySelector("progress");
    progressbar.value=per;
    progressbar.innerHTML=per+'%';
  }
}
function show(e){
  databox.innerHTML='Done';
}
window.addEventListener('load', initiate, false);
```

最后，文件下载完成后，触发 load 事件，执行 show() 函数，在屏幕上显示字符串"Done"。

重要提示：这里使用 innerHTML 向文档添加新的 `<progress>` 元素。虽然这种做法对示例来说有用又方便，但并不是推荐做法。向 DOM 添加元素的做法通常是使用 JavaScript 方法 createElement() 和 appendChild() 配合实现。

progress 事件在规范的 ProgressEvent 接口中声明。每个 API 都有这个接口，它有三个重要属性可以返回该事件监控的处理过程的信息：

❑ lengthComputable——这是一个布尔值，如果过程的长度可以计算，则返回 true，如果不能计算，则返回 false。在示例中，用这个属性来确保另外两个属性的值有效。

❑ loaded——这个属性返回已经下载或上传的总字节数。

❑ total——这个属性返回要下载或上传数据的总字节数。

重要提示：根据 Internet 连接的速度不同，要看到进度条的效果，可能必须使用大型文件。代码清单 13-4 的代码中声明的 URL 是第 5 章操作媒体 API 时使用的视频文件名称。可以使用自己的文件，也可以从以下链接下载这个文件：www.minkbooks.com/content/trailer.ogg。

13.1.4　发送数据

迄今为止，都是从服务器获取信息，还没有发送任何数据，甚至没有用过 GET 方法之外的 HTTP 方法。后面的示例将使用 POST 方法和一个新对象，这个新对象允许用虚拟表单元素发送信息。

前面没有讲述如何通过 GET 方法发送数据，因为这很简单，只要将值添加入 URL：必须为 url 变量创建路径，例如 `textfile.txt?val1=1&val2=2`，这样值就会随请求一同发送。这个示例中的 val1 和 val2 属性在服务器上作为 GET 变量读取。当然，服务器上的文本文件处理不了这个信息，通常在服务器端要有 PHP 文件或其他服务器端脚本来接收这些值。但对 POST 请求来说，就没有这么简单了。

有人可能知道，POST 请求不仅包含 GET 方法发送的全部信息，还包含一个消息正文。通过消息正文，可以发送任何类型、任何长度的信息。提供这个信息的最佳方式通常是 HTML 表单，但对动态应用程序来说，表单可能不是最佳选项，或者不是最合适的选项。为了解决这个问题，这个 API 包含 FormData 接口。这个简单的接口只有一个构造函数和一个方法，分别负责获得和操作 FormData 对象。

❑ FormData()——这个构造函数返回 FormData 对象，供 send() 方法发送信息时使用。

❑ append(name, value)——这个方法向 FormData 对象添加数据。这个方法以键/值对为属性。value 属性可以是字符串，也可以是 blob。返回的数据代表一个表单域。

向服务器发送信息的目的，是希望信息得到处理，并产生相应的结果。这个结果通常保存在服务器上，并返回一些信息以提供反馈。代码清单 13-5 中的示例向 `process.php` 文件发送数据，并在屏幕上显示脚本返回的信息。

要测试这个示例，只需要用以下代码输出 process.php 接收到的值即可：

下面首先来看如何准备要发送的信息。代码清单 13-5 中的 send() 函数调用 FormData() 构造函数，将返回的 FormData 对象保存在 data 变量内。然后用 append() 方法向这个对象添加了两个键 / 值对，名称分别为 name 和 lastname。这些值代表表单输入域。

代码清单 13-5：发送虚拟表单

```
function initiate(){
  databox=document.getElementById('databox');

  var button=document.getElementById('button');
  button.addEventListener('click', send, false);
}
function send(){
  var data=new FormData();
  data.append('name','John');
  data.append('lastname','Doe');

  var url="process.php";
  var request=new XMLHttpRequest();
  request.addEventListener('load',show,false);
  request.open("POST", url, true);
  request.send(data);
}
function show(e){
  databox.innerHTML=e.target.responseText;
}
window.addEventListener('load', initiate, false);
```

请求的初始化操作与前面的代码相同，只是这次 open() 方法的第一个属性是 POST 而不是 GET，而 send() 方法的属性也换成了 data 对象而不是 null。

当单击 "Do It" 按钮时，调用 send() 函数，把 FormData 对象中创建的表单发送到服务器。process.php 文件接收到表单数据（name 和 lastname），向浏览器返回一个包含这些信息的文本。当该过程结束时，执行 show() 函数，通过 responseText 属性在屏幕上显示接收到的信息。

动手实验：这个示例要求将多个文件上传到服务器。这里使用与代码清单 13-1 和代码清单 13-2 相同的 HTML 文档和 CSS 样式。代码清单 13-5 的 JavaScript 代码替换了以前的代码，还必须用代码清单 13-6 的代码新建 PHP 文件 process.php。请将所有这些文件上传到服务器，然后在浏览器中打开 HTML 文档。单击 "Do It" 按钮，在屏幕上应该能够看到 process.php 文件返回的文本。

代码清单 13-6：POST 请求的简单响应（`process.php`）

```
<?PHP
  print('Your name is: '.$_POST['name'].'<br>');
  print('Your last name is: '.$_POST['lastname']);
?>
```

13.1.5 跨源请求

前面处理的脚本和数据，一直在同一个域和同一个目录下。但 XMLHttpRequest Level 2 支持创建跨源请求，这意味着现在可以在同一应用程序内与不同的服务器交互。

从一个源到另一个源的访问，必须得到服务器的授权。授权需要声明允许访问应用程序的源，这是在提供请求处理文件的服务器发送的标头中实现的。

例如，如果应用程序位于 www.domain1.com，要访问的示例文件 process.php 位于 www.domain2.com，则必须对第二台服务器进行配置，将 www.domain1.com 这个源声明为 XMLHttpRequest 调用的有效源。

这个配置可以在服务器的配置文件中指定，也可以在脚本的头中声明。在第二种情况下，该示例的解决方案很简单，只要将标头 Access-Control-Allow-Origin 加入 process.php 脚本即可：

Access-Control-Allow-Origin 标头的值 * 代表多个源。除非用特定的源（例如 http://www.domain1.com）代替 * 这个值，否则任何源都可以访问代码清单 13-7 的代码（如果用 http://www.domain1.com，则只有来自 www.domain1.com 的应用程序才可以访问）。

代码清单 13-7：允许多源请求

```php
<?PHP
  header('Access-Control-Allow-Origin: *');

  print('Your name is: '.$_POST['name'].'<br>');
  print('Your last name is: '.$_POST['lastname']);
?>
```

重要提示：代码清单 13-7 的 PHP 代码只在 process.php 脚本返回的标头内添加值。要在服务器返回的每个标头内都包含这个参数，则必须修改 HTTP 服务器的配置文件。更多信息，请参阅我们网站上本章的链接，或者参考 HTTP 服务器的操作说明。

13.1.6 上传文件

向服务器上传文件是 Web 开发人员需要解决的一个重要问题。今天的在线应用程序几乎全都需要这个功能，但浏览器并不关注这个功能。为此，这个 API 考虑到这个情况，加入一个新属性，以返回一个 XMLHttpRequestUpload 对象，不仅能访问 XMLHttpRequest 对象的所有方法、属性、事件，还能控制上传过程。

❑ upload——这个属性返回一个 XMLHttpRequestUpload 对象。必须从现有的 XMLHttpRequest 对象中调用这个属性。

为了测试文件上传，需要一个新模板，其中用 <input> 域选择要上传的文件（见代码清单 13-8）：

代码清单 13-8：上传文件的模板

```
<!DOCTYPE html>
<html lang="en">
<head>
  <title>Ajax Level 2</title>
  <link rel="stylesheet" href="ajax.css">
  <script src="ajax.js"></script>
</head>
<body>
  <section id="formbox">
    <form name="form">
      <p>File to Upload:<br><input type="file" name="myfiles" id="myfiles"></p>
    </form>
  </section>
  <section id="databox"></section>
</body>
</html>
```

要上传文件，必须使用一个文件引用，并将它作为表单域发送出去。以前示例中研究的 FormData 对象能够处理这类数据。系统会自动检测添加到 FormData 对象中的信息类型，为请求创建正确的标头。上传过程的其余部分与本章前面研究的过程完全相同。

代码清单 13-9 中的主函数是 upload()。当用户通过模板的 <input> 元素选择新文件的时（触发 change 事件）调用这个函数。该函数接收到选中的文件引用，将引用保存在 file 变量内，与第 12 章学习文件 API、第 8 章学习拖放 API 时的做法一样，这些方法返回的都是相同的文件（File）对象。

代码清单 13-9：用 FormData 上传文件

```
function initiate(){
  databox=document.getElementById('databox');

  var myfiles=document.getElementById('myfiles');
  myfiles.addEventListener('change', upload, false);
}
function upload(e){
  var files=e.target.files;
  var file=files[0];

  var data=new FormData();
  data.append('file',file);

  var url="process.php";
  var request=new XMLHttpRequest();
  var xmlupload=request.upload;
  xmlupload.addEventListener('loadstart',start,false);
  xmlupload.addEventListener('progress',status,false);
  xmlupload.addEventListener('load',show,false);
  request.open("POST", url, true);
  request.send(data);
}
function start(){
```

```
  databox.innerHTML='<progress value="0"
max="100">0%</progress>';
}
function status(e){
  if(e.lengthComputable){
    var per=parseInt(e.loaded/e.total*100);
    var progressbar=databox.querySelector("progress");
    progressbar.value=per;
    progressbar.innerHTML=per+'%';
  }
}
function show(e){
  databox.innerHTML='Done';
}
window.addEventListener('load', initiate, false);
```

得到文件引用后，创建 FormData 对象，用 append() 将文件追加到 FormData 对象后面。为了发送表单，发起一个 POST 请求。首先，将常规的 XMLHttpRequest 对象分配给请求变量。然后用 upload 属性创建一个 XMLHttpRequestUpload 对象，并用变量 xmlupload 表示。使用这个新变量，为上传过程触发的所有事件都添加了事件侦听器，最后发送请求。

其余代码的功能与代码清单 13-4 的示例完全相同。换句话讲，在上传过程开始时，屏幕上出现一个进度条，在上传过程中，进度条根据进度不断更新。

13.1.7　真实应用程序

一次上传一个文件，可能还无法满足多数 Web 开发人员的要求。使用 <input> 域选择上传文件也一样。每个程序员通常都希望自己的应用程序尽可能地直观，所以最好的做法就是将人们已经熟悉的技术和方法组合在一起。利用拖放 API，可以创建一个真正的应用程序，只要将文件拖放到屏幕的指定区域，就能一次向服务器上传多个文件。

首先创建一个带有拖放框的 HTML 文档（见代码清单 13-10）：

代码清单 13-10：上传文件的拖放区域

```
<!DOCTYPE html>
<html lang="en">
<head>
  <title>Ajax Level 2</title>
  <link rel="stylesheet" href="ajax.css">
  <script src="ajax.js"></script>
</head>
<body>
  <section id="databox">
    <p>Drop Files Here</p>
  </section>
</body>
</html>
```

这个示例的 JavaScript 代码可能是目前为止最复杂的代码。这段代码不仅组合了两个 API，

还大量使用匿名函数将代码组织在同一范围内（在同一函数内）。需要将文件拖放到 `databox`
元素中，在屏幕上列出这些文件，用准备发送的文件将表单准备好，为每个文件提出一个上传请
求，在上传文件时更新进度条（见代码清单 13-11）。

代码清单 13-11：逐一上传文件

```
function initiate(){
  databox=document.getElementById('databox');

  databox.addEventListener('dragenter',function(e){
e.preventDefault(); }, false);
  databox.addEventListener('dragover',function(e){
e.preventDefault(); }, false);
  databox.addEventListener('drop', dropped, false);
}
function dropped(e){
  e.preventDefault();
  var files=e.dataTransfer.files;
  if(files.length){
    var list='';
    for(var f=0;f<files.length;f++){
      var file=files[f];
      list+='<blockquote>File: '+file.name;
      list+='<br><span><progress value="0"
max="100">0%</progress></span>';
      list+='</blockquote>';
    }
    databox.innerHTML=list;

    var count=0;
    var upload=function(){
        var file=files[count];
        var data=new FormData();
        data.append('file',file);
        var url="process.php";
        var request=new XMLHttpRequest();
        var xmlupload=request.upload;

        xmlupload.addEventListener('progress',function(e){
            if(e.lengthComputable){
                var child=count+1;
                var per=parseInt(e.loaded/e.total*100);
                var
progressbar=databox.querySelector("blockquote:nth-
child("+child+")>span>progress");
                progressbar.value=per;
                progressbar.innerHTML=per+'%';
            }
        },false);
        xmlupload.addEventListener('load',function(){
            var child=count+1;
            var elem=databox.querySelector("blockquote:nth-
child("+child+") > span");
            elem.innerHTML='Done!';
```

```
                   count++;
                   if(count<files.length){
                     upload();
                   }
                },false);
            request.open("POST", url, true);
            request.send(data);
          }
        upload();
      }
    }
    window.addEventListener('load', initiate, false);
```

这段代码确实不好理解，但如果一步一步研究就会容易些。同往常一样，一切都从 initiate() 函数开始，文档加载完成后就会调用这个函数。这个函数创建对于本示例的拖放框 databox 的引用，为三个事件添加了侦听器，用以控制拖放操作。拖放 API 的更多内容，请参阅第 8 章。基本上，当拖放的文件进入拖放框区域时，就会触发 dragenter 事件；当文件在拖放框上移动时，会定期触发 dragover 事件；当文件放入拖放框时，触发 drop 事件。在这个示例中，对 dragenter 和 dragover 这两个事件不需要做任何处理，所以在这里取消了这两个事件，以防发生浏览器的默认行为。这里唯一响应的事件是 drop。每次有内容放入 databox 时，事件的侦听器都会调用 dropped() 函数。

dropped() 函数的第一行还用 preventDefault() 方法执行我们希望对放入文件执行的操作（浏览器默认不能执行的操作）。现在我们对形势有了绝对控制，该处理放入的文件了。首先从 dataTransfer 对象获取文件。返回的值是一个文件数组，保存在 files 变量内。为了确定放入拖放框内的是文件（不是其他类型的元素），用条件语句 if(files.length) 检查 length 属性的值。如果这个值不为 0 或不为 null，就意味着放入了一个或多个文件，可以继续后面的操作。

下面处理接收到的文件。利用 for 循环在 files 数组上迭代，创建包含文件名称的 <blockquote> 元素列表和进度条，并将进度条放在 <span> 标签内。列表创建完成后，将结果作为 databox 的内容在屏幕上显示。

表面上看，dropped() 函数做了所有工作，但在这个函数内部，创建了另外一个函数 upload()，由它负责每个文件的上传过程。所以在屏幕上显示完文件之后，接下来的操作是创建这个函数，并为列表中的每个文件调用这个函数。

upload() 函数是用匿名函数创建的。在这个函数内，首先使用 count 变量作为索引从数组中选择一个文件。这个变量初始值为 0，所以第一次调用 upload() 函数时，选择并上传列表中的第一个文件。

上传每个文件的方法与前一个示例中的方法相同。文件的引用保存在 file 变量内，用 FormData() 构造函数创建 FormData 对象，用 append() 方法将文件添加到 FormData 对象中。

这次只侦听两个事件来控制过程：progress 事件和 load 事件。每次触发 progress

事件时，都调用匿名函数来更新上传文件进度条的状态。为了标识与上传文件对应的 `<progress>` 元素，这里使用了 `querySelector()` 方法和伪类 `:nth-child()`。伪类的索引通过 count 变量的值计算得来。这个变量包含 files 数组的索引个数，但这个索引从 0 开始，而 `:nth-child()` 访问子列表时的索引值从 1 开始。为了用对应的索引值寻找正确的 `<progress>` 元素，这里对 count 的值加 1，将结果保存在 child 变量内，并用 child 变量作为索引。

上述过程每次完成的时候，都必须发出通知，继续处理 files 数组中的下一个文件。因此，在 load 事件触发时执行的匿名函数内，要将 count 的值递增 1，并用字符串 "Done!" 替换 `<progress>` 元素，如果还有文件需要处理，则再次调用 upload() 函数。

研读代码清单 13-11 的代码可以看到，在声明 upload() 函数之后，这个函数的第一次调用出现在 dropped() 函数末尾。因为 count 的值之前初始化为 0，所以首先处理的是 files 数组中的第一个文件。然后，在这个文件上传完成后，触发 load 事件，调用处理该事件的匿名函数，将 count 的值递增 1，再次执行 upload() 函数，处理数组中的下一个文件。最后，放在拖放框内的每个文件一个接一个地上传到服务器。

13.2 跨文档消息传递

这部分通信 API 的正式称谓是 Web 消息传递 API。跨文档消息传递技术允许不同来源的应用程序相互通信。运行在不同窗体、选项卡或窗口中的应用程序（甚至使用其他 API 的应用程序）现在可以利用这项技术进行通信。通信的过程很简单：从一个文档提交一条消息，在目标文件中处理这条消息。

13.2.1 构造函数

为了提交消息，API 提供了 `postMessage()` 方法：

❑ postMessage(message, target)——这个方法在接收消息的 Window 对象的 contentWindow 上应用。message 属性是个字符串，代表传递的消息；target 属性是目标文档的域（主机名或端口，稍后将介绍）。目标既可以是特定的域、任意文档（用 * 表示），也可以是同一来源（用 / 表示）。这个方法还可以用一个端口数组作为第三个属性。

13.2.2 消息事件和属性

这个通信方法是异步的。为了侦听发送到指定文档传递的消息，API 提供了 message 事件，这个事件有几个属性用来返回信息：

❑ data——这个属性返回消息的内容。

❑ origin——这个属性返回发送消息的文档来源，通常是主机名。可以用这个值发送回消息。

❑ source——这个属性返回的对象代表消息的源。可以用这个值指向发送者，并应答消息。

13.2.3　发送消息

对于这个 API 的示例，必须考虑以下问题：通信过程发生在不同的窗口（窗口、窗体、选项卡或其他 API）之间，因此必须提供通信双方的文档和代码。如代码清单 13-12 所示，该示例包含一个带有 iframe 的模板和针对通信双方的 JavaScript 代码。先从主 HTML 文档开始：

代码清单 13-12：主文档包含一个 iframe

```
<!DOCTYPE html>
<html lang="en">
<head>
  <title>Cross Document Messaging</title>
  <link rel="stylesheet" href="messaging.css">
  <script src="messaging.js"></script>
</head>
<body>
  <section id="formbox">
    <form name="form">
      <p>Your name: <input type="text" name="name" id="name" required></p>
      <p><input type="button" name="button" id="button" value="Send"></p>
    </form>
  </section>
  <section id="databox">
    <iframe id="iframe" src="iframe.html" width="500" height="350"></iframe>
  </section>
</body>
</html>
```

可以看到，在上面的模板中有两个 `<section>` 元素，但 `databox` 这次包含一个 `<iframe>`，负责加载 `iframe.html` 文件。稍后再来介绍。现在给模板结构添加一些样式（见代码清单 13-13）：

代码清单 13-13：给方框加样式（messaging.css）

```
#formbox{
  float: left;
  padding: 20px;
  border: 1px solid #999999;
}
#databox{
  float: left;
  width: 500px;
  margin-left: 20px;
  padding: 20px;
  border: 1px solid #999999;
}
```

主文档的 JavaScript 代码需要从表单得到 `name` 输入的值，并用 `postMessage()` 方法将值发送到 iframe 内的文档（见代码清单 13-14）：

代码清单 13-14：发送消息（`messaging.js`）

```
function initiate(){
  var button=document.getElementById('button');
  button.addEventListener('click', send, false);
}
function send(){
  var name=document.getElementById('name').value;
  var iframe=document.getElementById('iframe');

  iframe.contentWindow.postMessage(name, '*');
}
window.addEventListener('load', initiate, false);
```

在代码清单 13-14 的代码中，消息由 name 输入的值构成。用 * 号作为目标，将这个消息发送到 iframe 内的每个文档（不论来源如何）。

单击 "Send" 按钮之后，调用 send() 函数，把输入域的值发送给 iframe 中的页面。下面从 iframe 中接收并处理消息。这里要为 iframe 创建一个小 HTML 文档，在屏幕上显示接收到的消息（见代码清单 13-15）：

代码清单 13-15：iframe 文档的模板（`iframe.html`）

```
<!DOCTYPE html>
<html lang="en">
<head>
  <title>iframe window</title>
  <script src="iframe.js"></script>
</head>
<body>
  <section>
    <div><b>Message from main window:</b></div>
    <div id="databox"></div>
  </section>
</body>
</html>
```

这个模板有自己的 databox，用来在屏幕上显示消息，还有自己的 JavaScript 代码，用来处理消息（见代码清单 13-16）：

代码清单 13-16：在目标（`iframe.js`）中处理消息

```
function initiate(){
  window.addEventListener('message', receiver, false);
}
function receiver(e){
  var databox=document.getElementById('databox');
  databox.innerHTML='message from: '+e.origin+'<br>';
  databox.innerHTML+='message: '+e.data;
}
window.addEventListener('load', initiate, false);
```

如前所述，为了侦听消息，API 提供了 message 事件及一些属性。在代码清单 13-16 的代码中，为这个事件添加了一个侦听器，在事件触发时，调用 receiver() 函数。这个函数使用 data 属性显示消息的内容，用 origin 的值显示发送消息的源文档的信息。

请记住，这段代码属于 iframe 中的 HTML 文档，不属于代码清单 13-12 的主文档。这是两个不同的文档，各有各的环境、范围和脚本：一个在主浏览器窗口内，另一个在 iframe 内。

动手实验：要测试上面的示例，总计要创建 5 个文件并上传到服务器。首先，用代码清单 13-12 的代码新建主文档的 HTML 文件。这个文档还要求使用代码清单 13-13 的样式文件 messaging.css 和代码清单 13-14 的 JavaScript 代码文件 messaging.js。代码清单 13-12 中的模板的 <iframe> 元素的源是文件 iframe.html。需要用代码清单 13-15 中的代码创建 iframe.html 文件，并用代码清单 13-16 中的代码创建对应的 iframe.js 文件。请将所有这些文件上传到服务器，在浏览器中打开第一个 HTML 文档，用表单将名称发送给 iframe。

13.2.4　筛选器和跨源

前面的做法并非最佳做法，尤其是在安全问题的处理上。主文档中的代码向特定帧发送消息，但对允许哪些文档读取消息没有控制（iframe 中的任何文档都可以读取消息）。而且，iframe 中的代码对于消息源也没有控制，接收到的任何消息都处理。为了防止滥用，需要对通信过程的双方均加以改进。

下面的示例将修正这个局面，将演示在目标中如何用消息事件的另一个属性 source 回答消息（见代码清单 13-17）：

代码清单 13-17：只与特定的源 / 目标通信

```
<!DOCTYPE html>
<html lang="en">
<head>
  <title>Cross Document Messaging</title>
  <link rel="stylesheet" href="messaging.css">
  <script src="messaging.js"></script>
</head>
<body>
  <section id="formbox">
    <form name="form">
      <p>Your name: <input type="text" name="name" id="name" required></p>
      <p><input type="button" name="button" id="button" value="Send"></p>
    </form>
  </section>
  <section id="databox">
    <iframe id="iframe" src="http://www.domain2.com/iframe.html"
width="500" height="350"></iframe>
  </section>
</body>
</html>
```

假设代码清单 13-17 对应的新 HTML 文档位于 www.domain1.com，在进行代码核查时，发现 iframe 加载的文件来自 www.domain2.com。为了防止滥用，必须在 JavaScript 代码中声明这些位置，明确指定允许谁读取消息、允许读取从哪里发送的消息。

代码清单 13-17 中的代码没有像前面那样为 iframe 的源提供 HTML 文件，而是声明另一个位置的完整路径（www.domain2.com）。主文档位于 www.domain1.com，iframe 的内容位于 www.domain2.com。以下代码考虑了这种情况：

代码清单 13-18：只与特定的源通信

```
function initiate(){
  var button=document.getElementById('button');
  button.addEventListener('click', send, false);

  window.addEventListener('message', receiver, false);
}
function send(){
  var name=document.getElementById('name').value;
  var iframe=document.getElementById('iframe');
  iframe.contentWindow.postMessage(name, 'http://www.domain2.com');
}
function receiver(e){
  if(e.origin=='http://www.domain2.com'){
    document.getElementById('name').value=e.data;
  }
}
window.addEventListener('load', initiate, false);
```

请注意代码清单 13-18 代码中的 `send()` 函数。`postMessage()` 方法现在声明了具体的消息目标（www.domain2.com）。只有在 iframe 内且来自特定源的文档才能读取这条消息。

在代码清单 13-18 中代码的 `initiate()` 函数中，还为 `message` 事件添加了一个侦听器。这个事件侦听器和这段代码中 `receiver()` 函数的作用是侦听 iframe 文档发送的应答。这个功能将在后面说明。

如代码清单 13-19 所示，下面来看 iframe 的代码如何处理来自特定源的消息、如何应答消息（iframe 使用的 HTML 文档与代码清单 13-15 完全相同）。

代码清单 13-19：响应主文档（`iframe.js`）

```
function initiate(){
  window.addEventListener('message', receiver, false);
}
function receiver(e){
  var databox=document.getElementById('databox');
  if(e.origin=='http://www.domain1.com'){
    databox.innerHTML='valid message: '+e.data;
    e.source.postMessage('message received', e.origin);
  }else{
    databox.innerHTML='invalid origin';
  }
```

```
}
window.addEventListener('load', initiate, false);
```

源的筛选器很简单,只是将 origin 属性的值与要读取消息的域进行比较。如果证实源有效,则在屏幕上显示消息,并用 source 属性的值将应答发送回。这里还用 origin 属性指定只有发送消息的窗口才能声明这个应答。现在请回到代码清单 13-18,查看 receiver() 函数对应答的处理方式。

动手实验:这个示例略微麻烦些。由于使用了两个不同的源,因此需要两个不同的域(或子域)才能测试代码。请将代码中的域替换成自己的域,将主文档的代码上传到一个域,iframe 的代码上传到另一个域。主文档在 iframe 中加载第二个域的代码后,可以看出两个不同的源之间通信的过程。

13.3　Web 套接字

本章这一部分将介绍通信 API 的最后一部分。WebSocket API 为浏览器和服务器之间更快、更高效的双向通信提供了连接支持。连接是通过 TCP 套接字建立的,中间不需要发送 HTTP 标头,因此减少了每次调用中传输的数据量。这个连接还是持久的,因此无需提前请求就可以更新客户端,这意味着不需要向服务器索取更新,反过来,服务器本身会自动将当前情况的信息发送过来。

可以将 WebSocket 看成增强版的 Ajax,但它本身是一个完全不同的通信方案,允许在可伸缩平台上构建实时的应用程序,例如:多人视频游戏、聊天室。

Web 套接字的 JavaScript API 很简单,只有几个方法和事件,负责打开连接和关闭连接、发送和侦听消息。但在默认情况下,没有哪个服务器支持这个新协议,所以必须安装自己的 WS 服务器(WebSocket 服务器)才能在浏览器和分配应用程序的服务器之间建立通信。

13.3.1　WS 服务器的配置

有经验的程序员可能想弄明白如何构建自己的 WS 服务器脚本,但对想节约时间做其他事的人来说,有几个现成的脚本可以配置 WS 服务器,让现有服务器可以处理 WS 连接。根据个人喜好,可以选择用 PHP、Java、Ruby 以及其他语言编写的脚本。完整的脚本列表,请参阅我们网站上本章的链接。

重要提示:在本书编写的时候,由于安全方面的原因,这个规范正在完善当中,还没有哪个库实现了这些改进。因此,这里推荐的 phpwebsocket 库目前只能在 Chrome 上使用,在本书正式出版时,可能已经过时。建议你访问我们网站上的相关链接,或者在 Web 上搜索可用的最新 WS 服务器。

因为 WS 服务器的选择和配置取决于服务器的配置,所以这里的测试示例使用的是 XAMPP

和 PHP 脚本。XAMPP 是一个容易安装的 Apache 服务器，包含了在个人计算机上运行 PHP 脚本所需要的全部应用程序。要下载和安装 XAMPP，请访问：www.apachefriends.org/en/xampp.html。

安装 XAMPP 后，需要获得运行 WS 服务器的 PHP 脚本。有多个版本可用，但该测试使用的是 phpwebsocket，可以在 http://code.google.com/p/phpwebsocket/ 得到。

> **动手实验**：请访问 www.apachefriends.org/en/xampp.html，下载和安装符合操作系统的软件版本。还需要从 http://code.google.com/p/phpwebsocket/ 得到 `server.php` 文件。请将这个文件复制到 XAMPP 生成的 `htdocs` 目录中（这个目录是本地主机，待运行的所有文件都要部署在这里）。没有修改这个文件来简化代码，但你可以根据自己的要求对其进行调整，甚至跳过这个过程，直接使用 API 访问你自己的 WS 服务器。

WebSocket 使用持久化连接，所以 WS 服务器的脚本必须时终运行，捕获请求，将更新发给用户。要运行启动 WS 服务器的 PHP 文件，必须打开 XAMPP 控制面板，运行 Shell 应用程序（通常在顶部有一个 "Shell" 按钮）。在打开的控制台中，找到保存 `server.php` 文件的 `htdocs` 目录并运行以下命令：`php -q server.php`（在 Windows 的控制台中，使用 DOS 命令操作：选择目标使用 `CD` 命令，列出目录内容使用 `DIR` 命令）。

WS 服务器现在启动就绪。因为这是在个人计算机上运行，所以必须通过 localhost 来访问文件。要运行该部分的示例，必须将每个文件复制到 htdocs 目录中，并使用主机的 http://localhost/ 在浏览器中打开 HTML 模板（例如，http://localhost/example.html）。

13.3.2　构造函数

在编写代码与 WS 服务器交互之前，首先查看 API 为此提供了什么。规范只声明了一个接口和少量方法、属性以及事件，以及一个用来设置连接的构造函数：

- ❑ WebSocket(url)——这个构造函数启动应用程序和 WS 服务器之间的连接，WS 服务器由 `url` 属性指定。这个构造函数返回的 WebSocket 对象是这个连接的引用。可以指定第二个属性，提供一个通信子协议数组。

13.3.3　方法

连接由构造函数初始化，对于连接只有两个操作方法：

- ❑ send(data)——这是向 WS 服务器发送消息的必需方法。`data` 属性是个字符串，代表要传输的信息。
- ❑ close()——这个方法用来关闭连接。

13.3.4　属性

通过以下属性可以了解连接的配置和状态：

- ❑ url——显示应用程序连接的 URL。

❏ protocol——返回使用的子协议（如果有的话）。

❏ readyState——返回的数字代表连接的状态：0 代表尚未建立连接，1 代表连接已经打开，2 代表正在关闭连接，3 代表连接已经关闭。

❏ bufferedAmount——这是个非常有用的属性，通过它可以知道已经请求但未发送到服务器的数据。返回的值有助于调整请求的数据量和频率，以防服务器饱和。

13.3.5 事件

要了解连接的状态，侦听服务器发送的消息，必须使用事件。API 提供了以下事件：

❏ open——打开连接时触发这个事件。

❏ message——从服务器发送消息时触发这个事件。

❏ error——发生错误时触发这个事件。

❏ close——连接关闭时触发这个事件。

13.3.6 模板

Google Codes 提供的 server.php 文件中有一个 process() 函数，它可以处理少量预定义的命令，并将正确应答发回。从测试的角度出发，将使用表单插入命令，然后将命令发送到服务器（见代码清单 13-20）：

代码清单 13-20：插入命令

```
<!DOCTYPE html>
<html lang="en">
<head>
  <title>WebSocket</title>
  <link rel="stylesheet" href="websocket.css">
  <script src="websocket.js"></script>
</head>
<body>
  <section id="formbox">
    <form name="form">
      <p>Command:<br><input type="text" name="command" id="command"></p>
      <p><input type="button" name="button" id="button" value="Send"></p>
    </form>
  </section>
  <section id="databox"></section>
</body>
</html>
```

还要用以下样式创建 CSS 文件 websocket.css（见代码清单 13-21）：

代码清单 13-21：方框的通用样式

```
#formbox{
  float: left;
  padding: 20px;
  border: 1px solid #999999;
```

```
  }
#databox{
  float: left;
  width: 500px;
  height: 350px;
  overflow: auto;
  margin-left: 20px;
  padding: 20px;
  border: 1px solid #999999;
}
```

13.3.7   开始通信

同以往一样，JavaScript 代码负责整个过程。下面创建第一个通信应用程序来验证 API 的工作方式（见代码清单 13-22）：

代码清单 13-22：向服务器发送消息

```
function initiate(){
  databox=document.getElementById('databox');
  var button=document.getElementById('button');
  button.addEventListener('click', send, false);

  socket=new WebSocket("ws://localhost:12345/server.php");
  socket.addEventListener('message', received, false);
}
function received(e){
  var list=databox.innerHTML;
  databox.innerHTML='Received: '+e.data+'<br>'+list;
}
function send(){
  var command=document.getElementById('command').value;
  socket.send(command);
}
window.addEventListener('load', initiate, false);
```

在 intiate() 函数中，构建 WebSocket 对象并保存在 socket 变量内。url 属性指向 server.php 文件在本地主机 localhost 上的位置。而且，连接部分也在这个 URL 中声明。通常用服务器的 IP 地址指定主机，端口号是 8000 或 8080，但根据需要、服务器的配置、可用的端口号、文件在服务器上的位置等，这些都可以更改。使用 IP 而非域名，是为了避免进行 DNS 解析（应该一直使用这个技术来访问自己的应用程序，节省网络将域名转换成对应的 IP 地址而花费的时间。）⊖

得到 WebSocket 对象之后，给这个对象的 message 事件添加一个侦听器。WS 服务器每次向浏览器发送消息时，都会触发 message 事件，并调用 received() 函数来处理事件。同其

⊖ 考虑到应用程序的可维护性，个人不同意原作者的这个意见。如果你租用主机、使用动态域名，则不可能保证 IP 地址始终不变。相比之下，域名更具稳定性，还是使用域名为好，但在测试时使用 IP 地址更方便。——译者注

他通信 API 一样，这个事件包含的 data 属性容纳消息的内容。在 received() 函数中，用这个属性在屏幕上显示消息。

为了向服务器发送消息，使用了 send() 函数。这个函数接受名为 command 的 `<input>` 元素的值，并使用 send() 方法将值发送给 WS 服务器。

重要提示：server.php 文件的 process() 函数负责处理每个调用并将应答发送回去。可以修改这个函数来满足自己的需求，但对示例来说，保持 Google Codes 提供的原样不变。这个函数负责检查接收到的消息，将它的值与预先定义的命令列表进行比较。这个版本中可以用来测试这些示例的命令有 hello、hi、name、age、date、time、thanks 和 bye。例如，如果发送消息 "hello"，则服务器会回复消息 "hello human"。

13.3.8　完整应用程序

在第一个示例中，很容易看出这个 API 的通信过程。WebSocket 构造函数启动连接，send() 方法发送希望服务器处理的每条消息，触发 message 事件，告诉应用程序，从服务器发送来了新消息。但是，没有关闭连接，没有检查错误，也没有检测连接是否准备就绪可以使用。在这个示例中利用这个 API 提供的全部事件，在通信过程的每个步骤都报告连接的状态（见代码清单 13-23）。

代码清单 13-23：报告连接的状态

```
function initiate(){
  databox=document.getElementById('databox');
  var button=document.getElementById('button');
  button.addEventListener('click', send, false);

  socket=new WebSocket("ws://localhost:12345/server.php");
  socket.addEventListener('open', opened, false);
  socket.addEventListener('message', received, false);
  socket.addEventListener('close', closed, false);
  socket.addEventListener('error', error, false);
}
function opened(){
  databox.innerHTML='CONNECTION OPENED<br>';
  databox.innerHTML+='Status: '+socket.readyState;
}
function received(e){
  var list=databox.innerHTML;
  databox.innerHTML='Received: '+e.data+'<br>'+list;
}
function closed(){
  var list=databox.innerHTML;
  databox.innerHTML='CONNECTION CLOSED<br>'+list;

  var button=document.getElementById('button');
  button.disabled=true;
```

```
}
function error(){
  var list=databox.innerHTML;
  databox.innerHTML='ERROR<br>'+list;
}
function send(){
  var command=document.getElementById('command').value;
  if(command=='close'){
    socket.close();
  }else{
    socket.send(command);
  }
}
window.addEventListener('load',  initiate, false);
```

代码清单 13-23 中的代码比前面的示例有所改进。这里为 WebSocket 对象的所有事件都添加了侦听器，并创建了处理事件的合适函数。在打开连接时，用 readyState 属性显示状态，在表单发送 "close" 命令时，用 close() 方法关闭连接，并在连接关闭的时候禁用了 "Send" 按钮（button.disabled=true）。

> **动手实验**：最后一个示例使用代码清单 13-20 的 HTML 文档和代码清单 13-21 的 CSS 样式。请将所有这些文件复制到 XAMPP 应用程序创建的 htdocs 目录中，并在 XAMPP 的控制面板中单击 Shell 按钮，启动 Shell 控制台。在控制台中，必须找到 htdocs 目录，用 php - q server.php 命令运行 PHP 服务器。请打开浏览器，访问 http://localhost/client.html（其中 client.html 是用代码清单 13-20 中的文档创建的 HTML 文件的名称）。请在表单中插入命令，单击 Send 按钮。根据插入的命令（hello、hi、name、age、date、time、thanks 和 bye），应该会从服务器得到应答。最后发送命令 "close" 关闭连接。
>
> **重要提示**：目前，来自 Google Codes 的 server.php 工作并不正常。它没有实现新的安全措施，可能要多刷新 HTML 页面几次才能得到 "Connection Opened"（连接打开）的消息，然后才能开始发送消息。要寻找可以使用的新 WS 服务器，请访问我们网站上本章的链接，或者在 Web 上搜索。

13.4   快速参考——通信 API

HTML5 包含三个通信 API。XMLHttpRequest Level 2 是对 Ajax 应用程序使用的旧的 XMLHttpRequest 的改进。Web 消息传递 API 提供了在窗口、选项卡、窗体以及其他 API 之间通信的机制。WebSocket API 提供了新选择，可以建立快速、高效的客户端 / 服务器连接。

13.4.1   XMLHttpRequest Level 2

这个 API 提供了 XMLHttpRequest 对象的构造函数，有若干个方法、属性和事件来处理连接。

❑ XMLHttpRequest()——这个构造函数返回启动和处理服务器连接所需要的 XMLHttpRequest 对象。

❑ open(method, url, async)——这个方法打开应用程序和服务器之间的连接。method 属性指定用来发送信息的 HTTP 方法（例如，GET、POST）。url 属性指定接收信息的脚本的路径。async 属性是个布尔值，指定建立的是同步连接还是异步连接（true 代表异步连接）。

❑ send(data)——这个方法将 data 属性的值发送到服务器。data 属性可以是 ArrayBuffer、blob、文档、字符串或者是 FormData。

❑ abort()——这个方法取消请求。

❑ timeout——这个属性设置处理请求的时间，以毫秒为单位。

❑ readyState——这个属性返回的值代表连接状态：0 代表对象已经构建，1 代表连接已经打开，2 代表已经收到响应的标头，3 代表正在接收响应，4 代表数据传输已经完成。

❑ responseType——这个属性返回响应的类型。可以设置这个属性来修改响应类型。可以使用的值有 arraybuffer、blob、document 和 text。

❑ response——这个属性用 responseType 属性指定的格式向请求返回响应。

❑ responseText——这个属性将响应以文本的格式返回请求。

❑ responseXML——这个属性将响应以 XML 文档的形式返回请求。

❑ loadstart——请求开始时触发这个事件。

❑ progress——在处理请求期间定期触发这个事件。

❑ abort——请求中止时触发这个事件。

❑ error——发生错误时触发这个事件。

❑ load——请求成功完成时触发这个事件。

❑ timeout——请求处理需要的时间超过 timeout 属性指定的时间时，触发这个事件。

❑ loadend——请求已经完成时触发这个事件（不论成功还是失败）。

还有一个特殊属性用来获得 XMLHttpRequestUpload 对象而不是常规的 XMLHttpRequest 对象，目的是上传数据：

❑ upload——这个属性返回 XMLHttpRequestUpload 对象。这个对象使用与 XMLHttpRequest 对象相同的方法、属性和事件，但是供上传过程使用。

API 还包含一个接口，可以创建代表 HTML 表单的 FormData 对象。

❑ FormData()——这个构造函数返回代表 HTML 表单的 FormData 对象。

❑ append(name, value)——这个方法向 FormData 对象添加数据。添加到对象中的每个数据都代表一个表单域，表单域的名称和值分别在 name 和 value 属性中指定。value 属性可以使用字符串或 blob。

这个 API 使用的公共 ProgressEvent 接口（其他 API 也用这个接口来控制操作的过程）包含以下属性：

❏ lengthComputable——这个属性返回的布尔值表明属性其他部分的值是否有效。

❏ loaded——这个属性返回已经下载或上传的字节总数。

❏ total——这个属性返回要下载或上传的字节总数。

13.4.2 Web 消息传递 API

这个 API 只包含一个接口，接口为不同的窗口、选项卡、窗体甚至其他 API 中的应用程序之间通信提供了方法、属性和事件。

❏ postMessage(message, target)——这个方法向特定 contentWindow 中的目标文件（由 target 属性指定）发送消息。message 属性是待发送的消息。

❏ message——收到消息时触发这个事件。

❏ data——message 事件的这个属性返回所接收消息的内容。

❏ origin——message 事件的这个属性返回发送消息的文件来源。

❏ source——message 事件的这个属性返回发送消息的 contentWindow 的引用。

13.4.3 WebSocket API

这个 API 包含一个构造函数，可以返回 WebSocket 对象并启动连接。它还提供了控制客户端及服务器间通信的方法、属性和事件。

❏ WebSocket(url)——这个构造函数返回 WebSocket 对象并启动到服务器的连接。url 属性指定在 WS 服务器上运行的脚本的路径以及通信端口。还可以在第二个属性中指定子协议数组。

❏ send(data)——这个方法向 WS 服务器发送消息。data 属性必须是要传递的信息字符串。

❏ close()——这个方法关闭到 WS 服务器的连接。

❏ url——这个属性显示应用程序用来连接到服务器的 URL。

❏ protocol——这个属性返回连接使用的子协议（如果使用）。

❏ readyState——这个属性的返回值代表连接的状态。0 代表尚未建立连接，1 代表已经打开连接，2 代表正在关闭连接，3 代表已经关闭连接。

❏ bufferedAmount——这个属性返回等待发送到服务器的数据量。

❏ open——打开连接时触发这个事件。

❏ message——服务器向应用程序发送消息时触发这个事件。

❏ error——发生错误时触发这个事件。

❏ close——连接关闭时触发这个事件。

第 ⑭ 章

Web Workers API

14.1 需要做的艰巨工作

JavaScript 已经变成在 Web 上构建成功应用程序的主要工具。如第 14 章所述，它不再是创建漂亮的（或者有时让人讨厌的）网页戏法的一个选项。这种语言已经成为 Web 不可或缺的一部分，已经成为每个人都要了解和实现的一项技术。

JavaScript 已经发展到了通用语言的状态——这种状态迫使它必须提供它本身实际上没有的基本功能。这种语言原本是种脚本语言，一次只能处理一个代码。JavaScript 中缺少多线程（同时处理多个代码）降低了效率，限制了它的范围，致使一些桌面应用程序不可能在 Web 上模拟。

Web Workers 这个 API 的设计目的，就是将 JavaScript 转变成多线程语言并解决这个问题。感谢 HTML5，我们现在能够将耗时的代码在后台执行，让主脚本继续在网页上运行，接收用户的输入，保持文档的响应性。

14.1.1 创建 worker

Web worker 的工作方式很简单：在独立的 JavaScript 文件中创建 worker，代码之间通过消息相互通信。通常，从主代码发送给 worker 的消息是需要处理的信息，worker 发送回的消息代表处理的结果。为了发送和接收这些消息，这个 API 利用了本书前面介绍的其他 API 实现的技术。相互之间发送和接收消息时使用以下方法和事件：

❑ Worker(scriptURL)——在与 worker 通信之前，必须得到一个指向 worker 代码所在文件的对象。这个方法返回 Worker 对象。`scriptURL` 属性是后台处理的代码（worker）文件的 URL。

❑ postMessage(message)——这个方法与第 13 章学习的 Web 消息传递 API 中的代码方法相同，区别只是现在在 Worker 对象上实现。它向 worker 代码或从 worker 代码发送消息。`message` 属性是字符串或 JSON 对象，代表要传递的消息。

❑ message——这个事件以前学习过，它侦听向代码发送的消息。它与 `postMessage()` 方法一样，可以在 worker 中应用，也可以在主代码中应用。它使用 `data` 属性接收发送的消息。

14.1.2 发送和接收消息

为了了解 worker 和主代码之间如何通信，要使用一个简单的模板，将我们的姓名作为消息发送给 worker，并输出 worker 的应答。

即使是基本的 Web Worker 示例，至少也需要三个文件：主文档、主 JavaScript 代码以及 worker 的代码文件。下面是 HTML 文档（见代码清单 14-1）：

代码清单 14-1：测试 Web Worker 的模板

```html
<!DOCTYPE html>
<html lang="en">
<head>
  <title>WebWorkers</title>
  <link rel="stylesheet" href="webworkers.css">
  <script src="webworkers.js"></script>
</head>
<body>
  <section id="formbox">
    <form name="form">
      <p>Name:<br><input type="text" name="name" id="name"></p>
      <p><input type="button" name="button" id="button" value="Send"></p>
    </form>
  </section>
  <section id="databox"></section>
</body>
</html>
```

这个模板包含的 CSS 文件 webworkers.css 和以下样式规则（见代码清单 14-2）：

代码清单 14-2：设置方框的样式

```css
#formbox{
  float: left;
  padding: 20px;
  border: 1px solid #999999;
}
#databox{
  float: left;
  width: 500px;
  margin-left: 20px;
  padding: 20px;
  border: 1px solid #999999;
}
```

主文档的 JavaScript 必须能够发送我们希望由 worker 处理的信息。这段代码还必须能够侦听应答。

代码清单 14-3 是主文档的代码（在 webworkers.js 文件内）。在 initiate() 函数中创建了对 databox 和按钮的必要引用后，构建 Worker 对象。Worker() 构造函数以 worker.js 文件作为 worker 的代码文件，并用这个引用返回一个 Worker 对象。与对象的每次交互实际都是与这个特殊文件中代码的交互。

```
function initiate(){
  databox=document.getElementById('databox');
  var button=document.getElementById('button');
  button.addEventListener('click', send, false);

  worker=new Worker('worker.js');
  worker.addEventListener('message', received, false);
}
function send(){
  var name=document.getElementById('name').value;
  worker.postMessage(name);
}
function received(e){
  databox.innerHTML=e.data;
}
window.addEventListener('load', initiate, false);
```

得到合适的对象后，必须增加对 message 事件的侦听器，以侦听来自 worker 的消息。在接收到消息时，会调用 received() 函数，并在屏幕上显示 data 属性的值（消息）。

通信的另一部分工作由 send() 函数负责。用户单击 Send 按钮时，接受输入项 name 的值，并作为消息用 postMessage() 发送给 woker。

有了 received() 函数和 send() 函数负责通信，就可以向 worker 发送消息，并处理它的应答了。现在来准备 woker：

同代码清单 14-3 中的代码一样，worker 的代码必须使用 message 事件持续侦听来自主代码的消息。代码清单 14-4 的第一行代码是将这个事件的侦听器添加到 worker 中。每次触发事件（接收到消息）时，都会执行 received() 函数。在这个函数中，把 data 属性的值追加到预定义的字符串后，然后再次用 postMessage() 方法将结果发回主代码。

代码清单 14-4：worker 的代码（`worker.js`）

```
addEventListener('message', received, false);

function received(e){
  var answer='Your name is '+e.data;
  postMessage(answer);
}
```

动手实验：比较代码清单 14-3 和 14-4 的代码（主代码和 worker 代码）。请关注通信过程的工作方式，注意在通信双方的代码中如何应用相同的方法和事件实现通信。请用代码清单 14-1、代码清单 14-2、代码清单 14-3 和代码清单 14-4 创建相应的文件，将文件上传到服务器，并在浏览器中打开 HTML 文档。

重要提示：可以使用 self 或 this 来引用 worker（例如，self.postMessage()），或者像代码清单 14-4 中那样只声明方法。

这个 worker 当然极为基础。它实际上什么也没处理，它执行的处理只是用接收到的信息构造一个字符串，然后立即作为应答发送回去。但是，可以用这个示例来理解代码间的通信机制以及如何利用这个 API。

尽管简单，在创建 worker 之前仍有几件必须考虑的重要事情。消息是与 worker 直接通信的唯一途径。必须使用字符串或 JSON 对象创建消息，因为 worker 禁止接收其他类型的数据。而且，worker 不能访问文档，也不能操纵任何 HTML 元素，worker 不能访问主文档的任何 JavaScript 函数和变量。worker 就像罐子里的代码，只能通过消息接收信息，只能使用消息发回结果。

14.1.3　检测错误

尽管有这些限制，worker 仍然相当灵活和强大。在 worker 内，可以使用函数、预定义方法以及整个 API。考虑到 worker 可能会变得相当复杂，Web Workers API 加入了一个特定的事件，用来检测错误，并就错误情况返回尽可能多的信息。

❏ error——worker 每次发生错误时，主代码中的 worker 对象都会触发这个事件。它使用多个属性来提供信息：`message`、`filename` 和 `lineno`。`message` 属性代表错误消息。它是一个字符串，通过它可以了解出现了什么错误。`filename` 属性代表引起错误的代码所在的文件名称。如果从 worker 加载的外部文件出错，这个属性的信息很有用，稍后将会看到。最后，`lineno` 属性返回发生错误的行号。

代码清单 14-5 可以显示 worker 返回的错误：

代码清单 14-5：使用 error 事件

```
function initiate(){
  databox=document.getElementById('databox');
  var button=document.getElementById('button');
  button.addEventListener('click', send, false);

  worker=new Worker('worker.js');
  worker.addEventListener('error', error, false);
}
function send(){
  var name=document.getElementById('name').value;
  worker.postMessage(name);
}
function error(e){
  databox.innerHTML='ERROR: '+e.message+'<br>';
  databox.innerHTML+='Filename: '+e.filename+'<br>';
  databox.innerHTML+='Line Number: '+e.lineno;
}
window.addEventListener('load', initiate, false);
```

最后的代码与代码清单 14-3 的主代码类似。它构建一个 worker，但只使用 error 事件，因为这次不侦听 worker 的应答，只检查错误。这段代码没什么用，但可以显示错误的返回方式，显示在错误情况下提供了哪些信息。

为了故意生成错误，在 worker 内调用了一个不存在的函数（见代码清单 14-6）：

代码清单 14-6：无法工作的 worker

```
addEventListener('message', received, false);

function received(e){
  test();
}
```

在 worker 中，必须使用 message 事件侦听来自主代码的消息，因为要靠它来启动 woker 中的处理过程。接收到消息时，执行 received() 函数，并调用不存在的 test() 函数，从而生成错误。

一旦发生错误，就会在主代码中触发 error 事件并调用 error() 函数，在屏幕上显示事件提供的三个属性的值。请参阅代码清单 14-5 的代码来了解函数如何接收和处理这个信息。

动手实验：对于这个示例，使用代码清单 14-1 和代码清单 14-2 的 HTML 文档及 CSS 规则。请将代码清单 14-5 的代码复制到 webworkers.js 文件中，将代码清单 14-6 的代码复制到 worker.js 文件中。请在浏览器中打开代码清单 14-1 的模板，用表单向 worker 发送任意字符串。worker 返回的错误会在屏幕上显示。

14.1.4　终止 worker

worker 是特殊的代码单元，一直在后台执行，等待调用方发送要处理的信息。在多数情况下，worker 都要求特定的条件并且有特殊的用途。它们的服务通常不是必需的，也不是所有时候都必要，所以好的做法是在不再需要它们时停止或终止它们的处理。

API 为这个目的提供了两个不同的方法：

❑ terminate()——这个方法在主代码内终止 worker。

❑ close()——这个方法在 worker 内部终止 worker。

worker 终止时，正在运行的任何进程都中止，事件循环中的任何任务均丢弃。为了测试这两方法，要创建一个小应用程序作为第一个示例，但它还可以响应两条特定的命令："close1" 和 "close2"。从表单发送字符串 "close1" 或 "close2" 时，会分别用 terminate() 或 close() 从主代码或 worker 代码终止 worker。

代码清单 14-7 的代码和代码清单 14-3 的代码的唯一区别，就是增加了 if 来检查插入的 "close1" 命令。如果命令是在表单中插入而不是在 name 中插入的，则执行 terminate() 方法，并在屏幕上显示消息，说明终止了 worker。如果字符串不是要执行的终止命令，则作为消息发送给 worker。

代码清单 14-7：从主代码终止 worker

```
function initiate(){
  databox=document.getElementById('databox');
  var button=document.getElementById('button');
  button.addEventListener('click', send, false);

  worker=new Worker('worker.js');
  worker.addEventListener('message', received, false);
}
function send(){
  var name=document.getElementById('name').value;
  if(name=='close1'){
    worker.terminate();
    databox.innerHTML='Worker Terminated';
  }else{
    worker.postMessage(name);
  }
}
function received(e){
  databox.innerHTML=e.data;
}
window.addEventListener('load', initiate, false);
```

worker 代码执行的任务类似。如果接收到的消息包含字符串 "close2"，则 worker 会用
close() 方法终止自己，否则发回应答消息：

动手实验：请使用与代码清单 14-1 和 14-2 相同的 HTML 文档和 CSS 规则。请将代
码清单 14-7 的代码复制到 webworkers.js 文件中，将代码清单 14-8 的代码复制到
worker.js 文件中。在浏览器中打开模板，用表单发送命令 "close1" 或 "close2"。
之后 worker 将不再响应。

代码清单 14-8：自行终止的 worker

```
addEventListener('message', received, false);

function received(e){
  if(e.data=='close2'){
    postMessage('Worker Terminated');
    close();
  }else{
    var answer='Your name is '+e.data;
    postMessage(answer);
  }
}
```

14.1.5 同步 API

在操作主文档和访问主文档的元素方面，worker 可能有局限，但在处理和发挥功能时，情
况就好多了。例如，可以使用常规的方法 setTimeout() 或 setInterval() 等，可以使用

XMLHttpRequest 从服务器加载额外的信息，也可以使用一些 API 来创建强大的代码。最后一个可能性最吸引人，但也有一个前提：我们必须了解可供 worker 使用的 API 的不同实现。

在前面学习其他一些 API 的时候，有一种实现方式称为异步。多数 API 都既有异步版本，又有同步版本。相同 API 的不同版本执行相同的任务，只是根据处理的方式使用特定的方法。异步 API 通常用在执行的操作非常耗时并且主文档不能提供所需要资源的情况下。异步操作在后台执行，而主代码无需中断就可以继续执行。因为 worker 是与主代码同时运行的新线程，所以它们已经是异步的，再执行异步操作就失去了必要性。

重要提示：*多个 API 都有同步版本，例如文件 API 和 IndexedDB API，但目前多数都仍在开发当中或处于不稳定状态。请参阅我们网站的链接了解更多信息和示例。*

14.1.6　导入脚本

值得一提的是，可以从 worker 中加载外部 JavaScript 文件。将执行任何任务所需要的全部代码都放在一个 worker 内是可以的，但是因为可以为一个文档创建多个 worker，所以可能有些部分的代码是冗余的。可以选出这些部分，将它们放在单独的文件内，每个 worker 可以用新方法 importScripts() 加载这个文件：

❑ importScripts(file)——这个方法加载外部 JavaScript 文件，将新的代码加入 worker。file 属性指定要包含文件的路径。

如果在其他语言中用过同类方法，则会注意到 importScripts() 函数和其他函数（例如 PHP 的 include() 函数）的相似性。把文件中的代码合并入 worker，仿佛它就是 worker 文件本来的部分一样。

要使用新的 importScripts() 方法，只需要在 worker 开始的地方声明它即可。只有所有这些文件都加载完成之后，worker 的代码才算就绪。

代码清单 14-9 的代码没有实际功能，只是个示例，演示 importScripts() 方法的用法。在这个虚构的场景中，worker 的文件一加载，就载入包含函数 test() 的文件 morecodes.js。加载完成后，worker 其余的代码就可以使用 test() 函数（以及 morecodes.js 文件中的其他任何函数）。

代码清单 14-9：在 worker 中加载外部 JavaScript 代码

```
importScripts('morecodes.js');

addEventListener('message', received, false);

function received(e){
  test();
}
```

14.1.7 共享 worker

迄今为止我们看到的都叫做"专用 worker"。这类 worker 只能响应创建它的主文档。还有一类 woker，叫做"共享 worker"，它可以响应同一来源的多个文档。支持多个连接，意味着可以在不同的窗口、选项卡或窗体之间共享同一个 worker，可以使每个窗口、选项卡或窗体的信息得到更新和同步，从而构建复杂的应用程序。

连接是通过端口建立的，可以将这些端口保存在 worker 内，供以后引用。为了操作共享 worker 和端口，这部分 API 提供了新的属性、事件和方法：

- ☐ SharedWorker(scriptURL)——这个构造函数代替了前面专用 Woker 的 Worker() 构造函数。一如继往，`scriptURL` 属性指定 woker 代码所在 JavaScript 文件的路径。第二个属性（name）是可选的，用来指定 worker 的名称。
- ☐ port——在构造 SharedWorker 对象时，会为文档新建一个端口并分配给 `port` 属性。这个属性用来引用端口，以便与 worker 通信。
- ☐ connect——这个事件专门用来在 worker 内部检测新连接。每当有文档启动与 worker 的连接时，就会触发这个事件。可以用这个事件来跟踪 worker 的全部连接（引用使用这个 worker 的所有文档。）
- ☐ start()——这个方法用于 MessagePort 对象（在构造共享 worker 时返回的一个对象），它的功能是开始分派在端口上接收到的消息。在构造了 SharedWorker 对象之后，必须调用这个方法来启动连接。

`SharedWorker()` 构造函数通过连接 worker 所用的端口返回一个 SharedWorker 对象和一个 MessagePort 对象。与共享 worker 的通信必须通过 `port` 属性的值引用的端口进行。

为了测试共享 Worker，必须使用至少两个同源的不同文档，一个文档一段 JavaScript 代码，合计两个，还有一个 worker 文件。

示例的 HTML 文档包含一个 iframe，在同一窗口中加载第二个文档。主文档和 iframe 内的文档共享一个 worker（见代码清单 14-10）。

代码清单 14-10：测试共享 Worker 的模板

```
<!DOCTYPE html>
<html lang="en">
<head>
  <title>WebWorkers</title>
  <link rel="stylesheet" href="webworkers.css">
  <script src="webworkers.js"></script>
</head>
<body>
  <section id="formbox">
    <form name="form">
      <p>Name:<br><input type="text" name="name" id="name"></p>
      <p><input type="button" name="button" id="button" value="Send"></p>
    </form>
  </section>
  <section id="databox">
```

```
    <iframe id="iframe" src="iframe.html" width="500" height="350"></iframe>
  </section>
</body>
</html>
```

iframe 中加载的文档是一个简单的 HTML 文档，里面有一个 `<section>`，里面是我们熟悉的 `databox`，`iframe.js` 文件包含连接 worker 的代码（见代码清单 14-11）：

代码清单 14-11：iframe（`iframe.html`）的模板

```
<!DOCTYPE html>
<html lang="en">
<head>
  <title>iframe window</title>
  <script src="iframe.js"></script>
</head>
<body>
  <section id="databox"></section>
</body>
</html>
```

每个 HTML 文档都有自己的 JavaScript 代码，负责启动与 worker 的连接，并处理 worker 的应答。这些代码必须构造 SharedWorker 对象，使用 port 属性的值引用的端口发送和接收消息。首先查看主文档的代码（见代码清单 14-12）：

代码清单 14-12：从主文档连接 worker (`webworkers.js`)

```
function initiate(){
  var button=document.getElementById('button');
  button.addEventListener('click', send, false);

  worker=new SharedWorker('worker.js');
  worker.port.addEventListener('message', received, false);
  worker.port.start();
}
function received(e){
  alert(e.data);
}
function send(){
  var name=document.getElementById('name').value;
  worker.port.postMessage(name);
}
window.addEventListener('load', initiate, false);
```

凡是想使用共享 woker 的文档，都必须创建 SharedWorker 对象，并设置与 worker 的连接。代码清单 14-12 的代码在构建对象时，使用 `worker.js` 作为 worker 文件，然后使用 port 属性通过对应的端口执行通信操作。

在添加了 message 事件的侦听器侦听来自 worker 的答应后，调用 start() 方法开始分派消息。在执行这个方法之前，并未真正建立与共享 worker 的连接（除非使用事件处理程序，例如 onmessage 代替 addEventListener() 方法）。

请注意，send() 函数与以前的示例类似，只是这次通信是通过 port 属性的值建立的。

对 iframe 来说，代码没有太多变化：

在两段代码中，构造 SharedWorker 对象时引用的是同一个文件（worker.js），必须使用 port 属性建立连接（尽管通过不同的端口）。主文档代码和 iframe 文档代码间唯一需要注意的区别是对 worker 响应的处理方式。在主文档中，received() 函数弹出警报消息（请参阅代码清单 14-12），而在 iframe 中，只是在 databox 中以文本方式输出应答消息（请参阅代码清单 14-13）。

代码清单 14-13：从 iframe 连接 worker（`iframe.js`）

```
function initiate(){
  worker=new SharedWorker('worker.js');
  worker.port.addEventListener('message', received, false);
  worker.port.start();
}
function received(e){
  var databox=document.getElementById('databox');
  databox.innerHTML=e.data;
}
window.addEventListener('load', initiate, false);
```

现在该查看共享 worker 如何处理每个连接，又如何将消息发送回对应的文档。请记住，文档有两个，worker 却只有一个，就是共享 worker。因此必须区分到 worker 的每个连接请求，并保存起来以供后续引用。每个文档的端口引用保存在数组 myports 内：

处理过程与专用 worker 的过程类似。这次必须考虑的是要回答哪个文档，因为可能有多个文档同时与 worker 连接。为了做到这点，connect 事件提供了 ports 数组，里面包含新创建的端口的值（这个数组只包含这个值，索引为 0）。

每当有代码请求连接到 worker 时，就会触发 connect 事件。在代码清单 14-14 的代码中，这个事件会调用 connect() 函数。connect() 函数执行两个操作：首先，从 ports 属性得到端口的值（索引为 0），保存在 myports 数组内（在 worker 开始的时候初始化）。其次，为这个端口注册 onmessage 事件处理程序，设定在接收到消息时调用 send() 函数。

代码清单 14-14：共享 worker 的代码（`worker.js`）

```
myports=new Array();

addEventListener('connect', connect, false);

function connect(e){
  myports.push(e.ports[0]);
  e.ports[0].onmessage=send;
}
function send(e){
  for(f=0; f < myports.length; f++){
```

```
    myports[f].postMessage('Your Name is '+e.data);
  }
}
```

结果就是：每次从主代码向 worker 发送消息时，不论从哪个文档发送，都执行 worker 中的 `send()` 函数。这个函数使用 `for` 循环从 `myports` 数组获取该 worker 打开的全部端口，并向连接的每个文档发送消息。这个处理与专用 Worker 完全一样，只是这次有多个文档得到应答，而不仅仅是一个文档。

动手实验：要测试这个示例，必须创建多个文件，并将它们上传到服务器。请用代码清单 14-10 中的模板创建 HTML 文件，名称自定。这个模板会加载本章一直使用的 webworkers.css 文件，用代码清单 14-12 中的代码创建 webworkers.js 文件，用代码清单 14-11 中的代码创建 iframe 的源 iframe.html 文件。还必须用代码清单 14-14 中的代码创建 worker 的文件 worker.js。将所有这些文件保存并上传到服务器后，请在浏览器中打开 HTML 模板。使用表单向 worker 发送消息，查看两个文档（主文档和 iframe 内的文档）如何处理应答。

重要提示：在本书编写的时候，只有基于 WebKit 引擎的浏览器（例如 Google Chrome 和 Safari）实现了共享 worker。

14.2　快速参考——Web Workers API

Web Workers API 给 JavaScript 加入了多线程能力。这个 API 使我们能够在后台处理代码，不中断主文档中正常的代码操作。

14.2.1　worker

有两种 worker：专用 worker 和共享 worker。两类 worker 共享以下方法和事件：
- postMessage(message)——这个方法向 worker、主代码或对应的端口发送消息。`message` 属性是要发送的字符串或 JSON 对象。
- terminate()——这个方法在主代码内终止 worker。
- close()——这个方法在 worker 内部终止 worker。
- importScripts(file)——这个方法加载外部 JavaScript 文件，将新代码加入 worker。`file` 属性指定待包含文件的路径。
- message——在向代码发送消息时触发这个事件。在 worker 中可以用这个事件侦听来自主代码或以其他途径发送过来的消息。
- error——worker 中发生错误时触发这个事件。在主文档中用这个事件来监控 worker 的错误。它使用三个属性返回信息：`message`、`filename` 和 `lineno`。`message` 属性代表错误消息，`filename` 属性显示引发错误的代码所在文件的名称，`lineno` 属性返回发生错误的行号。

14.2.2 专用 worker

专用 worker 有自己的构造函数：

❑ Worker(scriptURL)——这个构造函数返回一个 Worker 对象。scriptURL 属性是包含 worker 的文件的路径。

14.2.3 共享 worker

考虑到共享 worker 的性质，API 必须提供特定于这类 worker 的方法、事件和属性：

❑ SharedWorker(scriptURL)——这个构造函数返回一个 SharedWorker 对象。scriptURL 属性是包含共享 worker 的文件的路径。可以添加可选的第二个属性，即 name，指定 worker 的名称。

❑ port——这个属性返回连接到共享 worker 的端口。

❑ connect——有文档请求新链接时，在共享 worker 内部触发这个事件。

❑ start()——这个方法开始分派消息。它用来启动到共享 worker 的连接。

第 ⑮ 章

历史 API

15.1　History 接口

在 HTML5 中称为历史（History）API 的实际上只是对从未有过正式实现却在浏览器中已经支持多年的一个旧 API 的改进。旧 API 实际上只有一小套方法和属性，其中有一部分属于 History 对象。新的历史 API 对这个对象做了增强，并加入正式的 HTML5 规范内成为 History 接口。这个接口组合了旧有的全部方法和属性，又新增了少量方法和属性，可以根据需求处理和修改浏览器历史。

15.1.1　Web 导航

浏览器的历史是指用户在一个会话期间访问过的全部网页（URL）的列表。导航操作是通过历史实现的。使用每个浏览器导航栏左侧的导航按钮，可以在列表中前进后退，查看以前的文档。这个列表是由网站生成的真实 URL 以及它们文档内包含的每个超级链接构建的。利用浏览器工具栏上的左右箭头按钮，可以加载以前访问过的网页，或者返回最后一个访问的网页。

不论浏览器按钮是否实用，有时候，通过文档内容的历史列表进行导航，还是很有用的。要用 JavaScript 模拟浏览器的导航按钮，可以使用以下方法和属性：

- □ back()——这个方法让浏览器在会话历史中后退一步（模拟左箭头）。
- □ forward()——这个方法让浏览器在会话历史中前进一步（模拟右箭头）。
- □ go(steps)——这个方法让浏览器在会话历史中后退或前进指定步数。steps 属性的值可正可负，取决于选择的方向，负为后退，正为前进。
- □ length——这个属性返回会话历史中记录的数量（列表中的 URL 总数）。

这些方法和属性必须在 History 对象中使用，形成一个表达式，例如 history.back()。也可以使用 Window 对象来引用窗口，但不是必需的。例如，如果想退回前一个网页，可以使用代码 window.history.back() 或 window.history.go(-1)。

重要提示：*多数 Web 设计师和程序员都了解并使用这部分 API。所以这里就不再介绍这些方法的示例代码，但可以访问我们网站中关于本章的链接获得关于它们的更多信息。*

15.1.2　新增方法

当 XMLHttpRequest 对象的使用成为标准做法并且 Ajax 应用程序在 Web 上取得极大成功的

时候，人们导航和访问文档的方式就发生了永久性的变化。现在的常见做法是编写小的脚本，从服务器获取信息，在当前文档内显示信息，不再刷新页面或加载新页面。当用户与现代的网站和应用程序交互时，一直使用同一个 URL，在同一页面内接收信息、输入数据、获取处理结果。Web 已经开始模拟桌面应用程序了。

但是，浏览器跟踪用户活动的方式依然是通过 URL。URL 实际上是导航列表中的数据，是代表用户当前位置的地址。因为新的 Web 应用程序避免使用 URL 来指向用户在 Web 上的地址，所以很明显，这里丢失了重要的一步。用户可能已经在网上更新了几十次数据，但在历史列表中没有任何跟踪记录可以指示中间经过哪些步骤。

在现有的历史 API 基础上，增加了新的方法和属性，用途是在地址栏和历史列表中使用 JavaScript 代码手动地修改 URL。从现在起，可以在历史列表中添加伪造 URL，用来跟踪用户的活动。

- pushState(state, title, url)——这个方法在会话历史中新建一条记录。state 属性定义记录的状态值，可以用来识别记录，可以用字符串或 JSON 对象指定。title 属性是记录的标题，url 属性是新建记录的 URL（这个值会替换地址栏中当前的 URL）。
- replaceState(state, title, url)——这个方法的作用与 pushState() 类似，区别是，它不生成新记录，而是替换当前记录的信息。
- state——这个属性返回当前记录的状态。除非之前曾经用 state 属性定义过，否则这个值为 null。

15.1.3 伪造 URL

使用 pushState() 等方法生成的 URL 在某种意义上属于伪造的 URL，因为浏览器从未检查过这些地址的正确性，也未检验过它们指向的文档是否真正存在。这些伪造的 URL 是否准确、有用，完全由我们自己来保证。

要在浏览器历史中新建记录并改变地址栏中的 URL，必须使用 pushState() 方法。以下示例演示了它的工作方式：

代码清单 15-1 的 HTML 代码是测试历史 API 的基本元素。<section> 元素 maincontent 中包含持久内容，这个文本将变成链接，生成网站虚拟的第二个页面，databox 则用来容纳替代内容。

代码清单 15-1：测试历史 API 的基本模板

```
<!DOCTYPE html>
<html lang="en">
<head>
  <title>History API</title>
  <link rel="stylesheet" href="history.css">
  <script src="history.js"></script>
</head>
<body>
  <section id="maincontent">
```

```
    This content is never refreshed<br>
    <span id="url">page 2</span>
    </section>
<aside id="databox"></aside>
</body>
</html>
```

下面给文档添加样式（见代码清单 15-2）：

代码清单 15-2：方框和 `<span>` 元素的样式（`history.css`）

```
#maincontent{
  float: left;
  padding: 20px;
  border: 1px solid #999999;
}
#databox{
  float: left;
  width: 500px;
  margin-left: 20px;
  padding: 20px;
  border: 1px solid #999999;
}
#maincontent span{
  color: #0000FF;
  cursor: pointer;
}
```

在这个示例中，用 pushState() 方法新增一条记录，在不刷新页面或加载其他文档的情况下更新内容。

在代码清单 15-3 的 initiate() 函数中，创建了对 databox 的引用，为 `<span>` 元素的 click 事件添加了侦听器。用户每次单击 `<span>` 内的文本时，都会调用 changepage() 函数。

代码清单 15-3：生成新 URL 和内容（`history.js`）

```
function initiate(){
  databox=document.getElementById('databox');
  url=document.getElementById('url');
  url.addEventListener('click', changepage, false);
}
function changepage(){
  databox.innerHTML='the url is page2';
  window.history.pushState(null, null, 'page2.html');
}
window.addEventListener('load', initiate, false);
```

changepage() 函数执行两个任务：用新信息更新页面内容，将新 URL 插入历史列表。这个函数执行之后，databox 中显示文本"the url is page2"，地址栏中的主文档替换为伪造的 URL "page2.html"。

pushState() 方法的 state 和 title 属性这次声明为 null。目前还没有浏览器使用

title 属性，因此这个属性一直声明为 null，但在下面的示例中将使用 state 属性。

动手实验：请将代码清单 15-1 的模板复制到 HTML 文件中，用代码清单 15-2 中的样式创建 CSS 文件 history.css，用代码清单 15-3 中的代码创建 JavaScript 文件 history.js。将它们上传到服务器，在浏览器中打开 HTML 文件。单击文本 "page 2"，检查地址栏中的 URL 是否变成了代码生成的 URL。

15.1.4 跟踪

迄今为止所做的只是操纵会话历史。我们让浏览器相信，用户访问了一个实际上并不存在的地址。在单击 "page 2" 链接时，地址栏上显示伪造的 URL "page2.html"，并将新内容插入 databox 中，以上过程没有刷新或加载其他页面。这个技巧不错，但并不完整。浏览器并不认为新的 URL 是真实的文档。如果使用导航按钮在会话历史中前进和后退，URL 会在新 URL 和主文档的 URL 之间转换，但文档的内容根本不变。我们需要检测出什么时候访问的是伪造 URL，并在文档中做正确的修改，显示对应的状态。

前面提到过 state 属性。可以在生成新 URL 时设置这个属性，这样后面就可以判断当前的 Web 地址。为了处理这个这个属性，API 提供了一个新事件：

❑ popstate——在访问 URL 或加载文档的某些情况下触发这个事件。它可以提供 state 属性的值，属性值是在 pushState() 或 replaceState() 方法生成 URL 时指定的。如果 URL 是真的，这个值为 null，可以使用 replaceState() 来改变这个值，接下来将会看到。

下面的代码对前面的示例进一步完善，实现了 popstate 事件和 replaceState() 方法，检测用户当前请求的 URL。

要想完全控制局面，有两件事应用程序必须做到。第一，必须为将要使用的每个 URL 声明一个状态值，包括伪造 URL 和真实 URL。第二，必须根据当前 URL 更新文档的内容。

在代码清单 15-4 的 initiate() 函数中，向 popstate 事件增加了一个侦听器。每次访问一个 URL 时，这个侦听器都会调用 newurl() 函数。这个函数只更新 databox 的内容，指示当前页面是哪个。它接受 state 属性的值，将其发送到 showpage() 函数，在屏幕上显示。

代码清单 15-4：跟踪用户的位置（`history.js`）

```
function initiate(){
  databox=document.getElementById('databox');
  url=document.getElementById('url');
  url.addEventListener('click', changepage, false);
  window.addEventListener('popstate', newurl ,false);
  window.history.replaceState(1, null);
}
function changepage(){
  showpage(2);
  window.history.pushState(2, null, 'page2.html');
}
```

```
function newurl(e){
  showpage(e.state);
}
function showpage(current){
  databox.innerHTML='the url is page '+current;
}
window.addEventListener('load', initiate, false);
```

这个做法对每个伪造 URL 都有效，但前面讲过，真实 URL 默认没有状态值。通过在 initiate() 函数末尾使用 replaceState() 方法，可以修改当前项（主文档的真实 URL）的信息，将它的状态值设为 1。现在，用户每次重新访问主文档时，我们就能通过检测状态值来检测到用户的行为。

changepage() 函数的作用相同，只是这次用 showpage() 函数更新文档的内容，将伪造 URL 的状态值设为 2。

应用程序的工作过程如下：用户单击 "page 2" 链接，在屏幕上显示消息 "the url is page 2"，地址栏的 URL 变成 "page2.html"（当然，包含完整路径）。以上是我们迄今为止所做的工作，但现在事情变得更有趣。如果用户在浏览器的导航栏上单击左箭头，地址栏上的 URL 就会变成历史代码清单中的前一个地址（即文档的真实 URL），并触发 popstate 事件。这个事件调用 newurl() 函数，读取 state 属性的值，将其发送给 showpage() 函数。现在状态值是 1（使用 replaceState() 方法为这个 URL 定义的值），屏幕上显示的消息是 "the url is page 1"。如果用户在导航栏上用右箭头返回伪造 URL，状态值是 2，在屏幕上显示的消息则变回 "the url is page 2"。

可以看到，state 属性可以是任意值，这个值用来控制哪个 URL 是当前 URL，并根据当前 URL 调整文档的内容。

动手实验：请用代码清单 15-1 和代码清单 15-2 的文件作为 HTML 文档和 CSS 样式。请将代码清单 15-4 的代码复制到 history.js 文件中，将以上文件上传到服务器。请在浏览器中打开 HTML 文档，单击 "page 2" 文本。URL 和 databox 的内容会根据 URL 做相应的变化。请在导航栏上反复多按几次前后按钮，查看 URL 的变化，查看与 URL 相关的内容在屏幕上的更新（根据当前状态显示的文档内容）。

重要提示：前一个示例中 pushState() 方法生成的 URL "page2.html" 现在是伪造的，但它应该是真的。这个 API 的用意并不是创建伪造 URL，而是为程序员提供一个手段，以便在浏览器历史中保存用户活动，在需要的时候（甚至在浏览器关闭之后）返回以前的状态。必须确保服务器中的代码返回这个状态，为请求的每个 URL（不论真实还是伪造）提供合适的内容。

15.1.5 实例

下面是一个更实际的应用程序。要用历史 API 和前面研究的全部方法在同一文档内加载一组（4 张）图片。每张图片均与一个伪造 URL 关联，可以用关联 URL 从服务器返回特定的图片。具体实现见代码清单 15-5。

　　主文档加载时使用默认图片。这张图片与 4 个链接中的第一个关联，属于一部分持久内容。所有这些链接都指向伪造 URL，伪造 URL 只代表状态，不是真实文档，主文档的链接也更改成 "page1.html"。稍后就会明白这个修改的意义。

代码清单 15-5："真实"应用程序的模板

```
<!DOCTYPE html>
<html lang="en">
<head>
  <title>History API</title>
  <link rel="stylesheet" href="history.css">
  <script src="history.js"></script>
</head>
<body>
  <section id="maincontent">
    This content is never refreshed<br>
    <span id="url1">image 1</span> -
    <span id="url2">image 2</span> -
    <span id="url3">image 3</span> -
    <span id="url4">image 4</span> -
  </section>
  <aside id="databox">
    <img id="image" src="http://www.minkbooks.com/content/monster1.gif">
  </aside>
</body>
</html>
```

　　这个新应用程序和前面示例的唯一区别是：链接的数量和生成的新 URL 的数量。在代码清单 15-4 的代码中，有两个状态，状态 1 对应的是主文档，状态 2 对应 pushState() 方法生成的伪造 URL "page2.html"。在这个示例中，必须让这个过程自动进行，生成总共 4 个伪造 URL，与 4 张图片一一对应。

　　从代码清单 15-6 中可以看到，虽然使用的函数相同，但有几个显而易见的变化。首先，initiate() 函数的 replaceState() 方法将 url 属性设置为 "page1.html"。我们决定按这种方式进行应用程序编程，即将主文档的状态定义为 1，URL 定义为 "page1.html"（与文档的真实 URL 不一样）。这样可以简化 URL 之间的跳转，使用统一的格式加上 state 属性的值就可以形成每个 URL。在 changepage() 函数中可以看到这种做法。用户每次单击模板中的链接，就会执行这个函数，用 page 变量的值形成伪造 URL，并加入历史列表。函数接收到的值是前面在 initiate() 函数开始的 for 循环中设置的。值 1 代表 "page 1" 链接，2 代表 "page 2" 链接，依次类推。

　　每次访问一个 URL 时，都会执行 showpage() 函数，根据 URL 来更新内容（图片）。因为有时触发 popstate 事件时 state 属性为 null（例如主文档第一次加载的时候），所以在做相关操作之前要检查 showpage() 函数接收到的值。如果值不是 null，则意味着该 URL 定义了 state 属性，于是在屏幕上显示对应的图片。

代码清单 15-6：操纵历史（`history.js`）

```
function initiate(){
  for(var f=1;f<5;f++){
    url=document.getElementById('url'+f);
    url.addEventListener('click',function(x){
        return function(){ changepage(x);}
      }(f), false);
  }

  window.addEventListener('popstate', newurl ,false);

  window.history.replaceState(1, null, 'page1.html');
}
function changepage(page){
  showpage(page);
  window.history.pushState(page, null, 'page'+page+'.html');
}
function newurl(e){
  showpage(e.state);
}
function showpage(current){
  if(current!=null){
    image=document.getElementById('image');
    image.src='http://www.minkbooks.com/content/monster' + current + '.gif';
  }
}
window.addEventListener('load', initiate, false);
```

这个示例使用的图片分别名为 monster1.gif、monster2.gif、monster3.gif、monster4.gif，与 state 属性的值采用相同顺序。因此，使用这个值就能选择显示的图片。但是，请记住，值是任意的，创建伪造 URL 及相关内容的过程必须根据应用程序的需要确定。

还请记住，任何时候，只要用户愿意，都应该能够返回应用程序生成的任何 URL，并在屏幕上看到正确的内容。因此必须对服务器端进行准备，处理这些 URL，确保任何状态都可用并可以访问。例如，如果用户新打开一个窗口，输入 URL "page2.html"，服务器应该返回主文档和图片 "monster2.gif"，而不仅仅是代码清单 15-5 中的模板。这个 API 背后的主旨就是向用户提供另一个途径，让用户随时能够回到以前的任意状态，而要做到这一点，只能将伪造 URL 变成有效的 URL 才行。

重要提示：代码清单 15-6 代码中用来向文档中每个 <span> 元素的 click 事件添加侦听器的 for 循环利用了一项向函数发送真实值的 JavaScript 技术。要在 addEventListener() 方法中向回调函数发送值，必须指定真实值。如果发送变量，则发送的不是变量值，而是变量的引用。所以，在这种情况下，要发送 for 循环的 f 变量的当前值，必须使用两个匿名函数。第一个函数在调用 addEventListener() 方法的时候执行，它接受 f 变量的当前值（请参阅末尾的圆括号），将值放在 x 变量内。然后，函数返回第二个匿名函数，用它返回变量 x 的值。在事件触发的时候，会执行第二个函数，返回正确的值。关于这个主题的更多信息，请参阅我们网站中关于本章的链接。

动手实验：要试验最后这个示例，需使用代码清单 15-5 中的 HTML 文档和代码清单 15-2 中的 CSS 文件。请将代码清单 15-6 的代码复制到 history.js 文件中，将以上文件上传到服务器。在浏览器中打开模板，单击链接。请用导航按钮在选中的 URL 间导航。屏幕上的图片应该根据地址栏上的 URL 变化。

15.2　快速参考——历史 API

历史 API 可以用来操纵浏览器的会话历史，跟踪用户的活动。这个 API 包含在官方规范的 History 接口内。这个接口组合了新的和旧的方法及属性。

❑ length——这个属性返回历史列表中的记录总数。

❑ state——这个属性返回当前 URL 的状态。

❑ go(step)——这个方法让浏览器在历史列表中后退或前进 step 属性的值指定的步骤。根据导航的方向，这个值可以是负的（后退），也可以是正的（前进）。

❑ back()——这个方法加载来历史列表中的前一个 URL。

❑ forward()——这个方法加载历史列表中的下一个 URL。

❑ pushState(state, title, url)——这个方法向历史列表插入新记录。state 属性是要给这条新记录指定的状态值。title 属性是记录的标题。url 属性是我们想在历史列表中生成的新 URL。

❑ replaceState(state, title, url)——这个方法修改当前记录。state 属性是要给当前记录指定的状态值。title 属性是记录的标题。url 属性是为当前记录指定的新 URL。

❑ popstate——这个事件在某些情况下触发，告知当前状态。

第⑯章

脱机 API

16.1　缓存代码清单

脱机工作的日子结束了。本章的内容是脱机 API（OffLine API）。这种说法听起来可能自相矛盾，但细想一下就可以理解了。我们多数时候都在脱机工作。桌面应用程序是主要的生产工具。现在，突然之间 Web 成为新的工作平台。联机应用程序越来越复杂，HTML5 更使脱机工作在与联机工作的战斗中的形势更为不利。数据库、文件访问和存储、图形工具、图片和视频编辑、多处理等，这些核心功能现在 Web 都有了。人们的日常活动也在转向 Web，生产环境日益联机。脱机的日子结束了。

但是，转变仍然在进行当中，Web 应用程序日益复杂，要求使用更大的文件，更多下载时间。在 Web 应用程序替换桌面应用程序之前，完全联机工作是不可能的。用户不能每次都下载每个应用程序所需的数 MB 文件，也不能保证任何时候都 100% 能够访问 Internet。脱机应用程序很快将会消失，但在当前情况下，联机应用程序注定会失败。

脱机 API 应运而生了。这个 API 基本上为在用户计算机上保存应用程序和 Web 文件以供日后使用提供了手段。只需要访问 Internet 一次就可以下载运行应用程序所需的全部文件，不论 Internet 连通与否，都可以使用应用程序。文件下载之后，应用程序在浏览器中运行，但运行时使用的是已经下载的这些文件，就像桌面应用程序一样，与服务器或网络连接的情况无关。

16.1.1　代码清单文件

Web 应用程序或复杂的网站会包含多个文件，但并不都是运行应用程序所必需的，并非所有文件都必须保存在用户的计算机上。脱机 API 规定了一个特殊文件，用它来指定需要脱机工作文件列表。这个文件是个文本文件，称为"代码清单"，文件中的内容是 URL 列表，每个 URL 指向要请求文件的位置。"代码清单"可以用任何文本编辑器创建，保存的时候必须使用 .manifest 扩展名，第一行必须以 CACHE MANIFEST 开始，如代码清单 16-1 所示：

代码清单 16-1：缓存代码清单文件

```
CACHE MANIFEST
cache.html
cache.css
cache.js
```

CACHE MANIFEST 之下列出的文件是应用程序在用户计算机上不需要请求任何外部资源就能运行所需要的全部文件。在示例中，cache.html 文件是应用程序的主文档，cache.css 文件包含 CSS 样式，cache.js 文件包含 Javascript 代码。

16.1.2 分类

除了指定应用程序脱机运行必需的文件之外，还需要指定只能联机使用的文件。这些文件可能是应用程序只有在联网的时候才有用的部分，例如，聊天室。

为了标记代码清单文件列出的文件类型，API 引入了三个分类：

❑ CACHE——这是默认分类。这个分类下的全部文件都要保存在用户的计算机上供后续使用。

❑ NETWORK——这个分类可以作为白代码清单；这个分类下的全部文件只能在联机时使用。

❑ FALLBACK——这个分类中的文件可以在联机时从服务器下载，但可以用脱机版本代替。如果浏览器检测到连接，会尝试使用原始文件；如果没有连接，则会从用户的计算机上加载。

使用这些分类的代码清单文件如代码清单 16-2 所示：

代码清单 16-2：分类声明文件

```
CACHE MANIFEST

CACHE:
cache.html
cache.css
cache.js

NETWORK:
chat.html
FALLBACK:
newslist.html nonews.html
```

在代码清单 16-2 的新代码清单文件中，文件在对应的分类下列出。CACHE 分类下的三个文件会下载并保存在用户的计算机内，从下载后就开始供应用程序使用（除非以后又指定了不同的内容）。NETWORK 分类下指定的 chat.html 文件只有在浏览器联机时才可用。FALLBACK 分类下的 newslist.html 文件可以联机使用，但在不能访问又要求使用该文件的时候，则使用缓存并保存在用户计算机上的 nonews.html 文件。

FALLBACK 分类不仅可以用来替换单个文件，还可以用来指定整个目录。例如，/noconnection.html 会用文件 noconnection.html 替换缓存中没有的任何文件。这种做法很好，当用户试图访问应用程序中不能脱机使用的部分时，可以将用户指向一个文档，推荐他们联机访问。

16.1.3 注释

在代码清单文件中可以用 # 号添加注释（一行一个 # 号）。因为文件是按分类排序的，所以注释看起来可能没用，但对日后更新比较重要。代码清单文件不仅声明哪些文件必须缓存，还声明什么时候缓存。每次更新应用程序的文件时，浏览器只有通过代码清单文件才能知道发生了更新。如果更新的文件相同，代码清单中没有添加新文件，则代码清单文件看起来是一样的，浏览器就判断不出区别，还会继续使用已经缓存的旧文件。因此，为了强迫浏览器再次下载应用程序文件，可以使用注释来表示更新。通常使用一行说明最后更新日期的注释就够了，如代码清单 16-3 所示：

代码清单 16-3：提示更新的注释

```
CACHE MANIFEST
CACHE:

cache.html
cache.css
cache.js

NETWORK:
chat.html

FALLBACK:
newslist.html nonews.html
# date 2011/08/10
```

假设给 cache.js 文件当前的函数添加了更多代码，如果用户已经在计算机上缓存了这些文件，则浏览器会使用旧版本而不是新版本。修改代码清单文件末尾的日期或者添加新的注释，可以告诉浏览器进行更新，将再次下载全部文件，包括改进版的 cache.js 文件。缓存更新之后，浏览器就会使用文件的新副本来运行应用程序。

16.1.4 使用代码清单文件

选择完脱机运行应用程序所需的全部文件并准备好指向这些文件的完整 URL 列表之后，必须在文档中包含代码清单文件。API 为 <html> 元素提供了一个新元素，用来表示这个文件的位置：

代码清单 16-4 显示的小 HTML 文档的 <html> 元素包含 manifest 属性。manifest 属性表示生成应用程序缓存所需要的代码清单文件的位置。可以看到，文档的其余部分没有任何变化：CSS 样式文件和 Javascript 代码的包含与以前一样，与代码清单文件的内容无关。

代码清单 16-4：加载代码清单文件

```
<!DOCTYPE html>
<html lang="en" manifest="mycache.manifest">
<head>
  <title>Offline API</title>
  <link rel="stylesheet" href="cache.css">
  <script src="cache.js"></script>
</head>
```

```
<body>
  <section id="databox">
Offline Application
    </section>
  </body>
</html>
```

代码清单文件保存的时候必须使用 .manifest 扩展名，名称任意（在示例中是 mycache）。浏览器每次在文档中发现 manifest 属性的时候，都会尝试先下载代码清单文件，然后下载代码清单文件中列出的全部资源。要放在应用程序缓存中的每个 HTML 文档都必须包含 manifest 属性。这个过程对用户来讲是透明的，但可以通过 API 进行编程控制，稍后将会看到。

除了代码清单文件的扩展名和内部结构之外，还有一个重要的要求需要考虑。服务器在提供代码清单文件时必须使用正确的 MIME 类型。每个文件都有相关的 MIME 类型，代表它的内容格式。例如，HTML 文件的 MIME 类型是 text/html。在提供代码清单文件时，必须使用 text/cache-manifest MIME 类型，否则浏览器会返回错误。

重要提示：text/cache-manifest MIME 类型目前不属于任何服务器的默认配置。必须手动将它添加到服务器中。添加这个新的文件类型的方法取决于使用的服务器类型。例如，对于某些版本的 Apache，在 httpd.conf 文件中添加下面这行就足以用正确的类型提供这些文件：

AddType text/cache-manifest .manifest

16.2   脱机 API

代码清单文件本身足够供小网站或简单的代码生成缓存使用，但复杂的应用程序需要更多控制。代码清单文件声明需要缓存的文件，但不能表明已经下载了多少文件，过程中发现了什么错误，什么时候可以更新，以及其他重要情况。考虑到这些可能的场景，API 提供了新的 ApplicationCache 对象，以及管理整个过程的方法、属性以及事件。

16.2.1   错误

ApplicationCache 对象最重要的事件可能就是 error。如果在读取服务器文件的过程中发生错误，就不能缓存应用程序，也不能更新缓存。了解这些情况，并根据情况做出反应，是极为重要的。

使用代码清单 16-4 的 HTML 文档，可以构建一个小应用程序，查看 error 事件的工作方式。

在代码清单 16-5 的代码中，window 的 applicationCache 属性返回这个文档的 ApplicationCache 对象。将对象的引用保存在 cache 变量中之后，在对象上添加了 error 事件的侦听器。在触发事件的时候，侦听器调用 showerror() 函数，函数弹出一个警告，提示错误信息。

代码清单 16-5：检查错误

```
function initiate(){
  var cache=window.applicationCache;
  cache.addEventListener('error', showerror, false);
}
function showerror(){
  alert('error');
}
window.addEventListener('load', initiate, false);
```

动手实验：请用代码清单 16-4 中的代码创建 HTML 文件，用代码清单 16-5 中的代码创建 Javascript 文件 cache.js，并创建代码清单文件 mycache.manifest。如前所述，在代码清单文件中必须将需要缓存的文件的列表包含在 CACHE 分类下。对于示例，这些文件是 HTML 文件、cache.js 文件以及文档的样式文件 cache.css。请将这些文件上传到服务器，在浏览器中打开 HTML 文件。如果删除了代码清单文件或者忘记在服务器上添加代码清单文件对应的 MIME 类型，则会触发 error 事件。也可以断开 Internet 连接或者使用 FirefOX 的"脱机工作"选项，查看应用程序通过新的缓存脱机工作的情况。

重要提示：脱机 API 的实现目前在多数浏览器上还处在实验阶段。推荐在 Firefox 和 Google Chrome 中测试本章的示例。Firefox 提供了禁用连接、脱机工作的选项（在"开发人员"菜单中单击"脱机工作"）。Firefox 还是唯一支持清除缓存以方便研究的浏览器（"选项"→"高级"→"网络"，选择要清除的缓存）。另一方面，Google Chrome 几乎已经实现了每个可用的事件，可以用来试验所有可能性。

CSS 文件必须包含文档的 <section> 元素的样式。可以创建自己的样式或者使用以下样式（见代码清单 16-6）：

代码清单 16-6：databox 的 CSS 规则

```
#databox{
  width: 500px;
  height: 300px;
  margin: 10px;
  padding: 10px;
  border: 1px solid #999999;
}
```

16.2.2 联机和脱机

Navigator 对象有个新属性 onLine，代表连接的当前状态。这个属性有两个事件，会在它的值发生变化时触发。属性和事件不属于 ApplicationCache 对象，但对这个 API 有用。

❑ online——onLine 属性的值变为 true 时触发这个事件。

❑ offline——onLine 属性的值变为 false 时触发这个事件。

下面是它们的用法示例（见代码清单 16-7）：

代码清单 16-7：检查连接状态

```
function initiate(){
  databox=document.getElementById('databox');

  window.addEventListener('online',function(){ state(1); }, false);
  window.addEventListener('offline',function(){ state(2); }, false);
}
function state(value){
  switch(value){
    case 1:
      databox.innerHTML+='<br>We are ONline';
      break;
    case 2:
      databox.innerHTML+='<br>We are OFFline';
      break;
  }
}
window.addEventListener('load', initiate, false);
```

代码清单 16-7 中的代码使用匿名函数处理事件，将值发送给 state() 函数，在 databox 中显示对应的消息。onLine 属性的值每次发生变化时都会触发事件。

重要提示：无法保证属性始终会得到正确的值。在台式机上侦听这些事件可能没有效果，即使计算机与 Internet 完全断开也未必触发事件。要在 PC 上测试这个示例，建议使用 Firefox 提供的"脱机工作"选项。

动手实验：使用与前一示例相同的 HTML 和 CSS 文件。请将代码清单 16-7 中的代码复制到 cache.js 文件中。使用 Firefox 清除网站的缓存，并加载应用程序。要测试事件，可以使用 Firefox 菜单上的"脱机工作"选项。每次单击这个选项的时候，条件都会发生变化，并在 databox 中加入新的消息。

16.2.3 缓存过程

创建或更新缓存可能需要几秒到几分钟时间，具体取决于必须下载的文件大小。根据不同的浏览器在各个时刻能做的操作，整个过程要经历不同阶段。例如，在常规更新过程中，浏览器首先尝试读取代码清单文件，检查可能的更新，如果存在更新，则下载代码清单中列出的全部文件，下载完成后发出提示。为了在过程中提示当前所在的步骤，API 提供了 status 属性。这个属性可以有以下几个值：

❑ UNCACHED（值 0）——这个值代表还未为该应用程序创建缓存。

❑ IDLE（值 1）——这个值代表应用程序的缓存是最新的，尚未过期。

❑ CHECKING（值 2）——这个值代表浏览器正在检查新的更新。

❑ DOWNLOADING（值 3）——这个值代表缓存的文件正在下载中。

❑ UPDATEREADY（值 4）——这个值代表应用程序的缓存可用，未过期，但不是最新的，已经有一个更新准备替换缓存。

❑ OBSOLETE (值 5)——这个值代表当前缓存已经过期。

随时可以检查 status 属性的值，但最好是使用 ApplicationCache 对象提供的事件来检查过程和缓存的状态。以下事件通常按顺序触发，有些事件还与特定的应用程序缓存状态相关：

❑ checking——浏览器正在检查更新时触发这个事件。

❑ noupdate——在代码清单文件中没有发现变化时触发这个事件。

❑ downloading——浏览器发现更新并开始下载文件时，触发这个事件。

❑ cached——缓存就绪时触发这个事件。

❑ updateready——更新下载过程完成时触发这个事件。

❑ obsolete——代码清单文件不再可用，正在删除缓存时，触发这个事件。

下面的示例有助于理解这个过程。在代码清单 16-8 中，每次触发一个事件，都用事件和 status 属性的值组成消息加入 databox：

代码清单 16-8：检查连接

```
function initiate(){
  databox=document.getElementById('databox');

  cache=window.applicationCache;
  cache.addEventListener('checking',function(){ show(1); }, false);
  cache.addEventListener('downloading',function(){ show(2); }, false);
  cache.addEventListener('cached',function(){ show(3); }, false);
  cache.addEventListener('updateready',function(){ show(4); }, false);
  cache.addEventListener('obsolete',function(){ show(5); }, false);
}
function show(value){
  databox.innerHTML+='<br>Status: '+cache.status;
  databox.innerHTML+=' | Event: '+value;
}
window.addEventListener('load', initiate, false);
```

这里用匿名函数在每个事件中发送不同的值，以便在 show() 函数中识别每个事件。浏览器在生成缓存的过程中，每次到达一个新的步骤，就会在屏幕上显示这个值和 status 属性的值。

动手实验：使用前面示例的 HTML 文件和 CSS 文件。将代码清单 16-8 中的代码复制到 cache.js 文件中。将应用程序上传到服务器，查看每次加载文档时，如何根据缓存的状态在屏幕上显示加载过程的不同步骤。

重要提示：如果缓存已经创建，重要的是按不同步骤清除缓存并加载新版本。修改代码清单文件是一步，但不是唯一一步。在再次检查更新之前，浏览器会将文件的副本保存几小时，所以不论在代码清单文件中新加了多少注释和文件，浏览器在一段时间内都会运行缓存的旧版本。为了测试每个示例，建议修改每个文件的名称。例如，在文件末尾添加数字（例如 cache2.js）可以让浏览器认为这是一个新的应用程序，并创建新的缓存。当然，这种做法只适合测试。

16.2.4 进度

如果应用程序包含图片、多个代码文件、数据库信息、视频或者其他大文件，则下载可能需要较长时间。为了跟踪这个进度，API 提供了大家已经知道的 progress 事件。这个事件与前面在其他 API 中使用过的事件相同。

只有在下载文件的时候才会触发 progress 事件。在下面的示例中，将使用 noupdate 事件和前面看过的 cached 事件、updateready 事件提示进度何时结束（见代码清单 16-9）。

代码清单 16-9：下载过程

```
function initiate(){
  databox=document.getElementById('databox');
  databox.innerHTML='<progress value="0"
max="100">0%</progress>';
  cache=window.applicationCache;

  cache.addEventListener('progress', progress, false);
  cache.addEventListener('cached', show, false);
  cache.addEventListener('updateready', show, false);
  cache.addEventListener('noupdate', show, false);
}
function progress(e){
  if(e.lengthComputable){
    var per=parseInt(e.loaded/e.total*100);
    var progressbar=databox.querySelector("progress");
    progressbar.value=per;
    progressbar.innerHTML=per+'%';
  }
}
function show(){
  databox.innerHTML='Done';
}
window.addEventListener('load', initiate, false);
```

同以前一样，progress 事件周期性地触发，提示进度状态。在代码清单 16-9 的代码中，每次触发 progress 时，都调用 progress() 函数，用 <progress> 元素在屏幕上更新信息。

在进度结束时，可能存在不同的情况。因为应用程序可能是第一次缓存，所以触发 cached 事件；也有可能缓存已经存在，有新的更新，所以当文件最终下载完成时，改为触发 updateready 事件。第三个可能是，缓存已经使用，没有新的更新，所以触发 noupdate 事件。侦听每种情况对应的事件，在每种情况下调用 show() 函数，在屏幕上输出消息"Done"，表明进度已经完成。

在第 13 章中可以找到 progress() 函数的说明。

动手实验：使用前面示例中的 HTML 文件和 CSS 文件。将代码清单 16-8 中的代码复制到 cache.js 文件中。请将应用程序上传到服务器，加载主文档。必须在代码清单文件中包含一个大文件，这样才能看到进度条的工作情况（浏览器目前对缓存的大小

有限制。推荐尝试几 MB 大小的文件，不超过 5MB）。例如，使用第 5 章介绍的视频
`trailer.ogg`，代码清单文件应该如下所示：

```
CACHE MANIFEST
cache.html
cache.css
cache.js
trailer.ogg
# date 2011/06/27
```

重要提示：这里用 innerHTML 给文档新增了一个 `<progress>` 元素。并不推荐这
种做法，但对示例来说它方便有用。通常使用 Javascript 方法 `createElement()` 和
`appendChild()` 向 DOM 添加元素。

16.2.5　更新缓存

迄今为止我们已经看到了如何为应用程序创建缓存，如何告诉浏览器有更新可用，每次用户
访问应用程序时如何控制进度。这些都很有用，但对用户来说不是完全透明的。用户一运行应用
程序，缓存和更新就会加载，这会产生延时和令人讨厌的行为。为了解决这个问题，API 提供了
新的方法，用来在应用程序运行的时候更新缓存。

- ❑ update()——这个方法启动对缓存的更新。它告诉浏览器首先下载代码清单文件，如果在
  代码清单中发现了修改（缓存的文件发生了修改），则继续下载其余文件。
- ❑ swapCache()——这个方法在更新之后切换到最新缓存。它并不运行新脚本或替换资源，
  而是告诉浏览器有新缓存可供后续读取使用。

要更新缓存，只需调用 `update()` 方法。`updateready` 和 `noupdate` 事件可以用来了解
该过程的结果。下面的示例要使用一个新的 HTML 文档，里面有两个按钮，分别用来请求更新
和测试缓存中当前的代码（见代码清单 16-10）。

代码清单 16-10：测试 `update()` 方法的 HTML 文档

```html
<!DOCTYPE html>
<html lang="en" manifest="mycache.manifest">
<head>
  <title>Offline API</title>
  <link rel="stylesheet" href="cache.css">
  <script src="cache.js"></script>
</head>
<body>
  <section id="databox">
    Offline Application
  </section>
  <button id="update">Update Cache</button>
  <button id="test">Test</button>
</body>
</html>
```

Javascript 代码实现的技术已经介绍过；只需要为两个按钮添加两个新函数（见代码清单 16-11）：

代码清单 16-11：更新缓存，检查当前版本

```
function initiate(){
  databox=document.getElementById('databox');
  var update=document.getElementById('update');
  update.addEventListener('click', updatecache, false);
  var test=document.getElementById('test');
  test.addEventListener('click', testcache, false);

  cache=window.applicationCache;
  cache.addEventListener('updateready',function(){ show(1); }, false);
  cache.addEventListener('noupdate',function(){ show(2); }, false);
}
function updatecache(){
  cache.update();
}
function testcache(){
  databox.innerHTML+='<br>change this message';
}
function show(value){
  switch(value){
    case 1:
      databox.innerHTML+='<br>Update Ready';
      break;
    case 2:
      databox.innerHTML+='<br>No Update Available';
      break;
  }
}
window.addEventListener('load', initiate, false);
```

在 initiate() 函数中，向两个按钮的 click 事件都添加了事件侦听器。单击 update 按钮会调用 updatecache() 函数并执行 update() 方法。单击 test 按钮会调用 testcache() 函数并将文本添加到 databox 中。日后可以修改这个文本，创建新版代码，检查是否真的更新了代码。

动手实验：请用代码清单 16-10 中的代码新建一个 HTML 文档。代码清单文件和 CSS 文件与以前示例的文件相同（除非修改了一些文件名，这时必须更新代码清单文件中的文件列表）。请将代码清单 16-11 的代码复制到文件 cache.js 中，将所有这些文件上传到服务器。在浏览器中打开文档，测试应用程序。

HTML 文档加载之后，窗口就会显示典型的 databox，下面还有两个按钮。如前所述，Update Cache 按钮的 click 事件与 updatecache() 关联。单击这个按钮就会在这个函数内执行 update() 方法，启动更新过程。浏览器会下载代码清单文件，将它与缓存中的代码清单文件进行对比。如果文件发生了修改，则再次下载其中列出的全部文件。整个过程完成之后，触发 updateready 事件。这个事件用值 1 调用 show() 函数，对应的消息是 "Update Ready"。反之，如果代码清单文件没有修改，即没有发现更新，则触发 noupdate 事件。这个事件用值 2 调用 show() 函数，这时在 databox 中显示消息 "No Update Available"。

要检查代码的工作方式，可以在代码清单文件中修改或添加注释。在修改之后单击按钮更新缓存时，databox 中都会出现消息 "Update Ready"。也可以用 testcache() 函数中的文本检测更新的运行情况。

> **重要提示**：这次下载新版本时不需要在浏览器中清除缓存。update() 方法强迫浏览器下载代码清单文件，如果发现更新，则强行下载其余文件。但在用户刷新页面之前，仍然不会使用新的缓存。

16.3　快速参考——脱机 API

脱机 API 由一组技术构成，包含称为"代码清单"的特殊文件，还有其他若干方法、事件和属性，可以为用户计算机上运行的应用程序创建缓存。API 的主要目的是提供应用程序的持久访问权限，提供在断开 Internet 连接的情况下继续工作的可能。

16.3.1　代码清单文件

代码清单文件是纯文本文件，扩展名为 .manifest。里面的内容是需要缓存的文件列表。代码清单文件的第一行必须以 CACHE MANIFEST 开始，其中的内容可以按以下分类组织：

- ❑ CACHE——这个分类包含需要缓存的文件。
- ❑ NETWORK——这个分类包含只能联机访问的文件。
- ❑ FALLBACK——这个分类为当前无法访问的联机文件提供备用文件。

16.3.2　属性

Navigator 对象提供了一个新属性用来检查连接的状态：

- ❑ onLine——这个属性返回的布尔值代表连接的情况。如果浏览器脱机，则返回为 false；如果浏览器联机，则返回 true。

API 提供了 status 属性用来检查应用程序缓存的状态。这个属性属于 ApplicationCache 对象，可以有以下的值：

- ❑ UNCACHED（值 0）——这个值代表应用程序还未创建缓存。
- ❑ IDLE（值 1）——这个值代表应用程序的缓存是最新的，尚未过期。
- ❑ CHECKING（值 2）——这个值代表浏览器正在检查更新。
- ❑ DOWNLOADING（值 3）——这个值代表正在下载缓存的文件。
- ❑ UPDATEREADY（值 4）——这个值代表应用程序的缓存可用，并未过期，但不是最新的，已经有一个更新要替换它。

❑ OBSOLETE (值 5)——这个值代表当前缓存已经过期。

16.3.3　事件

有两个窗口事件用来检查连接的状态:

❑ online——属性的值变为 `true` 时触发这个事件。

❑ offline——属性的值变为 `false` 时触发这个事件

API 在 ApplicationCache 对象中提供了多个事件来提示缓存的状态:

❑ checking——浏览器正在检查更新时触发这个事件。

❑ noupdate——没有发现更新时触发这个事件。

❑ downloading——浏览器发现新的更新并开始更新文件时，触发这个事件。

❑ cached——缓存就绪时触发这个事件。

❑ updateready——更新的下载过程完成时触发这个事件。

❑ obsolete——代码清单文件不再可用，正在删除缓存时，触发这个事件。

❑ progress——下载缓存文件的过程中触发这个事件。

❑ error——在创建或更新缓存期间发生错误时触发这个事件。

16.3.4　方法

API 提供了两个方法来请求对缓存的更新:

❑ update()——这个方法启动缓存的更新。它告诉浏览器必须下载代码清单文件，如果发现更新，则下载其余文件。

❑ swapCache()——这个方法在更新完成后切换到最新缓存。它并不运行新脚本，也不替换资源，只是告诉浏览器有新缓存可供后续读取使用。

结 束 语

推广到全世界

本书讲述的是 HTML5。它是一本指南，针对的那些希望构建革命性网站和革命性应用程序的开发人员、设计师和程序员。它针对的是每个人内在的天分，针对的是大师。我们正处在转型过程当中，正处在新旧技术融合的时刻，而市场已经落在后面。尽管从 Web 下载的新浏览器副本数量成百上千万，但仍有成百上千万人的人根本不知道有新的浏览器存在。市场上仍然满是运行着 Windows 98 和 Internet Explorer 6（甚至更老）的老旧计算机。

为 Web 做创作一直是个挑战，现在这件事也变得更容易。尽管为了构建和实现 Web 标准已经付出了长久而艰苦的努力，现状却是，即使最新的浏览器也做不到一致地支持这些标准。而根本不标准的旧浏览器仍然普遍存在，从而让我们的理想生活几乎不可能实现。

现在该来看看，在一个貌似没什么变化的世界中，我们做些什么，才能将 HTML5 普及给大众，能给创新和创造带来什么，能给大师带来什么。现在该来看看我们用这些新技术能做些什么，如何让每个人都用到它们。

替代解决方案

谈到替代品，我们必须明确自己的立场。我们可以是粗鲁的、文雅的、聪明的或者任劳任怨的工作人员。粗鲁的开发人员会说："嗨，这个系统是为新浏览器开发的。新浏览器是免费的，别太懒了，只要下载一个副本就行了。"文雅的开发人员会说："这是利用新技术开发的；如果您希望我的成果充分发挥潜力，请升级您的浏览器。同时，您还可以继续使用这个旧版本。"聪明的开发人员会说："我们向每个人提供了最尖端的技术。您什么都不需要做，我们会替您做好。"最后，任劳任怨的开发人员会说："这是我们网站适配您的浏览器的版本，这是另一个版本，更多功能只针对新浏览器，这是我们最新应用程序的一个试验版本。"

从最有用、最务实的角度来讲，如果用户的浏览器还不支持 HTML5，有以下选择可以采用：

❏ **告知**——如果应用程序需要的某些功能不可用，则要求用户升级他们的浏览器。
❏ **适配**——根据用户浏览器可用的功能，选择不同的样式和代码。
❏ **重定向**——将用户重定向到专为旧浏览器设计的全新文档。
❏ **模拟**——用各种库在旧浏览器上模拟 HTML5 的功能。

Modernizr

不论选择哪种做法，必须做的第一件事都是检测应用程序需要的 HTML5 功能在用户的浏览器上是否可用。这些功能彼此之间是独立的，也容易辨识，但用来检测这些功能的技术多种多样。开发人员必须考虑不同的浏览器和版本，而且所依赖的代码经常是不可靠的。

为了解决这个问题，开发了一个小库 Modernizr。这个库创建的对象 Modernizr 为每个 HTML5 功能提供了属性。根据相应的功能是否可用，这些属性返回 true 或 false 布尔值。

这个库是开源的，用 Javascript 开发，可以从 www.modernizr.com 免费获得。只要下载这个库的 Javascript 文件并将它包含在文档的头部即可，如下所示：

代码清单 C-1：在文档中包含 Modernizr in 库

```
<!DOCTYPE html>
<html lang="en">
<head>
  <title>Modernizr</title>
  <script src="modernizr.min.js"></script>
  <script src="modernizr.js"></script>
</head>
<body>
  <section id="databox">
    content
  </section>
</body>
</html>
```

文件 modernizr.min.js 是从 Modernizr 网站下载的 Modernizr 库的副本。代码清单 C-1 的 HTML 文档中包含的第二个文件是我们自己的 Javascript 代码，负责检查 Modernizr 库提供的属性值：

代码清单 C-2：检测方框阴影的 CSS 样式是否可用

```
function initiate(){
  var databox=document.getElementById('databox');
  if(Modernizr.boxshadow){
    databox.innerHTML='Box Shadow is available';
  }else{
    databox.innerHTML='Box Shadow is NOT available';
  }
}
window.addEventListener('load', initiate, false);
```

从代码清单 C-2 的代码中可以看到，只要用条件语句 if 和 Modernizr 对象对应的属性，就可以检测任何 HTML5 功能。每个功能都有对应的属性。

重要提示：这仅是对这个有用的库的简单介绍。通过 Modernizr，还可以在不使用 JavaScript 的情况下从 CSS 文件中选择一套 CSS 样式。Modernizr 提供了特殊的类，根据可以使用的功能在样式表中选择合适的 CSS 属性。更多内容请参阅 www.modernizr.com。

库

检测出可以使用的功能之后，可以选择只使用在用户浏览器中检测出来的功能，也可以建议用户升级他们的浏览器。但是，假设你（以及你的用户和客户）是个顽固的开发人员或者疯狂的程序员，根本不关心浏览器厂商、浏览器版本、beta 版本、未实现的功能或者其他什么，你只想运行最新的技术，不论它是什么！

在这种情况下，可以借助独立库提供的帮助。世界上有许多程序员可能比你和你的客户还顽固，所以他们正在开发和改进库，在旧的浏览器中模拟 HTML5 的功能，尤其是 JavaScript API。感谢他们的努力，现在市场上的每个浏览器中都可以使用新的 HTML 元素、CSS3 选择器、样式，甚至 Canvas 或 Web 存储这样复杂的 API。

可用库的最新列表请参阅：www.github.com/Modernizr/Modernizr/wiki/HTML5-Cross-Browser-Polyfills。

重要提示：这一主题的更多信息请参阅我们网站上关于本章的链接。

Google Chrome Frame

Google Chrome Frame 可能是最后一个工具了。我个人认为这个想法的初衷很好，但现在最好推荐用户升级浏览器，而不是让用户下载 Google Chrome Frame 等插件。

Google Chrome Frame 是专为旧版 Internet Explorer 开发的。它的设计目的，是将 Google Chrome 的全部功能和可能性带入一些浏览器内，这些浏览器还未为这些技术做好准备，但仍然在用户的计算机上运行，而且占据一部分市场份额。

正如我所说的，这个想法很好。只要在文档中插入一个简单的 HTML 标签，就会向用户显示消息，建议他们在运行你的网站或应用程序之前安装 Google Chrome Frame。在这个简单的步骤之后，Google Chrome 支持的全部功能就自动可用了。但是，由于用户必须从 Web 下载软件，因此我看不出这种做法与下载新版浏览器有何区别，尤其是现在 Internet Explorer 本身已经有了兼容 HTML5 的版本可以免费使用。现在由于已经有许多浏览器为 HTML5 做好了准备，因此更好的做法是让用户使用新软件而不是使用模糊不清且容易引起误解的插件。

关于 Google Chrome Frame 以及如何使用的更多信息，请参阅：

code.google.com/chrome/chromeframe/

用于云计算

在这个移动设备和云计算的新世界里，不论浏览器多新，都还有其他一些事情需要考虑。这个问题可能是由 iPhone 这个创新开始的。由于它的出现，Web 的许多事情都发生了变化。iPhone 之后是 iPad，后来出现的各种限制都是为了填充这个新市场。感谢电子世界发生的这一根本变化，移动访问成为一个普遍的做法。一夜之间，这些新设备变成了网站和 Web 应用程序的重要目标，而平台、屏幕和接口的多样性，迫使开发人员要对自己的产品针对每个特定情况进行适配。

目前，不论我们使用哪种技术，我们的网站和应用程序都必须针对每种可能的平台进行适配，才能保持一致性，才能让任何人都能使用我们的成果。幸运的是，HTML 一直考虑到了这些情况，因此在 `<link>` 元素中提供了 `media` 属性，可以根据预定义的参数选择外部资源：

代码清单 C-3：不同设备使用不同的 CSS 文件

```
<!DOCTYPE html>
<html lang="en">
<head>
  <title>Main Document</title>
  <link rel="stylesheet" href="webstyles.css" media="all and
(min-width: 769px)">
  <link  rel="stylesheet"  href="tablet.css"  media="all  and
(min-width:  321px)  and  (max- width:  768px)">
  <link rel="stylesheet" href="phone.css" media="all and
(min-width: 0px) and (max-width:320px)">
</head>
<body>
...
</body>
</html>
```

选择 CSS 样式是完成我们工作的一个简便方法。根据设备或屏幕的尺寸，加载相应的 CSS 文件并应用合适的样式。HTML 元素可以调整大小，整个文档适配并在特定的空间和情况下显示。

代码清单 C-3 针对三种不同情况使用了三个不同的 CSS 文件。不同的情况由每个 `<link>` 标签中 `media` 属性的值检测。使用 `min-width` 和 `max-width` 属性，我们能够根据显示文档的屏幕分辨率来确定在文档上应用哪个 CSS 文件。如果屏幕的水平大小在 0 ~ 320 像素之间，则加载 `phone.css` 文件。如果分辨率在 321 ~ 768 像素之间，则加载 `tablet.css` 文件。如果分辨率大于 768 像素，则用 `webstyles.css` 文件显示文档。

在这个示例中，我们考虑了三种可能的场景：文档在小型智能手机上显示，在平板电脑上显示，在全尺寸的平板电脑上显示。这里使用的值是在这些设备上的常见值。

当然，适配过程不仅只包含 CSS 样式。由于物理部件的缺失，例如没有键盘和鼠标，这种设备提供的接口也与台式机略有不同。常规的事件，例如 `click` 或 `mouseover`，或者做了修改，或者在某些情况下被触摸事件代替。移动设备上常见的另一个重要功能是，允许用户旋转屏幕方向，从而改变文档的可用空间。所有这些与旧的计算机接口不同的变化，造成仅靠添加或修改一些 CSS 规则并不能够让设计和操作性得到良好适配。必须使用 Javascript 对代码进行适配，甚至检测情况，并将用户重定向到网站专门针对该设备的特定版本来访问应用程序。

重要提示：*这个主题超出了本书的范围。更多信息请参阅我们的网站。*

最后的建议

总会有开发人员对你说："如果你用的技术在市场上有 5% 的用户不能使用，你就会损失 5% 的客户。"我的回答是："如果你要让客户满意，就适配、重定向或者模拟。但是如果是为自己工作，则告诉客户升级。"

你总是在寻找成功的途径。如果你为他人工作，那么想成功的话就必须提供全面的解决方案，不论客户使用什么计算机、浏览器或系统，都要能够访问你的产品。但如果是为自己工作，那么想成功的话，你就必须紧跟潮流，必须创新，必须比任何人都领先，不要担心那 5% 的客户在他们的计算机上安装了什么。你必须为 20% 已经下载了最新版本 Firefox、15% 已经在机器上运行了 Google Chrome、10% 已经在移动设备上使用 Safari 的客户考虑。已经有现成的数百万用户准备成为你的客户。在开发人员问你为什么要丢弃 5% 的市场时，我会问你，为什么要错过成功的机会？

你永远不会占据 100% 的市场，这是个事实。你不是为 100% 的市场工作，你一直都是为一小部分市场工作。为什么要继续限制自己呢？请为那些能够给你带来成功的市场开发吧。为持续发展的这部分市场开发，可以释放出你内在的天分。既然你并没有考虑使用其他语言的市场，那也就不要考虑仍旧使用旧技术的那部分市场吧。告诉他们。让他们知道他们正在错过什么。利用最新的技术，成为大师。为未来而开发，你终将成功。

业界公认最权威的HTML 5著作，上市1年7次印刷，累积销售20000余册，繁体版中国台湾发行

内容系统全面、HTML 5与CSS 3的新功能和新特性尽览无余；注重实战，包含200余设计精巧的示例，可操作性极强

读者好评如潮，繁体版中国台湾发行

依据HTML 5标准的最新草案编写，对HTML 5进行了系统、全面、透彻的讲解

106个精心设计的经典案例对各个知识点进行补充和阐释，理论与实践完美结合

国内首本CSS 3专著，全彩印刷

全面而深入地讲解CSS 3的最新特性和布局之道；实战性强，全书囊括近百个精心设计的实战案例，理论与实践完美结合

资深Web前端工程师多年实践经验的结晶，3大社区联袂推荐

畅销书《HTML 5与CSS 3权威指南》姊妹篇，HTML 5实战进阶必备，好评如潮

注重实战：包含28个中大型案例，每个案例既有直观的效果图，又有详尽的源代码分析

讲解透彻：对每个案例所涉及的理论精要进行深入剖析，理论与实践完美结合

前端开发领域畅销书，累计4次印刷；公认的经典，好评如潮，一本不可多得的内功修炼秘籍

包含了大量的开发思想和原则，都是作者在长期开发实践中积累下来的经验和心得，不同水平的Web前端开发者都会从中获得启发

前端设计领域经典著作，口碑颇好，有利于建立前端开发与设计的全局思维，注重方法、思想与实践

全面探讨Web前端设计的方法、原则、技巧与最佳实践；5大专业社区一致鼎力推荐

jQuery领域公认的经典著作，畅销书，累计印刷4次，口碑极好

内容全面，系统地讲解了jQuery的方方面面；实战性强，囊括118个实例和2个综合案例

资深专家亲自执笔，4大专业社区一致鼎力推荐

经典权威的JavaScript工具书

本书是程序员学习核心JavaScript语言和由Web浏览器定义的JavaScript API的指南和综合参考手册

第6版涵盖HTML5和ECMAScript5

专业成就人生
立体服务大众

HZ BOOKS

www.hzbook.com

填写读者调查表　加入华章书友会
获赠精彩技术书　参与活动和抽奖

尊敬的读者：

感谢您选择华章图书。为了聆听您的意见，以便我们能够为您提供更优秀的图书产品，敬请您抽出宝贵的时间填写本表，并按底部的地址邮寄给我们（您也可通过www.hzbook.com填写本表）。您将加入我们的"华章书友会"，及时获得新书资讯，免费参加书友活动。我们将定期选出若干名热心读者，免费赠送我们出版的图书。请一定填写书名书号并留全您的联系信息，以便我们联络您，谢谢！

书名：　　　　　　　　　　　　　　书号：7-111-(　　　　　　　　)

姓名：	性别：□ 男　　□ 女	年龄：	职业：
通信地址：		E-mail：	
电话：	手机：	邮编：	

1. 您是如何获知本书的：
□ 朋友推荐　　□ 书店　　□ 图书目录　　□ 杂志、报纸、网络等　　□ 其他

2. 您从哪里购买本书：
□ 新华书店　　□ 计算机专业书店　　□ 网上书店　　□ 其他

3. 您对本书的评价是：

技术内容　　□ 很好　　□ 一般　　□ 较差　　□ 理由_____
文字质量　　□ 很好　　□ 一般　　□ 较差　　□ 理由_____
版式封面　　□ 很好　　□ 一般　　□ 较差　　□ 理由_____
印装质量　　□ 很好　　□ 一般　　□ 较差　　□ 理由_____
图书定价　　□ 太高　　□ 合适　　□ 较低　　□ 理由_____

4. 您希望我们的图书在哪些方面进行改进？
_____
_____

5. 您最希望我们出版哪方面的图书？如果有英文版请写出书名。
_____
_____

6. 您有没有写作或翻译技术图书的想法？
□ 是，我的计划是_____ □ 否

7. 您希望获取图书信息的形式：
□ 邮件　　□ 信函　　□ 短信　　□ 其他_____

请寄：北京市西城区百万庄南街1号　机械工业出版社　华章公司　计算机图书策划部收
邮编：100037　电话：(010) 88379512　传真：(010) 68311602　E-mail: hzjsj@hzbook.com